21世纪高等学校计算机应用技术规划教材

Flash 动画设计与制作

张　荣　马海燕　编著

清华大学出版社
北　京

内容简介

本书从实用角度出发，介绍了 Flash 动画设计、制作的相关技术和技巧。全书分为 2 篇——知识篇和实践篇。知识篇共 9 章，其内容用于教学引导，对应的学生自主实践内容划分到实践篇中。在实践篇中，有 13 个实验，每个实验又划分为“实验训练”、“分析与提高”和“自我演练”3 个模块。内容组织力求与教学各环节配套，做到实用、符合教学规律。不论 Flash 是作为相关专业的专业课，还是作为公选课，本书都能极大地方便教师在教学过程中组织教学活动。

本书适用于各类高等院校以及大、中专院校作为 Flash 动画制作课程的教材。本书中的案例自易到难，循序渐进，对于普通的 Flash 动画爱好者来说，也是很好的自学参考书。

图书在版编目(CIP)数据

Flash 动画设计与制作/张荣，马海燕编著. —北京：清华大学出版社，2009.10
(21 世纪高等学校计算机应用技术规划教材)
ISBN 978-7-302-20379-7

Ⅰ. F…　Ⅱ. ①张…　②马…　Ⅲ. 动画—设计—图形软件，Flash—高等学校—教材
Ⅳ. TP391.41

中国版本图书馆 CIP 数据核字(2009)第 157302 号

责任编辑：魏江江　李玮琪
责任校对：时翠兰
责任印制：孟凡玉
出版发行：清华大学出版社　　**地　　址**：北京清华大学学研大厦 A 座
http://www.tup.com.cn　　**邮　　编**：100084
社　总　机：010-62770175　　**邮　　购**：010-62786544
投稿与读者服务：010-62776969，c-service@tup.tsinghua.edu.cn
质 量 反 馈：010-62772015，zhiliang@tup.tsinghua.edu.cn
印 刷 者：北京嘉实印刷有限公司
装 订 者：三河市新茂装订有限公司
经　　销：全国新华书店
开　　本：185×260　**印　张**：17.5　**字　数**：336 千字
版　　次：2009 年 10 月第 1 版　**印　　次**：2009 年 10 月第 1 次印刷
印　　数：1～4000
定　　价：29.50 元

本书如存在文字不清、漏印、缺页、倒页、脱页等印装质量问题，请与清华大学出版社出版部联系调换。联系电话：(010)62770177 转 3103　　产品编号：034293-01

编审委员会成员

（按地区排序）

东华大学	乐嘉锦　教授
	孙　莉　副教授
浙江大学	吴朝晖　教授
	李善平　教授
宁波大学	江宝钏　副教授
南京大学	骆　斌　教授
	黄　强　副教授
南京航空航天大学	黄志球　教授
	秦小麟　教授
南京理工大学	张功萱　教授
南京邮电学院	朱秀昌　教授
苏州大学	王宜怀　教授
	陈建明　副教授
江苏大学	鲍可进　教授
武汉大学	何炎祥　教授
华中科技大学	刘乐善　教授
中南财经政法大学	刘腾红　教授
华中师范大学	叶俊民　教授
	郑世珏　教授
	陈　利　教授
国防科技大学	赵克佳　教授
中南大学	刘卫国　教授
湖南大学	林亚平　教授
	邹北骥　教授
西安交通大学	沈钧毅　教授
	齐　勇　教授
长安大学	巨永峰　教授
哈尔滨工业大学	郭茂祖　教授
吉林大学	徐一平　教授
	毕　强　教授
山东大学	孟祥旭　教授
	郝兴伟　教授
中山大学	潘小轰　教授
厦门大学	冯少荣　教授
仰恩大学	张思民　教授
云南大学	刘惟一　教授
电子科技大学	刘乃琦　教授
	罗　蕾　教授
重庆邮电学院	王国胤　教授
西南交通大学	曾华燊　教授

出版说明

随着我国改革开放的进一步深化，高等教育也得到了快速发展，各地高校紧密结合地方经济建设发展需要，科学运用市场调节机制，加大了使用信息科学等现代科学技术提升、改造传统学科专业的投入力度，通过教育改革合理调整和配置了教育资源，优化了传统学科专业，积极为地方经济建设输送人才，为我国经济社会的快速、健康和可持续发展以及高等教育自身的改革发展做出了巨大贡献。但是，高等教育质量还需要进一步提高以适应经济社会发展的需要，不少高校的专业设置和结构不尽合理，教师队伍整体素质亟待提高，人才培养模式、教学内容和方法需要进一步转变，学生的实践能力和创新精神亟待加强。

教育部一直十分重视高等教育质量工作。2007 年 1 月，教育部下发了《关于实施高等学校本科教学质量与教学改革工程的意见》，计划实施"高等学校本科教学质量与教学改革工程(简称'质量工程')"，通过专业结构调整、课程教材建设、实践教学改革、教学团队建设等多项内容，进一步深化高等学校教学改革，提高人才培养的能力和水平，更好地满足经济社会发展对高素质人才的需要。在贯彻和落实教育部"质量工程"的过程中，各地高校发挥师资力量强、办学经验丰富、教学资源充裕等优势，对其特色专业及特色课程(群)加以规划、整理和总结，更新教学内容、改革课程体系，建设了一大批内容新、体系新、方法新、手段新的特色课程。在此基础上，经教育部相关教学指导委员会专家的指导和建议，清华大学出版社在多个领域精选各高校的特色课程，分别规划出版系列教材，以配合"质量工程"的实施，满足各高校教学质量和教学改革的需要。

本系列教材立足于计算机公共课程领域，以公共基础课为主、专业基础课为辅，横向满足高校多层次教学的需要。在规划过程中体现了如下一些基本原则和特点。

(1) 面向多层次、多学科专业，强调计算机在各专业中的应用。教材内容坚持基本理论适度，反映各层次对基本理论和原理的需求，同时加强实践和应用环节。

(2) 反映教学需要，促进教学发展。教材要适应多样化的教学需要，正确把握教学内容和课程体系的改革方向，在选择教材内容和编写体系时注意体现素质教育、创新能力与实践能力的培养，为学生的知识、能力、素质协调发展创造条件。

(3) 实施精品战略，突出重点，保证质量。规划教材把重点放在公共基础课和专业基础课的教材建设上；特别注意选择并安排一部分原来基础比较好的优秀教材或讲义修订再版，逐步形成精品教材；提倡并鼓励编写体现教学质量和教学改革成果的教材。

(4) 主张一纲多本，合理配套。基础课和专业基础课教材配套，同一门课程可以有针对不同层次、面向不同专业的多本具有各自内容特点的教材。处理好教材统一性与多样化，基本教材与辅助教材、教学参考书，文字教材与软件教材的关系，实现教材系列资源配套。

(5) 依靠专家，择优选用。在制定教材规划时依靠各课程专家在调查研究本课程教材建设现状的基础上提出规划选题。在落实主编人选时，要引入竞争机制，通过申报、评审确定主题。书稿完成后要认真实行审稿程序，确保出书质量。

繁荣教材出版事业，提高教材质量的关键是教师。建立一支高水平教材编写梯队才能保证教材的编写质量和建设力度，希望有志于教材建设的教师能够加入到我们的编写队伍中来。

21世纪高等学校计算机应用技术规划教材

联系人：魏江江 weijj@tup.tsinghua.edu.cn

前言 FOREWORD

作为一款优秀的多媒体动画制作软件，Flash 为我们带来了不断的惊喜。Flash 不仅在动漫设计、课件设计、网页广告设计等专业领域有广泛的应用，目前，很多普通的年轻人也选择了用 Flash 来制作自己的动画作品，在网络上“炫”出自己的灵感和创造力，他们就是“闪客 e 族”。同时，Flash 课程在各类高等职业院校、高等专科院校、成人教育院校以及高等本科院校的教学中都受到了学生们的普遍欢迎。

本书内容是由多年的教学、实验讲义演变而成。考虑到 Flash 课程实践性强的特点，也为了与教学实践活动结合得更密切，本书内容组织力求与教学各环节配套，做到实用、符合教学规律。

本书内容主要分为两篇，即知识篇和实践篇。知识篇有 9 章，其内容用于教学引导，对应的学生自主实践内容划分到实践篇中。在实践篇中，有 13 个实验，每个实验又划分为“实验训练”、“分析与提高”和“自我演练”3 个模块。通过“教学引导”+“实验训练”+“分析与提高”+“自我演练”4 个模块的有机结合，教师可以组织启发式教学、小组讨论、自主学习等各种学习活动，极大地方便了教师在教学过程中组织教学活动。

书中案例丰富，启发性强。所有案例都经过精心设计，做到由易到难，循序渐进，不仅适用于教学、培训，也方便学生或动画制作爱好者自学。最后，还要给即将使用本书的读者一个建议：要把你制作的每一个动画都保留好，因为后面的动画作品中往往需要之前的劳动成果。

本书知识篇第 1～5 章及实践篇实验 1～8 由张荣编写，知识篇第 6～9 章及实践篇实验 9～13 由马海燕编写，全书由张荣主审。参加本书素材搜集、整理及部分章节编写的还有沈阳市计算机学校的郭立红老师，宁波大学的江宝钏、方刚、刘岳峰、徐霁、胡琼江、赵嵩群等老师，在此表示衷心的感谢。还要感谢我的学生们，他们对知识的渴望、在作品完成后的那种成就感和满足感是老师编写本书的动力源泉，他们在课程中提出的意见和建议是对这本书成稿的最好支持和帮助。

书中案例的素材、源文件及课后习题的答案可以从清华大学出版社网站上下载。如果读者有其他问题可以直接与作者联系。对于书中的疏漏和不足，欢迎广大读者和同行的批评指正。

编者

2009 年 6 月

知 识 篇

实 践 篇

知识篇

第1章 Flash入门

1.1 Flash 概述

Flash 是一款世界级主流的多媒体网络交互动画制作软件。Flash 支持动画、声音以及交互，具有强大的多媒体编辑功能。使用 Flash 设计的网站、动画、多媒体作品，可以在低带宽下实现高品质的多媒体交互式动画传输。本书以 Flash 8 为工具，介绍 Flash 在多媒体动画设计中的应用技巧。

1.1.1 Flash 的历史

对于即将学习 Flash 的人来说，了解一点 Flash 的历史还是有必要的。

1995 年，FutureWave 软件公司的创始人乔纳森· 盖伊设计出一款矢量动画软件 FutureSplash，这就是 Flash 的前身。该软件最突出的优点是其流式播放和矢量动画。一方面流式播放可以解决网络带宽的影响，一边下载一边播放；而另一方面，矢量图形解决了传统位图占用空间大的缺陷。因此，用它制作出来的动画作品文件尺寸较小，能在网络上顺畅播放。1996 年 11 月 Macromedia 公司收购了 FutureWave 公司，并将 FutureSplash 重新命名为 Macromedia Flash 1.0。

在 Flash 的发展过程中，经历了几个关键阶段：

(1) 1999 年 6 月，Macromedia 公司推出了 Flash 4.0，加入了 MP3 流媒体支持和动画动态支持。

(2) 2000 年，开发了代码语言 ActionScript 1.0。

(3) 2001 年，Flash 5.0 发布，并与 Dreamweaver、Fireworks 整合在一起，称为“网页三剑客”。

(4) 2003年,Macromedia推出了Flash MX 2004,ActionScript升级为2.0。

(5) 2005年,Flash 8发布。与以往的版本相比,Flash 8的功能更加强大,加入了滤镜效果,加强了在文本、图形、视频、位图处理等方面的功能。

(6) 2006年,Macromedia公司被Adobe公司收购。2007年3月27日发布了Flash 9.0,成为Adobe创意套装(Adobe Creative Studio 3.0)中的一个成员。

1.1.2 Flash的特点

每次我们打开网页,都有可能被网页上那些"抢眼"的小广告所吸引,而这些广告中大多数是用Flash设计制作的。Flash之所以能够在互联网上被广泛应用,不仅是因为Flash动画简单易学,更重要的是因为Flash采用了矢量技术,使得生成的文件容量很小,适合在网络中传输和下载,为网站增添多媒体亮点。

总的来说,Flash具有的主要特点如下:

(1) 使用矢量图形。矢量图形是由矢量轮廓线和矢量色块组成的,文件大小由图像的复杂程度决定,与图形的大小无关。矢量图形与分辨率无关,因此可以无限放大而不会影响清晰度。

(2) 动画文件非常小。通过使用关键帧和元件可以实现许多精彩的动画效果,而且所生成的动画文件非常小,使得在打开网页的很短时间里动画就得以播放。

(3) 多媒体与互动性强。Flash可以把音乐、动画、声效交互融合在一起,既可以利用Flash创作出令人心动的动画电影、小巧的游戏软件,也可以利用Flash创作出"虚拟现实"的优秀多媒体教学课件。

(4) 通用性好。Flash动画依靠其特有的Flash Player进行播放。Flash Player仅几百KB大小,可以嵌入到不同种类的浏览器中。

(5) 采用流式播放技术。Flash动画采用了目前网上非常流行的流技术。使用流技术可以边下载边播放动画,而不必等到影片全部下载到本地后再观看,缩短了用户的等待时间。

(6) 功能强大,易于使用。

1.1.3 Flash的应用

Flash已经成为网页动画的标准,在互联网中得到了广泛的应用。其应用涉及商业、娱乐、教育领域等,具体举例如下:

(1) 网站动画:在网页中起到修饰作用,提高网页的动态效果。

(2) 商业广告：在互联网中应用最为普遍的一种广告形式，与其他商业广告相比，具有制作成本低、传播范围广的特点。

(3) 多媒体教学课件：多媒体教学是一种现代教学手段，利用文字、实物、图像、声音等多种媒体向学生传递信息。使用Flash制作的语文、数学、化学、物理等课件极大地丰富了课堂教学的表现手法和表现方式。

(4) 动漫MTV：目前，由广大“闪客”制作的动漫MTV在网络上广泛传播，可以说，动漫MTV已经成为一种流行的艺术表现形式。

(5) Flash贺卡：使用Flash制作的艺术贺卡，互动性强，具有极强的感染力，能够很好地表达亲人、朋友之间的问候和祝福。

(6) Flash游戏：能够利用Flash的交互性制作小巧的寓教于乐的Flash游戏。

1.1.4 Flash 8新增的主要功能

Flash 8分为Flash Professional 8和Flash Basic 8两个版本。本书所有内容及案例都是以Flash Professional 8为基础介绍的。

与之前的Flash版本相比，Flash Professional 8中新增的主要功能包括：

1. 滤镜特效

利用Flash8中新增的“滤镜”功能，可以制作出许多以前只有在Photoshop或Fireworks等软件中才能完成的效果，如阴影、模糊、发光、斜角、渐变发光、渐变斜角和调整颜色等。滤镜的使用在2.7节有详细介绍。

2. 混合模式

混合模式提供了舞台上一个对象的图像与位于它下方的各个对象的图像的组合方式。例如，可以利用混合模式更改一个影片剪辑与背景之间的融合模式，从而创造出独特的效果。可以通过“属性”面板设置对象的混合模式，如图1-1-1所示。

3. 对象绘制模式

Flash 8中提供了新的对象绘制模式，可以将舞台上的图形表示为对象，而不会与舞台上的其他图形互相干扰。详细内容见2.3节。

4. 自定义缓动控制

用户可以直观地控制动作补间的缓动属性，从而控制对象的变化速率。使用这种新

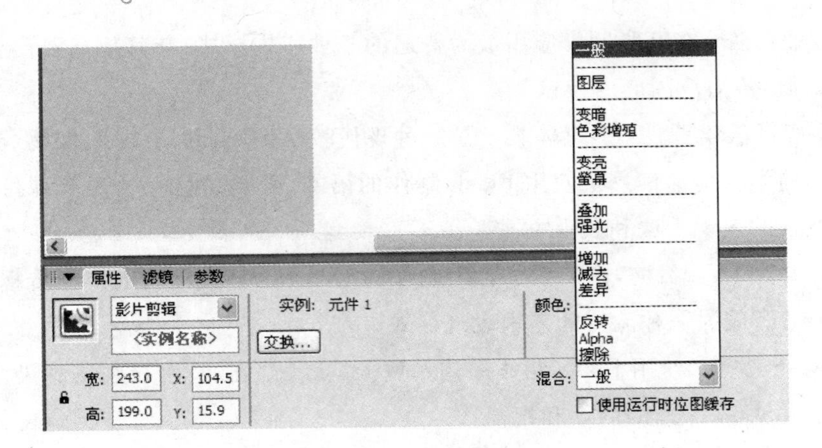

图 1-1-1 混合模式

的控制功能,可以让对象在一个补间内在舞台上前后移动,或者创建其他的复杂补间效果。

5. 位图平滑

对导入的位图进行缩放时很容易出现锯齿。在 Flash 8 中,选择"允许平滑处理"选项,可以在位图图像显著放大或缩小时提高图像的品质。

6. 改进的文本消除锯齿功能

Flash 8 提供了新的消除锯齿功能,使正常大小和较小的文本在屏幕上更清晰易读。

7. 新的视频编码技术

Flash 8 添加了一个全新的视频编码器,可以方便地将视频文件转换为 Flash 视频(FLV) 格式。还可以为视频对象使用 Alpha 通道,从而创建透明或半透明的效果。

8. 高级的渐变控制

Flash 8 提供了更完善的渐变控制,能够对舞台上的对象应用复杂的渐变效果。不仅可以向渐变添加 16 种颜色,还可以精确地控制渐变焦点的位置,并对渐变应用其他参数。有关颜色渐变内容请参阅 2.5 节。

9. 增强的笔触属性

与以往版本不同的是,在 Flash 8 中可以将渐变应用于笔触颜色。另外,Flash 8 还增加了"笔触提示"选项,可在全像素下调整直线锚记点和曲线锚记点,防止出现模糊的垂直或水平线。

10. 脚本助手模式

使用"动作"面板中新增的助手模式，在不太了解 ActionScript 的情况下也能创建脚本。

1.2 Flash 的工作环境及文档操作

作为优秀的多媒体创作工具，Flash 因其方便、舒适的动画编辑环境，强大的多媒体编辑功能而深受广大动画制作爱好者的喜爱。

1.2.1 Flash 的工作环境

如果是第一次使用 Flash，可能会觉得 Flash 在界面上与其他的 Windows 应用程序有所不同，甚至有些混乱，让人觉得无从下手。实际上，Flash 仍然继承了一般 Windows 应用程序的常用概念和元素，因此入门非常容易。随着对 Flash 的动画制作原理的逐渐了解和熟悉，就会很快掌握 Flash 特有的工具，为自己的创造力和想象力插上翅膀，享受自由创作的乐趣。下面简要介绍 Flash 的工作环境，尤其是一些关键的元素（各种元素的使用细节将在后续章节中详细介绍）。

Flash 8 的工作界面如图 1-1-2 所示。除了常见的标题栏、菜单栏、主工具栏、工具箱外，还有位于不同面板上的各种特有的元素。

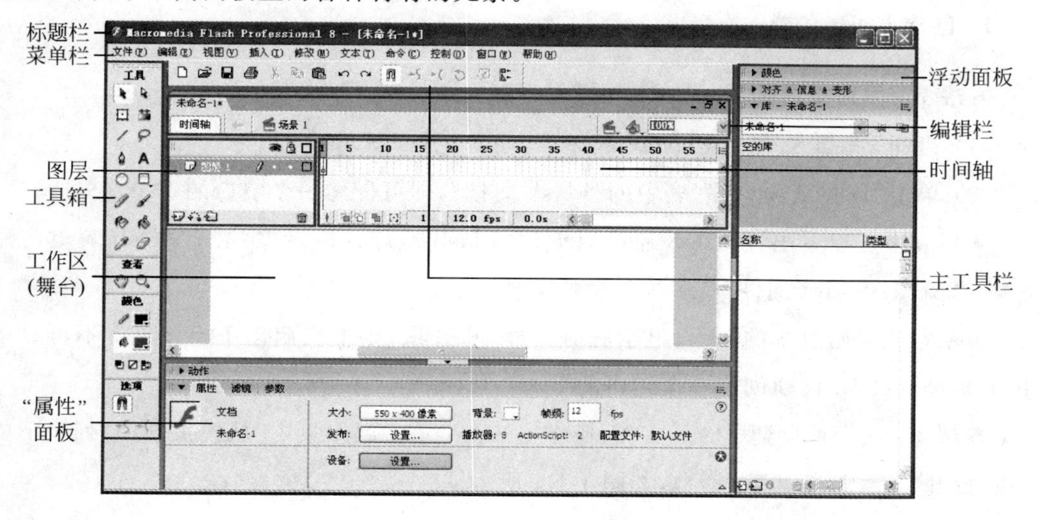

图 1-1-2　Flash 8 的工作环境

- 图层：位于时间轴面板的左侧。可以把一个图层看做是一张透明的胶片，在图层上可以绘制各种事物或书写文字，没有内容的地方是透明的，下层的内容就显示出来，所有的图层叠合在一起，就组成了一幅完整的画。更重要的是，图层又是相对独立的，修改其中一层，不会影响到其他层。
- 时间轴：位于时间轴面板的右侧。用于组织和控制文档内容在一定时间内播放的层数和帧数。
- 编辑栏：选择"窗口"|"工具栏"|"编辑栏"命令，可显示编辑栏。在动画制作过程中，可以利用编辑栏切换所编辑的场景和元件，也可根据需要调整舞台的显示比例。
- 工作区(舞台)：工作区是用来放置影片中内容的区域。工作区的中心称为舞台，只有真正位于舞台中的那部分对象才能在影片中出现。默认情况下的舞台是白色背景，尺寸为550像素×400像素，可以在文档"属性"面板中设置舞台的背景颜色、大小等。
- 浮动面板：用来查看、组织或者更改影片中的元素。Flash 8 中有很多面板，围绕在"舞台"的下面或右面，可以通过"窗口"菜单中的相应命令来打开指定面板。

1.2.2 Flash 的文档操作

所有的工作都是从文档的创建或打开开始的。Flash 文档是指扩展名为.fla 的源文件，这种文件是可编辑的，图标为●。

1. 创建 Flash 文档

方法 1 创建空白的 Flash 文档，操作步骤如下：

(1) 启动 Flash 8，弹出 Flash 8 起始页，如图 1-1-3 所示。

(2) 单击"创建新项目"列表中的"Flash 文档"，即可创建一个空白的 Flash 文档。

从列表中可以看出，Flash 8 还可以创建"Flash 幻灯片演示文稿"、"Flash 表单应用程序"、"ActionScript 文件"等多种类型的文档。

如果勾选起始页中的"不再显示此对话框"复选项，则下次启动 Flash 时将不再显示 Flash 8 起始页，并自动创建一个空白的 Flash 文档。

方法 2 从模板创建 Flash 文档，操作方法是：单击起始页中"从模板创建"列表下的一项，打开"从模板新建"对话框，如图 1-1-4 所示。

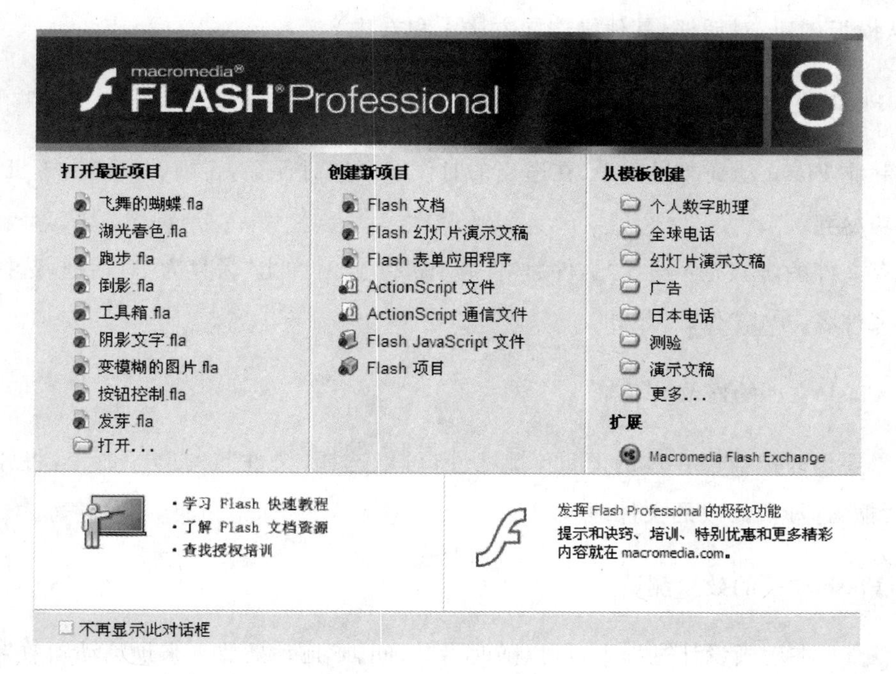

图 1-1-3　Flash 8 启动向导

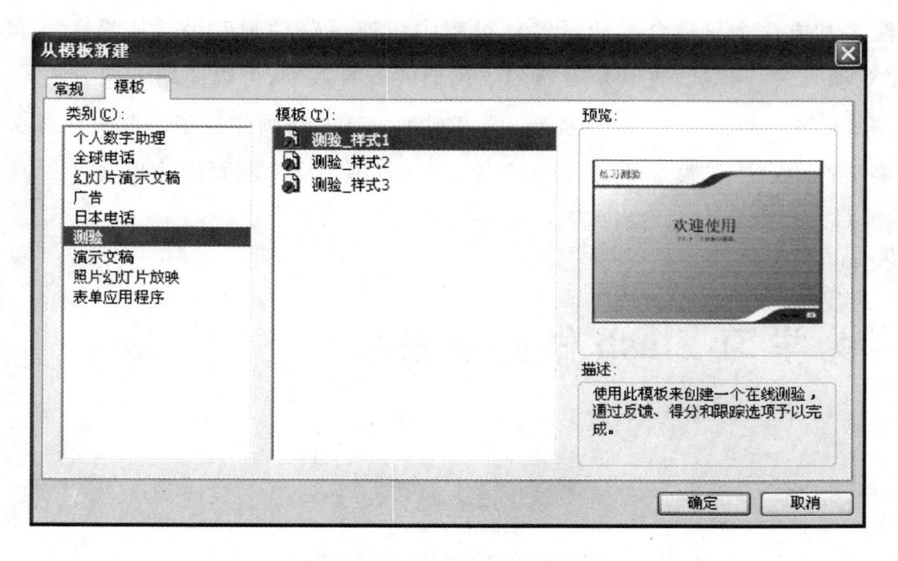

图 1-1-4　“从模板新建”对话框

所谓模板，是指一种预先设置好的特殊 Flash 文档，提供了要制作的影片文档外观的框架。当调用一个模板后，该模板就成为所要创建影片文档的基础，用户只要根据实际需要加入具体内容就可以了。

方法 3　选择“文件”|“新建”命令，打开“新建文档”对话框，也可从该对话框直接切

换至“从模板创建”对话框，其他操作同方法1和方法2。

2. Flash文档的保存

在制作Flash动画的过程中，在适当的时候需要即时保存，否则有可能由于机器的意外而前功尽弃。

保存文件的步骤是：选择“文件”|“保存”命令，此时弹出“另存为”对话框，选择路径，并输入文件名，单击“保存”按钮。

3. Flash文档的修改

如果要修改以前保存过的Flash源文件，可以选择“文件”|“打开”命令，将弹出“打开”对话框，选择要修改的文件即可。

4. Flash动画的效果测试

方法1 在动画设计过程中，可以随时沿“时间轴”拖动播放头来预览动画效果。

方法2 按键盘上的Enter键，将从当前帧开始播放，可以预览动画效果。

方法1和方法2只适合在动画设计过程中快速预览动画效果。如果在完成动画制作后，要对动画进行测试，查看是否达到了预期的所有效果，可以使用下列方法：

方法3 按下Ctrl+Enter快捷键，即可观看自己的动画作品了。此时在源文件所在的文件夹下产生一个扩展名为.swf的文件，该文件是Flash动画的输出文件。

方法4 选择“控制”|“测试影片”命令。

1.3 为学习Flash做好准备

1. 安装Flash 8

获取Flash 8的安装软件，在自己的计算机上安装好Flash Professional 8。

2. 准备素材

Flash简单易学，但要制作真正的动画作品，最重要的是创意。有了创意之后，就需要为自己的作品搜集或自制素材。另外，网上有很多Flash作品，多看别人的作品也可以激发自己的创作灵感。

3. 做好学习计划和制定学习目标

要掌握 Flash 的动画设计技巧，也许只需要几个小时。但要真正成为一名动画设计人员却是一件非常辛苦的事情。所以做好学习计划和制定学习目标是非常重要的，这样我们就不会轻言放弃。不要在获得一点点成就时就认为 Flash 不过如此；也不要在遇到麻烦时就想放弃，认为自己没有美术功底或者编程能力有限，学习 Flash 只能到此为止。在学习过程中，做不好的就反复做，仔细琢磨，更重要的是要与他人交流，往往会“山重水复疑无路，柳暗花明又一村”，从中体味创作的快乐。

爱迪生说：“天才是1%的灵感加上99%的汗水，但那1%的灵感是最重要的，甚至比那99%的汗水都要重要”。灵感在创作中固然重要。然而，“熟能生巧”，只有熟练掌握了工具，才能不断产生灵感和创造力。

感谢 Flash 的开发人员，使得我们这些普通人也能够利用计算机工具完成精美的动画设计，也许这些是我们从前根本无法想象的事情。现在，让我们为自己的想象力插上翅膀，在“动画”中去体会利用技术创造艺术的乐趣吧！

1.4 教学范例

这里我们通过简单的动画设计，来了解 Flash 的基本操作以及利用 Flash 制作动画的一般流程。

【例 1】 掌握工具箱的基本操作——“笔触颜色”和“填充颜色”。

(1) 启动 Flash 8，新建一个空白的 Flash 文档。

(2) 单击工具箱中的“矩形工具”，并在工具箱的颜色区域中设置“笔触颜色”为#000000，“填充颜色”为#009900，然后在舞台上绘制一个矩形，如图 1-1-5 所示。

(3) 单击工具箱中的“选择工具”，在舞台上的矩形上双击，同时选中边框和填充区域，如图 1-1-6 所示。

(4) 在“属性”面板上设置矩形的“笔触高度”为 6，“填充颜色”为#66FFFF，如图 1-1-7 所示。

(5) 保存该文件到自己的文件夹中，文件名为“初识工具箱 1”。

【例 2】 掌握工具箱的基本操作——“文本工具”和“任意变形工具”。

(1) 新建一个空白的 Flash 文档。

(2) 单击工具箱中的“文本工具”，在“属性”面板上设置“文本(填充)颜色”为#009900，其他属性自定。在舞台上单击，在文本框中输入“Flash”。

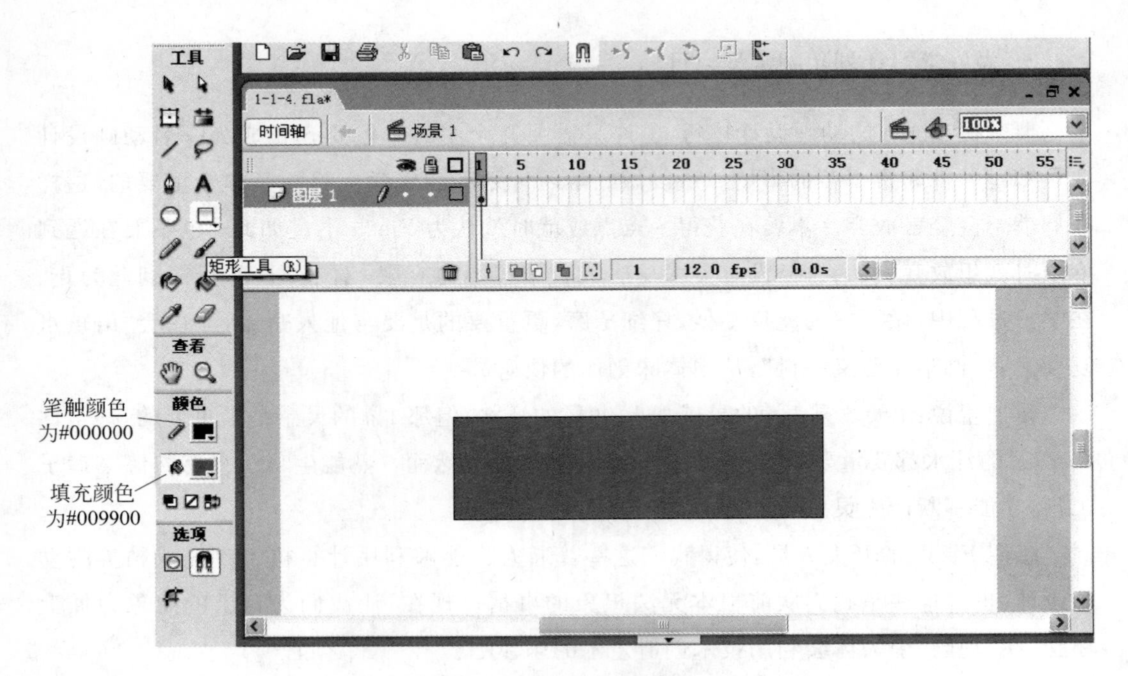

图 1-1-5 设置颜色,绘制矩形

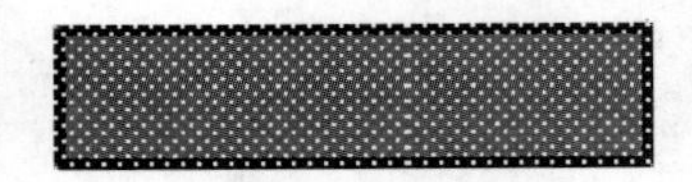

图 1-1-6 选中的矩形

图 1-1-7 矩形的"属性"面板

(3) 用"选择工具"选中文本框,然后选择"修改"|"分离"命令将所选对象打散,再次执行该命令。打散后的文本如图 1-1-8 所示。

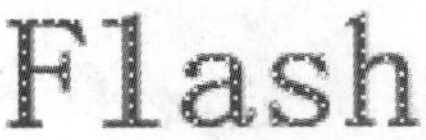

Flash

图 1-1-8 "打散"后的文本

两次执行"分离"操作的目的是将文本转变为矢量图形。"分离"的快捷键是 Ctrl+B,即按两次 Ctrl+B 也可以完成此操作。

(4) 选择工具箱中的任意"变形工具",并单击工具箱选项区域中的"扭曲"按钮,然后拖动文本周围的 4 个角点,使整个文本产生变形的效果。变形后的文本如图 1-1-9 所示。

图 1-1-9 变形后的文本

(5) 保存该文件到自己的文件夹中,文件名为"初识工具箱 2"。

【例 3】 通过一个简单的动画,了解动画设计的基本概念。

(1) 新建一个 Flash 文档在"文档属性"中设置其大小为 400 像素×200 像素。

(2) 选择"文件"|"导入"|"导入到库"命令,将提供的 car01.jpg 图片文件导入到库中。

(3) 单击图层 1 的第 1 帧,再从库中将 car01 拖入到舞台上。选中加入的"位图",在"属性"面板设置其宽为 400 像素,高为 200 像素。"属性"面板如图 1-1-10 所示。

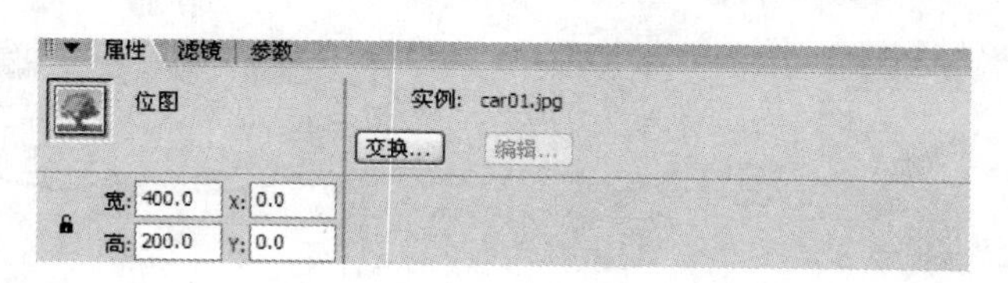

图 1-1-10 位图的"属性"面板

(4) 利用"对齐"面板调整位图的位置,使位于舞台正中央,正好覆盖在舞台上。

(5) 选中位图,选择"修改"|"转换为元件"命令,在弹出的"转换为元件"对话框中,设置名称为"汽车",类型为"图形",如图 1-1-11 所示。最后,单击"确定"按钮。

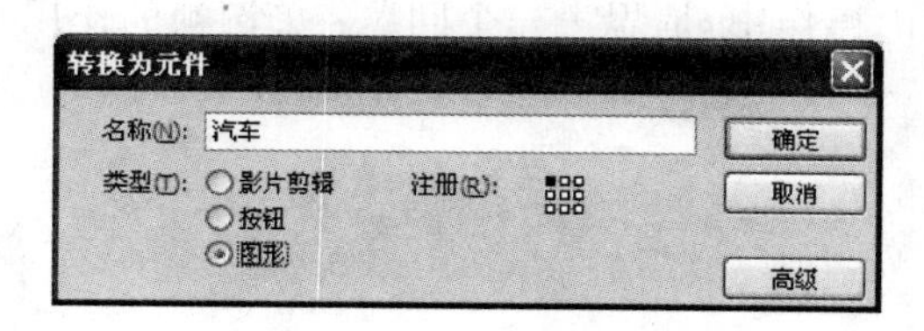

图 1-1-11 创建"汽车"图形元件

将图片转换为元件是为了能重复使用,在制作动画时,可大大减少文件的长度。此外需要注意的是,位图本身是不能设置 Alpha 值的。

(6) 单击图层 1 的第 20 帧,插入一个关键帧,方法是:在第 20 帧处右击,在快捷菜单中选择“插入关键帧”命令或者按快捷键 F6，插入一关键帧。

(7) 再选中第 1 帧，选中舞台上的图片，在属性面板中的“颜色”下拉列表框中选择 Alpha，并将其透明度设置为 20%。

(8) 在第 1 帧至第 20 帧之间的任意位置右击，选择“创建补间动画”。

步骤(6)～(8)的设置结果如图 1-1-12 所示。

图 1-1-12　创建补间动画的设置

(9) 保存该文件到自己的文件夹中，文件名为“初识元件和动画”。

(10) 按 Ctrl＋Enter 键测试动画效果。

【思考题】 在上面的操作中，请思考一个问题：关键帧的作用是什么？

习题 1

1. 判断题

(1) 视图显示比例最小为 10%；最大显示比例为 2000%。(　　)

(2) Flash 中最多可以创建 100 个图层。(　　)

(3) 一般来说，矢量图形比位图图像文件量大。(　　)

(4) Flash 界面和其他 Windows 应用软件一样，包括菜单栏、工具栏等。(　　)

(5) 在 Flash 8 中，笔触颜色只能应用纯色，而不能应用渐变色。(　　)

2. 填空题

(1) Flash 影片帧频率最大可以设置到________。

(2) Flash 源文件的扩展名是________；按 Ctrl+Enter 键测试影片，输出文件的扩展名是________。

(3) 网页中的 Flash 动画的下载方式是________。

3. 选择题

(1) 默认时 Flash 影片帧频率是________。

A. 25f/s　　B. 12f/s　　C. 15f/s　　D. 24f/s

(2) Flash"插入"菜单中，"关键帧"表示________。

A. 删除当前帧或选定的帧序列

B. 在时间线上插入一个新的关键帧

C. 在时间线上插入一个新的空白关键帧

D. 清除当前位置上或选定的关键，在时间线上插入一个新的关键

(3) Flash 中如果想要测试完整的互动功能和动画功能，应________。

A. 选择"控制"|"循环播放"命令　　B. 选择"控制"|"启动简单按钮"命令

C. 选择"控制"|"测试影片"命令　　D. 选择"控制"|"播放"命令

(4) 制作 Flash 动画时，保存的源文件扩展名以及发布后可以嵌入网页的文件扩展名分别是________。

A. fla、swf　　B. mov、fla　　C. cdr、mov　　D. swf、mov

(5) 下列关于 Flash 软件的描述错误的有________。

A. Flash 是一种媒体创作工具，可用来它创建动画以及复杂的交互式 Web 应用程序等

B. 在 Flash 中可以添加图片、声音和视频等多种媒体文件

C. 在 Flash 中创作时是在文件扩展名为 .fla 的 Flash 文档中工作。FLA 文件是一种基于 XML 的标记语言，可以通过文本编辑软件对它进行编辑

D. 将一个动画创作好以后，可以发布它，从而创建扩展名为 .swf 的文件

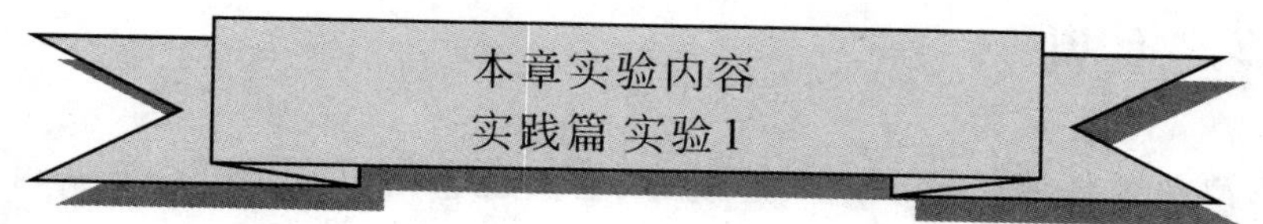

第2章 Flash绘图与图形素材

2.1 矢量图形与位图

计算机绘图分为位图(又称为点阵图或栅格图像)和矢量图形两大类。了解二者的区别有助于更好地完成设计工作。

2.1.1 矢量图形

矢量图形是用称之为"矢量"的直线或曲线来描绘图像的。每一条直线和曲线都包括位置、颜色等属性。例如,一个树叶的图形可以由创建树叶轮廓的线条所经过的点来描述;而树叶的颜色是由轮廓的颜色或轮廓包围区域的颜色确定的。矢量图形用数学方式来描述这些曲线及曲线围成的色块,在计算机内部用一系列数值表示图形的形状、颜色等属性,这些数值按照一定公式经过计算在屏幕上显示出图形。

矢量图形与分辨率无关,将它缩放到任意大小或者以任意分辨率在输出设备上显示或打印出来,都不会影响清晰度,如图1-2-1所示。因此,矢量图形可以自由地改变对象的位置、形状、大小和颜色,尤其适用于文字和徽标的设计,它所生成文件也比位图文件小得多。

2.1.2 位图

如果将位图图像放大到一定的程度,就会发现它是由一个个小方格组成的,这些小方格被称为像素,如图1-2-2所示。像素是图像中最小的图像元素,位图的大小和质量取决于图像中像素点的多少,即分辨率。通常说来,单位面积上所含的像素点越多,

图 1-2-1 放大 400%后的矢量图形

图像越细腻，同时文件也越大。与矢量图形相比，位图图像更容易模拟照片的真实效果。

图 1-2-2 放大 400%后的位图

矢量图形和位图之间没有好坏之分，只是用途不同而已。

Flash 不仅提供了各种简单易用且功能丰富的绘制矢量图形的绘图工具，而且也可以对位图进行处理，尤其是可以将导入的位图转换为矢量图，进行进一步的艺术处理，为动画创作提供更多更好的素材。

2.2 绘图工具

Flash 提供了各种绘图工具，使用这些工具可以绘制各种形状、线条和路径，并可调整和编辑图形。要想使用好这些工具，必须通过不断地练习，只有勤加练习，才能在实际设计过程中运用自如，提高效率。

Flash 所提供的所有绘图工具都包含在一个工具箱中，如图 1-2-3 所示。如果在当前窗口中没有工具箱，选择“窗口”|“工具”命令就可以显示出来。工具箱由工具、查看、颜色和选项等 4 个不同的区域(面板)组成。

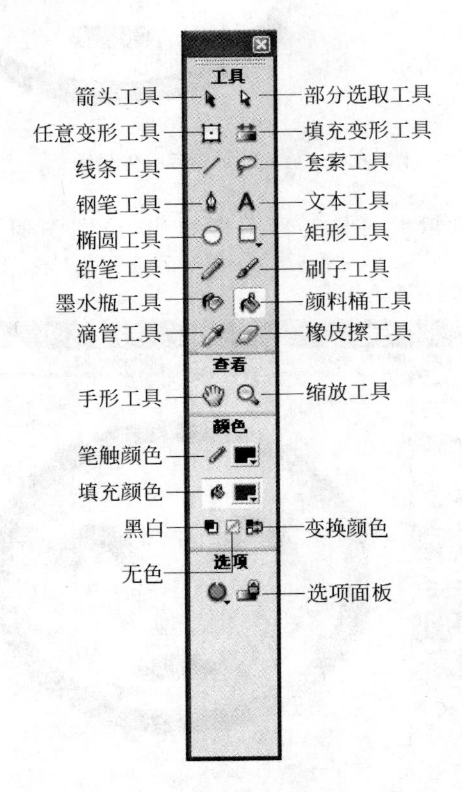

图 1-2-3　工具箱

- “工具”面板：包含所有的绘图工具。在绘图过程中，首先单击要使用的工具，这时颜色和选项面板会发生相应的变化；再根据设计需要改变颜色设置，并选择相应的辅助功能选项。
- “查看”面板：包含“手形工具”和“缩放工具”，用于调整工作区中图形的显示位置及显示比例，也是绘图编辑中常用的辅助工具。在“工具箱”的“查看”面板中选择

“手形工具”后，光标将改变为“手”形状，在工作区中按住左键并拖动，即可移动窗口中的图形显示位置。“缩放工具”用于缩放场景比例。

- “颜色”面板：用来在绘制线条和图形时选择线条颜色和填充颜色，还可以对图形的颜色填充方式进行设置。
- “选项”面板：选择不同的工具，“选项”面板中也将显示不同的辅助功能按钮，以便对绘图进行进一步的控制。

从功能上划分，“工具箱”中提供的工具可以分为图形绘制工具、图形编辑工具和文字编辑工具三大类，图形编辑工具又可分为图形选取工具、形状编辑工具和颜色编辑工具。在图形绘制以及动画设计的过程还需要使用多种面板和菜单命令来提高效率。本章将按照功能类别，分别介绍各种绘图工具、面板的使用方法以及相关的菜单命令。

2.3 绘制图形

使用 Flash 绘图工具画出的图形都是矢量化的。在绘制图形过程中主要使用线条绘制工具和图形绘制工具。线条绘制工具主要用于绘制各种线段或曲线，包括“线条工具”、“铅笔工具”、“钢笔工具”；图形绘制工具可用来绘制一些简单的图形与曲线，包括“椭圆工具”、“矩形工具”“多角星形工具”和“刷子工具”。

2.3.1 线条工具

“线条工具”是“铅笔工具”的特例，专用于绘制各种不同方向的直线。在“属性”面板中选择适当的颜色、线条和线型，就可以绘制出各种直线。“线条工具”的“属性”面板如图 1-2-4 所示。

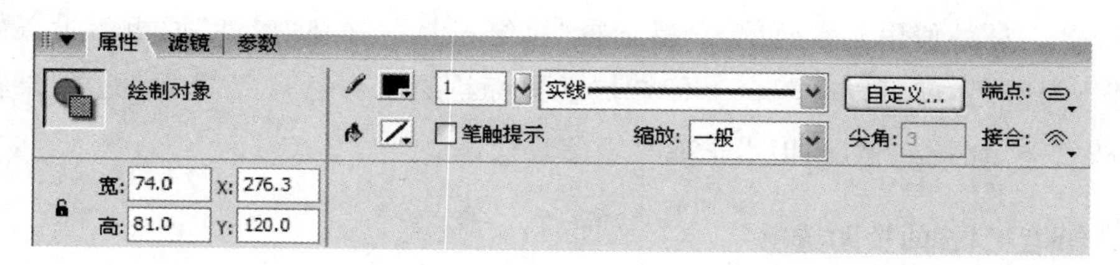

图 1-2-4 “线条工具”的“属性”面板

1. “线条工具”的使用

使用“线条工具”在舞台上绘制一条直线的步骤如下：

(1) 在工具箱中选择“线条工具”。

(2) 在“属性”面板中设置线条的颜色、宽度以及笔触样式。

(3) 移动鼠标到舞台上,此时鼠标指针呈“+”形状,按下鼠标左键拖动。

(4) 松开鼠标即可确定所绘制直线的方向、位置和长短。

使用“线条工具”在舞台上绘制一条精确直线的方法是:在拖动鼠标时按住键盘上的Shift键,此时可以画出精确的水平线、垂直线或者倾斜角为45°整数倍的直线。

2. 线条的连接

可以通过设置“接合”属性,将一条新线条以不同的方式连接到已有的线条上,形成折线。图1-2-5给出了不同样式的折线。

图1-2-5 设置不同“接合”属性绘制的不同折线

2.3.2 铅笔工具

利用“铅笔工具”,可以像使用真正的铅笔一样绘制出各种不规则的形状,而且“铅笔工具”提供的辅助功能可以帮助我们更方便地绘制徒手画风格的图形。

1. “铅笔工具”的使用

“铅笔工具”的使用非常简单,只要选择“铅笔工具”,并在“属性”面板上设置好笔触颜色、线宽及线型,就可以在舞台上任意拖动鼠标绘制出自己需要的曲线。如果在拖动时同时按住Shift键,则可画出水平或垂直的直线。

2. “铅笔工具”的辅助选项

选择“铅笔工具”后,“工具箱”的“选项”面板出现“铅笔工具”的辅助功能按钮,其中包括绘图模式选项按钮。“铅笔工具”有3种绘图模式,分别是“伸直”、“平滑”和“墨水”模式,如图1-2-6所示。

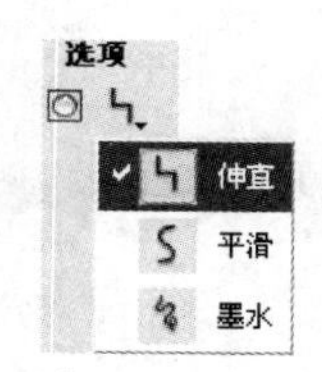

图 1-2-6 3 种绘图模式

- “伸直”模式：选择该模式，Flash 将自动调整绘制的曲线，使曲线中弯曲度较大的局部线条转成直的，形成折线效果，如图 1-2-7(a)所示。
- “平滑”模式：选择该模式时，所绘制的曲线的抖动部分将被忽略，使曲线转化成接近形状的平滑曲线，如图 1-2-7(b)所示。
- “墨水”模式：该模式下绘制的曲线会尽可能地保持光标移动的轨迹形状。采用该模式可以绘制出比较逼真的手绘效果，如图 1-2-7(c)所示。

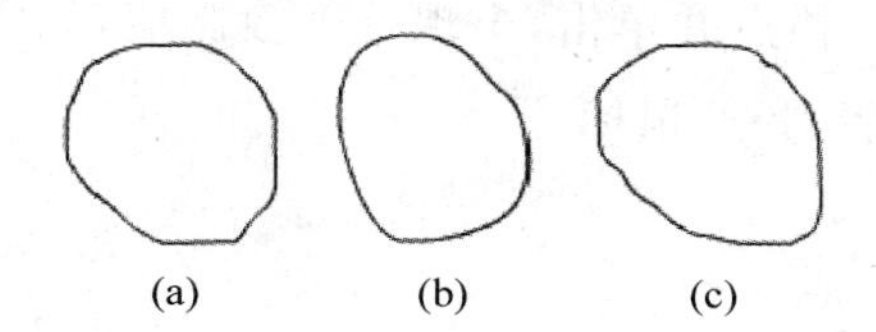

图 1-2-7 不同模式下绘制的图形效果

2.3.3 钢笔工具

使用“钢笔工具”可以绘制直线、折线、闭合图形区域以及光滑的曲线。“钢笔工具”的使用较为烦琐但非常有用。

1. 绘制直线、折线及闭合图形

使用“钢笔工具”绘制直线、折线及闭合图形的操作步骤如下：

(1) 在工具箱中选择“钢笔工具”，并选择合适的笔触颜色和填充颜色。

(2) 在舞台上单击以确定直线的起始位置。

(3) 移动鼠标到舞台的合适位置，如果要画的是一条直线，则双击结束绘制，即可确定一条直线，如图 1-2-8(a)所示；否则，单击以确定一个新的锚点。

若同时按住 Shift 键单击可以确定倾斜角为 45°整数倍的直线。

(4) 继续在其他位置单击，确定其他的锚点，并在最后一个锚点处双击结束绘制，如图 1-2-8(b)所示；如果在光标的起始点处单击，则形成一个闭合的区域，而且内部用当前的填充色来填充，如图 1-2-8(c)所示。

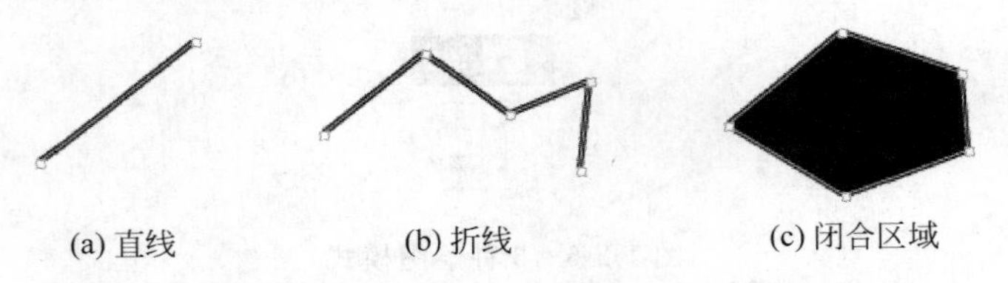
(a) 直线　(b) 折线　(c) 闭合区域

图 1-2-8　用“钢笔工具”绘制的直线、折线和闭合区域

2. 绘制曲线

使用“钢笔工具”绘制曲线的操作步骤如下：

(1) 在工具箱中选择“钢笔工具”。

(2) 在舞台上单击以确定起始点。

(3) 移动鼠标到第 2 个锚点并单击，出现一个控制柄，如图 1-2-9(a)所示，拖动鼠标调整曲线方向到满意的位置，松开鼠标。

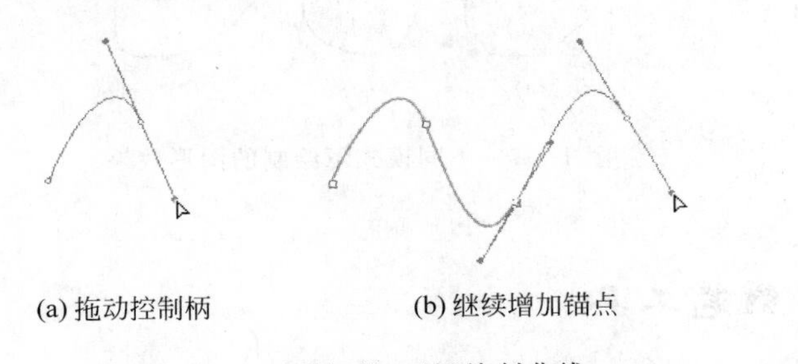
(a) 拖动控制柄　(b) 继续增加锚点

图 1-2-9　用“钢笔工具”绘制曲线

(4) 移动鼠标到第 3 个锚点，再拖出一部分曲线。

(5) 继续操作，直到绘制出整个曲线，如图 1-2-9(b)所示。单击“选择工具”结束绘制。

选中“钢笔工具”后，光标在活动的曲线上移动，鼠标指针可能会呈各种不同的样式，现介绍如下：

- ×：鼠标指针呈该样式时，单击即可开始一条新曲线的绘制。
- o：鼠标指针呈该样式时，单击或拖曳鼠标即可封闭路径。
- ∧：鼠标指针呈该样式时，单击即可将一个曲线点转换为一个角点。
- +：鼠标指针呈该样式时，单击即可添加一个锚点。
- -：鼠标指针呈该样式时，单击即可删除一个锚点。

2.3.4 椭圆工具

利用“椭圆工具”可以绘制出椭圆图形或圆形图形，绘制出的图形包括内部颜色填充区域和外部轮廓线区域两部分。

1. 绘制椭圆

使用“椭圆工具”绘制椭圆的基本步骤如下：

(1) 在“工具箱”中选择“椭圆工具”。

(2) 在“属性”面板上选择笔触颜色（轮廓线颜色）、填充颜色（内部填充颜色）、轮廓线的宽度及线型。

(3) 在舞台上按住鼠标左键，拖曳鼠标绘制出椭圆。

2. 绘制圆

选择“椭圆工具”后，按住 Shift 键拖动鼠标绘制出的是正圆形。

2.3.5 矩形工具

使用“矩形工具”可以绘制出矩形或正方形图形，操作方法与“椭圆工具”基本相同，在此不再详细讲解。这里，我们先介绍 Flash 提供的“矩形工具”的另外一种工作模式——多角星形工具，然后介绍与“矩形工具”相关的辅助功能选项及特殊的图形操作。

1. 绘制多边星形

使用“多角星形工具”可以绘制出任意条边的多边形和任意个角的星形，操作步骤如下：

(1) 将光标移动到“工具箱”中的“矩形工具”上，按住左键，此时会弹出隐藏的“多角星形工具”，如图 1-2-10 所示。

(2) 选择“多角星形工具”。

(3) 在“属性”面板上单击“选项”按钮，弹出“工具设置”对话框，如图 1-2-11 所示。在该对话框中设置“样式”为多边形或星形、边数及星形顶点大小后，单击“确定”按钮。

说明：“星形顶点大小”用于设置星形的顶角锐化程度，数值越大，星形的顶角越光滑，反之，星形顶角越尖锐。“星形顶点大小”值的范围为 0～1。

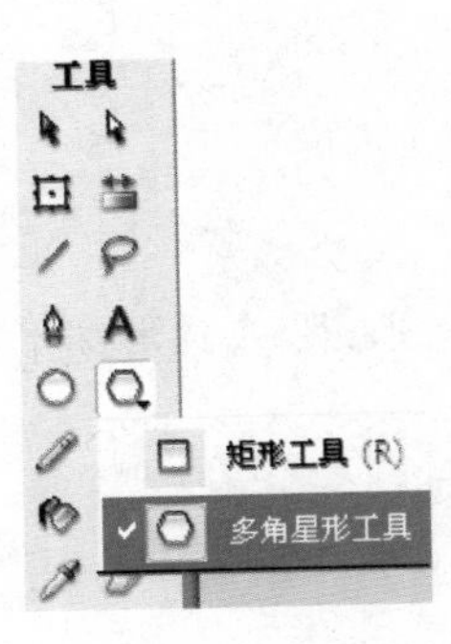

图 1-2-10 隐藏的“多角星形工具”

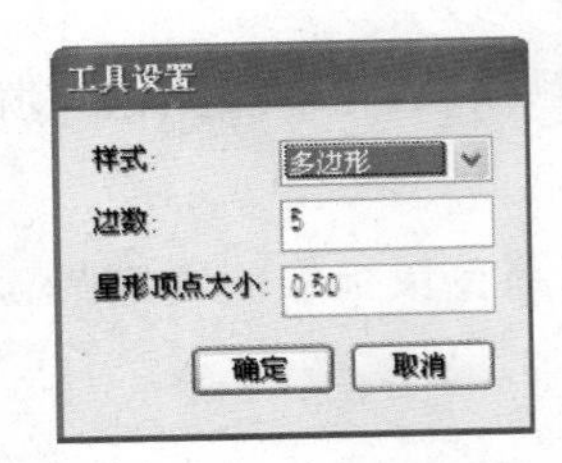

图 1-2-11 “工具设置”对话框

(4) 在舞台上按住左键,拖曳鼠标绘制出相应图形。使用“多角星形工具”绘制的多边形和星形如图 1-2-12 所示。

图 1-2-12 绘制的多边形和星形

2. 绘制圆角矩形

在选择“矩形工具”后,在“工具箱”的“选项”面板上出现“边角半径设置”按钮 ,单击该按钮,出现如图 1-2-13 所示的“矩形设置”对话框。通过设置相应的边角半径即可绘制出如图 1-2-14 所示的圆角效果的矩形。

现在,我们把注意力放到图形工具的辅助功能上。

3. 对象绘制模式

选择了“线条工具”、“钢笔工具”、“铅笔工具”、“圆形工具”、“矩形工具”以及“刷子工

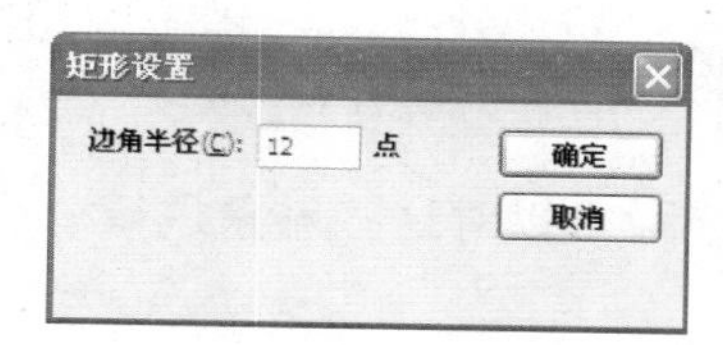

图 1-2-13 “矩形设置”对话框

图 1-2-14 圆角矩形

具”后，在“工具箱”的“选项”面板上都会出现“对象绘制”按钮，如图 1-2-15 所示。

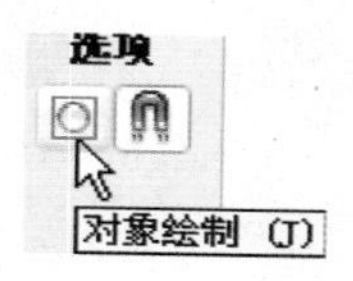

图 1-2-15 “对象绘制”按钮

在绘制图形的过程中，我们所画的每一条直线、曲线、圆等都被看做是一个图形对象。如果我们将两个图形对象重叠在一起时，两个对象可能会结合到一起，这时移走其中一个对象时，就会出现图 1-2-16 所示的情况。

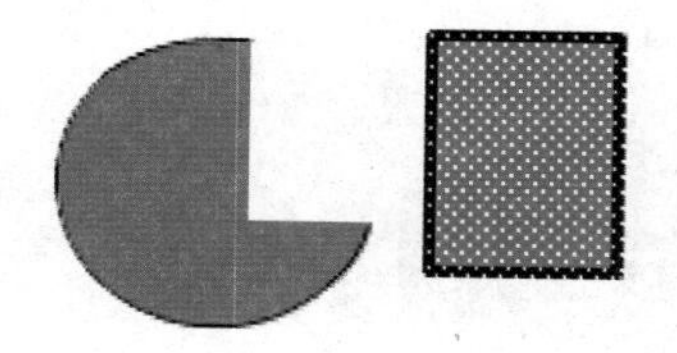

图 1-2-16 不使用对象绘制模式

单击“对象绘制”按钮，选中对象绘制模式，可以避免两个对象的结合而使它们互不影响，如图 1-2-17 所示。

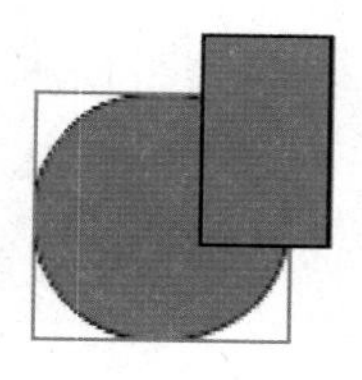

图 1-2-17 使用对象绘制模式

4. 合并对象

在绘制了不同的图形对象后，可以对这些对象进行一些操作，以绘制出各种特殊的图形。

(1) 联合合并

① 单击“对象绘制”按钮，选择对象绘制模式，在舞台上绘制两个图形，如图 1-2-18(a)所示，使用“选择工具”同时选中两个图形。

② 选择“修改”|“合并对象”|“联合”命令，两个对象即联合成为一个对象，如图 1-2-18(b)所示。

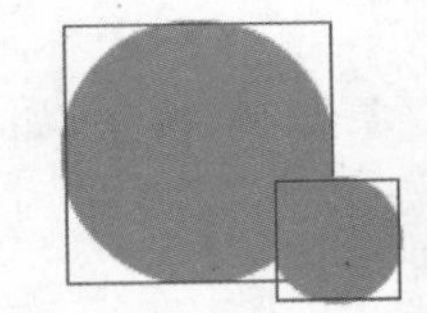

(a) 原始图形为两个对象　(b) 执行“联合”操作后

图 1-2-18　联合合并

(2) 交集合并

① 选择对象绘制模式，在舞台上绘制两个图形，如图 1-2-19(a)所示，使用“选择工具”同时选中两个图形。

② 选择“修改”|“合并对象”|“交集”菜单命令，两个对象的重叠部分被保留下来，其余部分则被裁减掉了，如图 1-2-19(b)所示。

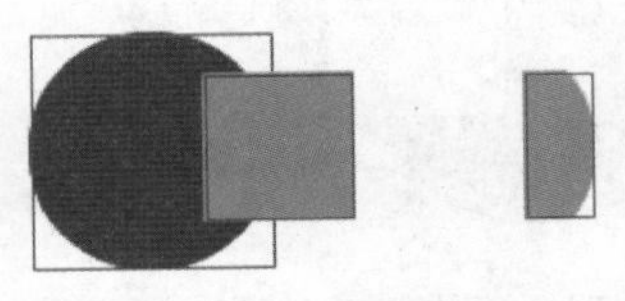

(a) 原始图形　(b) 执行“交集”操作后

图 1-2-19　交集合并

(3) 打孔

① 选择对象绘制模式，在舞台上绘制两个图形，如图 1-2-20(a)所示，使用“选择工具”同时选中两个图形。

② 选择“修改”|“合并对象”|“交集”菜单命令，两个对象的重叠部分被保留下来，其余部分则被裁减掉了，如图 1-2-20(b)所示。

(4) 裁切合并

在交集合并操作时得到的图形颜色是原两个图形中上面图形的颜色。如果对绘制

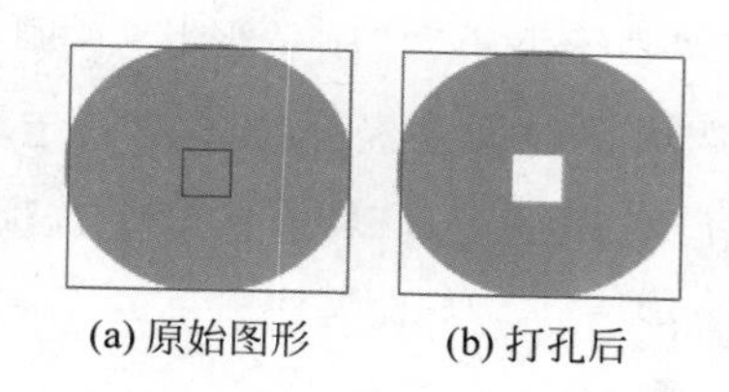

图 1-2-20 打孔

的两个图形选择“修改”|“合并对象”|“裁切”菜单命令，则获得的图形与交集操作得到的图形形状相同，而颜色不同。如图 1-2-21 所示，裁切的图形颜色是原两个图形中下面图形的颜色。

图 1-2-21 裁切的结果

2.3.6 刷子工具

使用“刷子工具”绘制出的图形，外观上是一个线条，但实际上是一个没有边框的填充区域。

1. “刷子工具”的使用

(1) 选择“工具箱”中的“刷子工具”，在“刷子工具”的“属性”面板设置填充颜色和平滑度，如图 1-2-22 所示。其中，平滑值越大，绘制出的图形的边缘越光滑。

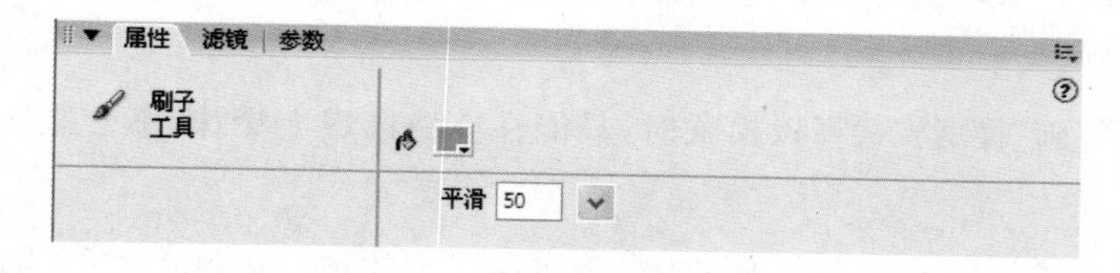

图 1-2-22 “刷子工具”的“属性”面板

(2) 按住左键，在舞台上拖动鼠标，绘制图形。

按住键盘上的 Shift 键拖动鼠标，只能绘制出垂直或水平方向的图形。

2. “刷子工具”的辅助选项

选择“工具箱”中的“刷子工具”后，在“工具箱”的“选项”面板上出现“刷子工具”提供的辅助选项，包括“对象绘制”、“刷子大小”、“刷子形状”、“刷子模式”以及“锁定填充”，如图 1-2-23 所示。“对象绘制”选项在前面已经介绍过，“锁定填充”选项将在后面的“颜料桶工具”部分介绍，这里重点介绍“刷子工具”特有的 3 个选项。

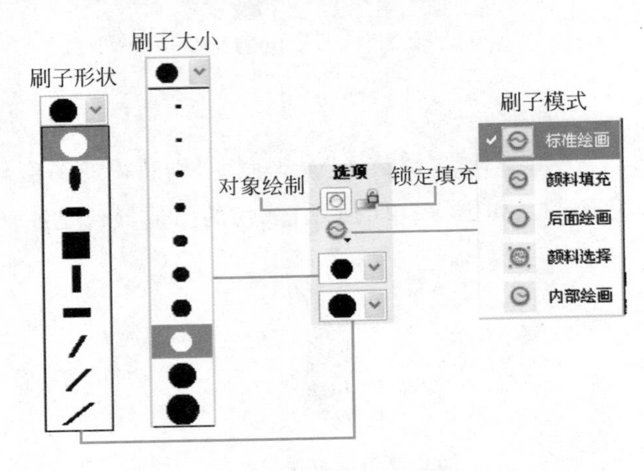

图 1-2-23 “刷子工具”的辅助选项

（1）“刷子大小”和“刷子形状”

- “刷子大小”：设置刷子笔头的大小，提供了 10 种不同的尺寸。
- “刷子形状”：设置刷子笔头的形状，提供了圆形、椭圆形、矩形以及斜线形等不同的画笔形状。

（2）“刷子模式”

Flash 提供了 5 种不同的刷子模式，包括“标准绘图”、“颜料填充”、“后面绘画”、“颜料选择”以及“内部绘画”。选择不同的刷子模式，可以制作出一些特殊的绘画效果。

- “标准绘画”模式：所画图形将覆盖原有图形及背景。
- “颜料填充”模式：所画图形只覆盖原有图形的填充区域及空白区域，但不影响轮廓线。
- “后面绘画”模式：选择该模式时，只能在空白区域上涂抹，不会影响任何已有的图形。
- “颜料选择”模式：选择该模式时，只能在选定的填充区域内进行绘画，且不会影响轮廓线。
- “内部绘画”模式：选择该模式时，如果刷子是在一个填充区域内开始绘画的，则刷子将只能在该填充区域内绘画，不覆盖轮廓线，也不会影响其他图形；否则，刷子将只能在空白区域内绘画，而不会影响任何图形。

下面通过实例来了解各种模式对刷子功能产生的影响。首先选择“椭圆工具”在舞台上绘制一个笔触颜色和填充颜色各不相同的圆形图形，注意在画圆之前要取消“对象绘制”模式，否则不会产生预期的效果。然后选择“刷子工具”，再选择下面不同的刷子模式，在圆上用刷子涂抹，就可以得到如图 1-2-24 所示的各种效果。

图 1-2-24　使用不同刷子模式绘制的图形效果

2.4　选取和编辑图形

在工作区中绘制的每一个图形都称为一个对象。在编辑这些图形对象之前，需要用选取工具选择该对象的整体或部分，然后才能对图形进行修改。能够选取对象的工具有“选择工具”、“部分选取工具”、“套索工具”，以及“任意变形工具”。其中，“选择工具”、“部分选取工具”、“任意变形工具”不仅可以选取对象，还可以对图形形状进行必要的调整或变形。除了使用“工具箱”中的图形编辑工具外，还可以使用特殊的面板或菜单命令来完成图形的编辑操作。

2.4.1　选择工具

“选择工具”是使用最频繁的一个工具。“选择工具”主要用于选取工作区中的各种对象(包括图形、位图、元件)。还可以使用“选择工具”完成对矢量图形的调整及变形操作。

1. “选择工具”的使用

(1) 使用“选择工具”选取对象

使用“选择工具”选取对象的最简单方法就是在“工具箱”中单击“选择工具”后，再单击或双击工作区的对象，该对象即处于被选取状态。

- 选取线条：如图 1-2-25(a)所示，用“选择工具”单击线条，线条上布满亮点的地方即为被选中的部分。
- 选取图形：如图 1-2-25(b)所示，用“选择工具”单击一个图形的轮廓线时，只选中该图形的轮廓线；用“选择工具”单击图形的填充区域，则选中该图形的填充区域；用“选择工具”双击一个图形，则同时选中该图形的轮廓线及填充区域。

- 同时选取多个对象：如图 1-2-25(c)所示，使用“选择工具”拖动鼠标，拉出的矩形区域中的所有对象都被选中。
- 选取图形的一部分：如图 1-2-25(d)所示，使用“选择工具”拖动鼠标，拉出的矩形区域中对象的一部分被选中。

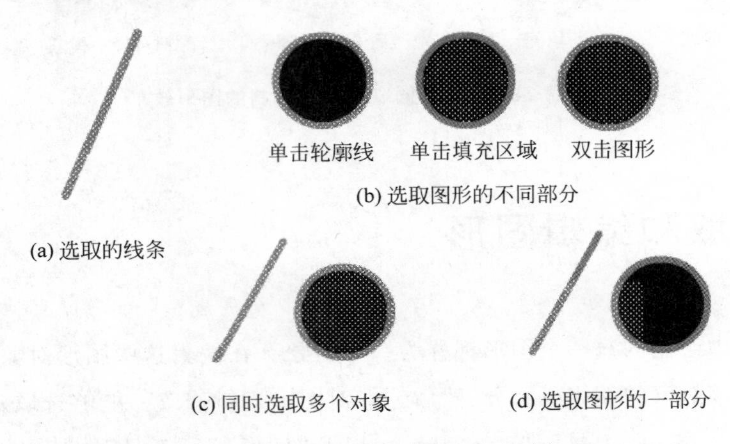

图 1-2-25　使用“选择工具”选取对象

(2) 使用“选择工具”移动对象

改变对象的位置有不同的方法，可以使用“选择工具”直接拖动，也可以用键盘操作，还可以直接修改对象的坐标。

方法 1　选择“选择工具”，将鼠标放在要移动的对象上，当鼠标呈形状时，单击即可拖动该对象。

方法 2　使用“选择工具”单击要移动的对象，按键盘上的方向键可移动对象。该方法适用于较精确地移动对象。每按一次方向键，对象移动 1 个像素点的位置，如果按 Shift＋方向键，则每次可以移动 10 个像素点的位置。

方法 3　使用“选择工具”单击要移动的对象，在“属性”面板或“信息”面板上修改对象的 X、Y 坐标值，可以精确定位对象的位置。

打开“信息”面板的方法是：选择“窗口”|“信息”命令，打开的“信息”面板，如图 1-2-26 所示。同“属性”面板，X 和 Y 值确定了对象的位置。

(3) 使用“选择工具”复制对象

可以用常规的“复制”、“粘贴”方法进行对象的复制，在粘贴时还可以选择“粘贴到中心位置”或“粘贴到当前位置”等命令完成对象的复制操作。

这里介绍 Flash 提供的一种比较便捷的复制对象方法：选择“选择工具”，将鼠标移到待复制的对象上，按下键盘上的 Alt 键或 Ctrl 键，然后用拖动该对象到合适位置后，即

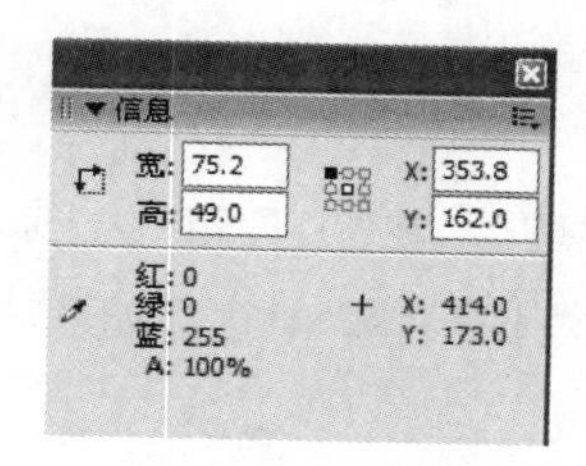

图 1-2-26 “信息”面板

出现一个复制的新对象。

(4) 使用“选择工具”改变图形的形状

利用“选择工具”可以改变已有线条或图形的形状,实现特殊的绘图效果,非常方便。下面通过两个实例来讲解利用“选择工具”改变图形形状的基本方法。

- 改变线条的形状:舞台上的原始线条(一条直线)如图 1-2-27(a)所示;单击工具箱中的“选择工具”,把鼠标指针移动到线条附近,注意不要通过单击来选中该线条,鼠标指针下面会出现一条短弧线,如图 1-2-27(b)所示;用鼠标拖动直线到一定位置,如图 1-2-27(c)所示;松开鼠标后,直线转变成一条光滑的曲线,如图 1-2-27(d)所示;如果按住 Ctrl 键拖动线条,则会创建一个转角点,线条的形状改变成一条折线,如图 1-2-27(e)。

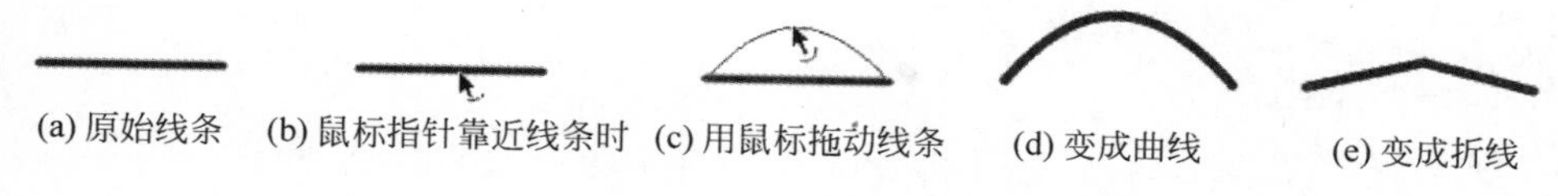

图 1-2-27 使用“选择工具”改变线条的形状

- 改变图形的形状:舞台上的一个椭圆,如图 1-2-28(a)所示;单击工具箱中的“选择工具”,将鼠标指针移动到椭圆的一边,如图 1-2-28(b)所示,拖动鼠标进行调整,再调整另一边,椭圆变成如图 1-2-28(c)所示的图形;将鼠标指针移动到图形的顶端,按住 Ctrl 键拖动鼠标,如图 1-2-28(d)所示,图形转变成如图 1-2-28(e)所示的图形。

图 1-2-28 使用“选择工具”改变图形的形状

2.“选择工具”的辅助选项

选择“工具箱”中的“选择工具”后，在“工具箱”的“选项”面板上出现“选择工具”提供的辅助选项，包括“紧贴至对象”、“平滑”和“伸直”，如图 1-2-29 所示。

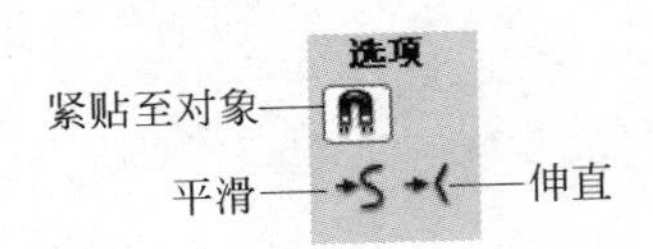

图 1-2-29 “选择工具”的辅助选项

(1) “紧贴至对象”

实际上，当我们选择“线条工具”、“矩形工具”等其他多种工具时，都会出现“紧贴至对象”选项。当选择“紧贴至对象”按钮时，则开启了“吸附”功能，可以在拖动或绘制图形时，使之自动吸附到其他的图形上。如图 1-2-30 所示，使用“选择工具”拖动一个线条的一端靠近圆时，鼠标指针处会出现一个较大的“空心圆”，这时松开鼠标，该线条就会自然地连接到圆上。

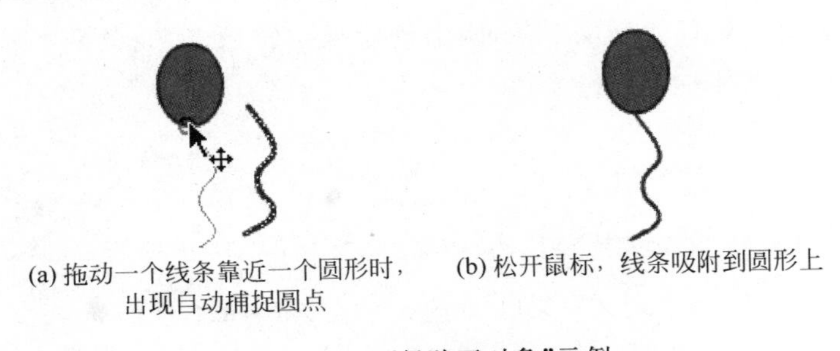

(a) 拖动一个线条靠近一个圆形时，出现自动捕捉圆点　(b) 松开鼠标，线条吸附到圆形上

图 1-2-30 “紧贴至对象”示例

“紧贴至对象”功能要根据具体情况选用，在绘制图形过程中经常需要对这个功能进行切换。实际使用时还要注意的是，在选择“紧贴至对象”后，自动捕捉圆点只有当鼠标在被拖动对象的中心、边框或拐角处时才会出现。

(2) “平滑”和“伸直”

“平滑”和“伸直”是用来简化选定的曲线或图形的辅助选项。“平滑”按钮用来使选定的曲线或图形变得更加圆滑；“伸直”按钮则用来使选定的曲线或图形变得更加平直。

2.4.2 部分选取工具

使用“部分选取工具”也可以完成对直线、曲线以及图形的调整。在实际应用过程中，经常利用“部分选取工具”配合“钢笔工具”完成比较细腻的绘图工作。

1. 路径和锚点

在 Flash 8 中，直线、曲线、折线以及图形的轮廓线都称为路径。锚点是构成路径的基本单位。锚点控制着路径的方向、曲直和长短。如图 1-2-31 所示，当用“部分选取工具”单击直线、曲线，或单击图形的边框时，即出现表示路径的锚点。

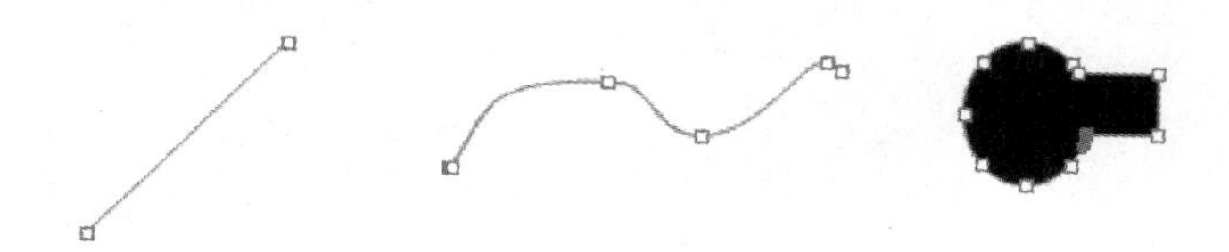

图 1-2-31 路径和锚点

单击路径上的一个锚点，该锚点由空心变为实心，表明已被选中。如果锚点在曲线上，还会出现切线控制柄，如图 1-2-32 所示。用鼠标拖动选中的锚点可以改变锚点的位置，拖动切线控制柄则会调整路径的弯曲程度和弯曲方向。按住 Alt 键拖动控制柄可不影响另一个控制柄。对于选中的锚点还可以使用 Delete 键直接删除。

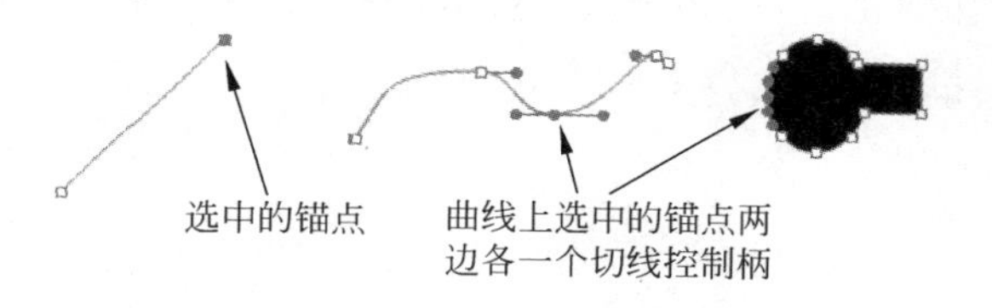

图 1-2-32 选中的锚点

另外，与“钢笔工具”一样，在使用“部分选取工具”时也要仔细观察鼠标指针的变化：

↖▪：鼠标指针右下方出现一个实心框，表明可用鼠标拖动整条曲线。

↖▫：鼠标指针右下方出现一个空心框，表明可拖动相应的锚点调整曲线。

2. 调整曲线

使用“部分选取工具”可以对绘制好的曲线进行局部调整，具体操作步骤如下：

(1) 在“工具箱”中选择“部分选取工具”，在要调整的曲线上单击，使之进入活动状态，如图 1-2-33(a)所示，鼠标指针处出现的小实心框说明 “部分选取工具”处在一条可移动的曲线上。

(2) 单击其中一个锚点，该锚点由空心圆点变成实心圆点，并出现相应的控制手柄，鼠标指针处出现的小空心框，说明可以使用“部分选取工具”修改曲线，如图 1-2-33(b)所示。

(3) 拖动选中的锚点改变曲线的形状。

(4) 选中其他锚点继续修改,直到满意为止,如图 1-2-33(c)所示。

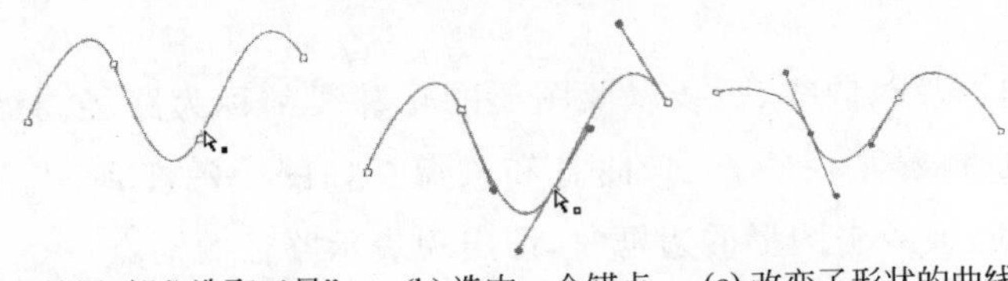

(a) 使用"部分选取工具"选中的曲线　(b) 选中一个锚点　(c) 改变了形状的曲线

图 1-2-33　使用"部分选取工具"调整曲线

2.4.3　套索工具

"套索工具"也是用来选取对象的,但与"选择工具"、"部分选取工具"不同的是,使用"套索工具"可以选取图形中不规则的区域,使用起来更加灵活。

"套索工具"的默认工作模式为自由选取模式。在该模式下,可以随意拖动鼠标来选取图形的任意部分,如图 1-2-34(a)所示。选取的图形部分将作为一个独立的图形来处理。例如,用鼠标拖动可将该部分图形移走,如图 1-2-34(b)所示。也可按 Delete 键直接删除。

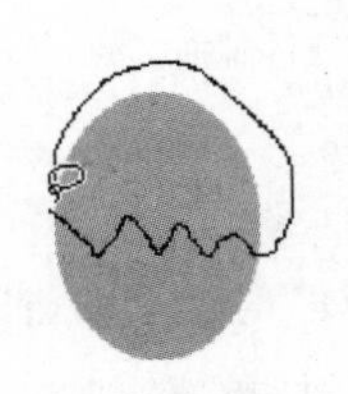

(a) 拖动鼠标选取区域　(b) 用鼠标移走选定的图形区域

图 1-2-34　"套索工具"的自由选取模式

选择"工具箱"中的"套索工具"后,在"工具箱"的"选项"面板上将出现"套索工具"提供的辅助选项,包括"魔术棒"、"魔术棒设置"和"多边形模式",如图 1-2-35 所示。

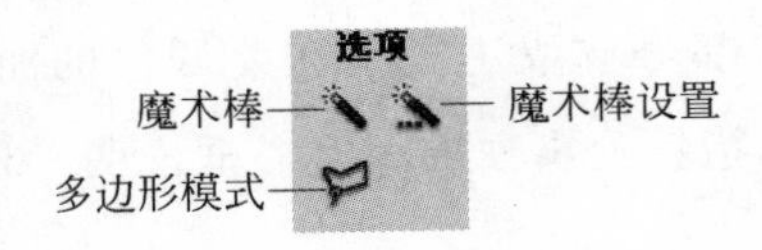

图 1-2-35　"套索工具"的辅助选项

1. "多边形模式"

该模式用来建立多边形的选择区域,操作步骤如下:

(1) 选择“套索工具”,在“工具箱”的“选项”面板上选择“多边形模式”。

(2) 单击设定待选区域的起始点。

(3) 将鼠标移到另一个顶点处单击,出现第一条直线。

(4) 继续移动鼠标在待选区域的其他顶点处单击。

(5) 最后双击,形成一个闭合区域,结束选取。

2. “魔术棒”模式和“魔术棒设置”

“魔术棒”模式用于在位图中选择颜色相近的区域。

(1) “魔术棒”的使用

选择“套索工具”后,再选择“魔术棒”选项,鼠标指针变成魔术棒形状,将鼠标移到位图的某种颜色处单击,即可选择该颜色及与该颜色相近的区域。

(2) “魔术棒设置”

在使用“魔术棒”之前可以先设置魔术棒的属性。单击“魔术棒设置”按钮,即弹出“魔术棒设置”对话框,如图 1-2-36 所示。在该对话框中设置以下选项:

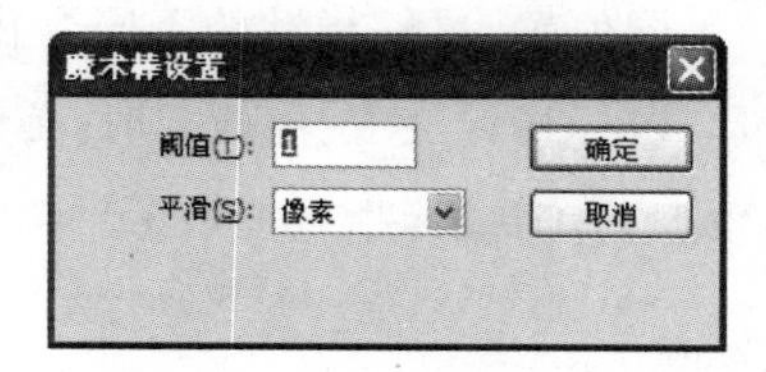

图 1-2-36 “魔术棒设置”对话框

- 阈值,输入一个范围在 0～200 之间的值,用于定义将相邻像素包含在所选区域内必须达到的颜色接近程度。该值越大,包含的颜色范围越广。如果输入 0,则只选择与单击的第一个像素的颜色完全相同的像素。
- 平滑,在下拉菜单中提供了像素、粗略、一般和平滑 4 个选项,用于定义所选区域的边缘的平滑程度。

常用“魔术棒”来去除图片的背景色提取图片中所需的人物或物体图像,或者选择图片中的某一颜色区域后填充其他的颜色或删除该区域。其具体使用方法可参阅 2.8.2 节中的“分离位图”部分。

2.4.4 任意变形工具

“任意变形工具”可以应用于所有不同类型的对象,包括矢量图形、位图、元件等。使用“任意变形工具”不仅可以选取对象,还可以对选取的对象进行自由的缩放、旋转或倾斜等操作。

1. “任意变形工具”的使用

使用“任意变形工具”可以完成对对象的缩放、旋转或倾斜等操作。其基本操作方法如下：

（1）在“工具箱”中选择“任意变形工具”。

（2）在舞台上单击要编辑的图形使之选中。处于选中状态的图形四周出现一个可旋转亦可缩放的矩形框，且框的四周有 8 个用于鼠标拖放的控制手柄，框的中心有一个空心圆称为中心点，如图 1-2-37 所示。

图 1-2-37 使用“任意变形工具”选中图形

（3）将鼠标指向矩形框的不同位置，鼠标指针的不同变化表明可以完成不同的操作：

- 移动鼠标到矩形框上，当鼠标指针变成样式时，拖动鼠标可使图形发生倾斜。
- 移动鼠标到矩形框的顶点上，当鼠标指针变成样式时，拖动鼠标可使图形发生旋转。

需要说明的是，对象的旋转是指对象以中心点为轴心转动一定的角度。因此，中心点的位置不同转动的效果就会不同。默认情况下，中心点是对象本身的中心点。可以直接拖动中心点以改变其位置。

- 移动鼠标到 4 个顶点处的控制手柄，当鼠标指针变成或样式时，拖动鼠标可同时改变图形水平和垂直方向的大小。
- 移动鼠标到边框中点处的控制手柄，当鼠标指针变成↔或↕样式时，拖动鼠标可改变图形水平或垂直方向的大小。

2. “任意变形工具”的辅助选项

选择“任意变形工具”后，在“选项”面板出现 4 个“任意变形工具”特有的辅助功能按钮（除“紧贴至对象”外），如图 1-2-38 所示，分别是“旋转与倾斜”、“缩放”、“扭曲”和“封套”。

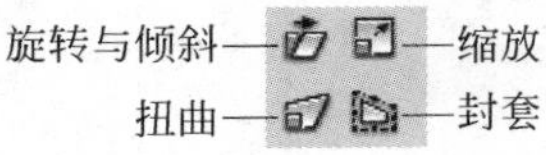

旋转与倾斜——缩放
扭曲——封套

图 1-2-38 “任意变形工具”的辅助选项

（1）“旋转与倾斜”

选择“任意变形工具”后，再单击“旋转与倾斜”辅助功能按钮。这时单击对象后，被选中的对象四周出现的矩形框只能用于旋转或拉斜对象而不能用于缩放。位于矩形框顶点的控制手柄是用来旋转手柄的，其他 4 个控制手柄则是用于拉斜对象的。

（2）“缩放”

选择“任意变形工具”后，再单击“缩放”按钮。这时单击对象后，被选中的对象四周出现的矩形框只能用于缩放对象。

（3）“扭曲”

选择“任意变形工具”后，再单击“扭曲”按钮。单击对象后，被选中的对象四周出现矩形框。移动鼠标到矩形框上的 8 个控制手柄处，鼠标指针会变成▷样式，这时拖动控制手柄可以使该对象扭曲变形。

（4）“封套”

选择“任意变形工具”后，再单击“封套”按钮，这时被选中对象四周的矩形框上会出现更多的控制手柄。每个控制手柄都可以被上、下、左、右任意拖动，改变图形形状直到满意为止。

2.4.5 “变形”面板

使用“任意变形工具”可以自由地缩放、旋转或拉斜对象，操作起来非常方便但精确度不高。如果要精确地缩放对象或按精确的角度旋转或拉斜对象，就要使用“变形”面板。

1. 打开“变形”面板

如果在屏幕上找不到“变形”面板，可选择“窗口”|“变形”命令，打开“变形”面板，如图 1-2-39 所示。

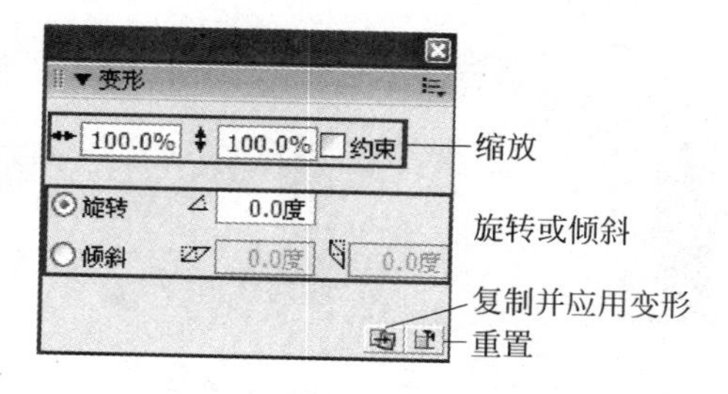

图 1-2-39 “变形”面板

2. 缩放对象

“变形”面板中的第一个设置便是缩放。在这里可以分别确定相对于原对象宽度与高度的百分比。在缩放选项的右侧有一个“约束”复选框，取消“约束”时，则可以在宽度和高度上分别按照不同的比例进行缩放。例如，在 右侧的文本框中输入 200%，在 右侧的文本框中输入 50%，则原对象在宽度上会放大 1 倍，在高度上会缩小 1 半。

3. 旋转、倾斜对象

利用“变形”面板使对象旋转、倾斜也非常简单，只要选择“旋转”或“倾斜”单选按钮，在相应的文本框中输入角度即可，这里不再赘述。

需要介绍的是“变形”面板右下角的两个按钮——“复制并应用变形”和“重置”。

4. “重置”

如果要取消对当前对象所做的缩放、旋转及倾斜操作，一种方法是按 Ctrl+Z 键来撤销前面的操作，另一种方法就是单击“变形”面板右下角的“重置”按钮，使修改后的对象恢复到原来的状态。但是恢复对象是有条件的，所恢复的缩放、旋转及倾斜操作必须是在一次选中对象中进行的。

5. “复制并应用变形”

“重置”按钮前面就是“复制并应用变形”按钮。下面通过一个简单的例子来说明该按钮的使用方法。

(1) 选择“椭圆工具”在舞台上绘制一个无笔触颜色、填充颜色任意(当然不要是背景颜色)的椭圆，如图 1-2-40(a)所示。

(2) 选择“工具箱”中的“任意变形工具”，然后用鼠标单击所画的椭圆，如图 1-2-40(b)所示。

(a) 原始图形

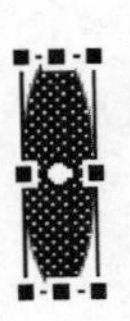

(b) 使用“任意变形工具”选中的图形

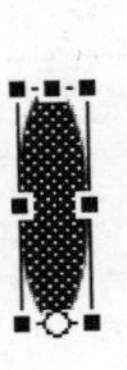

(c) 移动注册点到椭圆下方

(d) 单击“复制并应用变形”按钮4次

图 1-2-40 “复制并应用变形”按钮的使用

(3) 用鼠标拖动椭圆的中心点到椭圆的下方，如图 1-2-40(c)所示。

(4) 打开"变形"面板，在"旋转"后的文本框中输入"72 度"。

(5) 单击"变形"面板上的"复制并应用变形"按钮 4 次，舞台上就会出现如图 1-2-40(d)所示的图形。

在绘制复杂的图形时，如果该图形能够通过一个对较简单图形进行多次复制来实现，不仅可以提高效率，还可以节省 Flash 影片的空间。例如，如果要画一朵小花，先画出一个花瓣，然后再通过"复制并应用变形"按钮，经过旋转复制出其他花瓣。

前面介绍的"任意变形工具"以及"变形"面板的很多选项和操作都可以在"修改"|"变形"菜单中找到相应的命令，如图 1-2-41 所示。

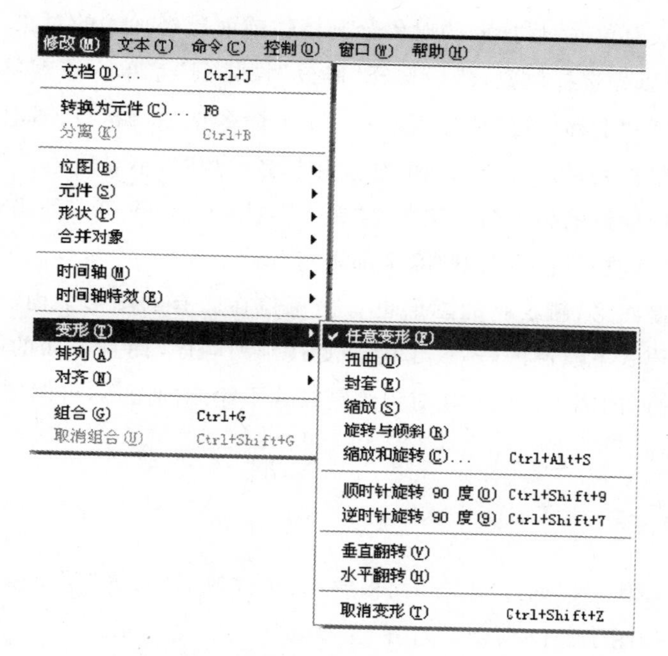

图 1-2-41 "修改"|"变形"菜单中的命令

2.4.6 编辑多个对象

在绘制较复杂的图形时，经常需要同时编辑多个图形对象。多个对象的编辑操作包括对象的组合、排列、对齐等操作，这些操作主要由相关的菜单命令和面板来完成。

1. 组合对象

使用组合命令可以将多个图形组合为一个整体。组合后的各图形可以一起被选取、移动、缩放等，操作起来较为方便，而且，将图形组合后，还可以防止在绘制其他图形时发生不必要的误操作。

能够组合在一起的对象可以是图形、位图、元件、文本框，也可以是一个组合。组合对象的方法是：选种需要合并成一组的对象，选择“修改”|“组合”命令即可。“组合”命令的快捷键是 Ctrl＋G。

如果要编辑组合中的对象，就双击该对象组合，或者选择“编辑”|“编辑所选项目”命令。

取消组合的方法是：选中需要取消组合的组，选择“修改”|“取消组合”命令。

2. 排列对象

在舞台上加入对象时，后加入的对象会遮挡住前面已经加入的对象。如果要改变对象的排列顺序，可以先选择对象，然后选择“修改”|“排列”菜单。该菜单中提供了“移至顶层”、“移至底层”、“上移一层”和“下移一层”4 个命令选项。执行不同的排列命令可以改变对象之间的覆盖关系。每个选项的功能和其名称相同，不需赘述。

“排列”菜单中提供的另一命令选项是“锁定”，执行该命令可以使当前对象不能再被编辑。解锁执行“修改”|“排列”|“解除全部锁定”命令。

在舞台上绘制图形，新绘制的图形也总是覆盖在已有的图形上面。但是，如果图形是在非对象绘制模式下绘制的，不仅不能改变其排列顺序，而且下面的图形会被上面的图形切割开，见前面的图 1-2-16。在对象绘制模式下绘制的图形，可以按照前面的操作改变图形的排列顺序。

3. 对齐对象

对象的对齐操作可以通过“对齐”面板或选择“修改”|“对齐”菜单中的相应命令来完成。“对齐”面板如图 1-2-42 所示，“对齐”菜单如图 1-2-43 所示。

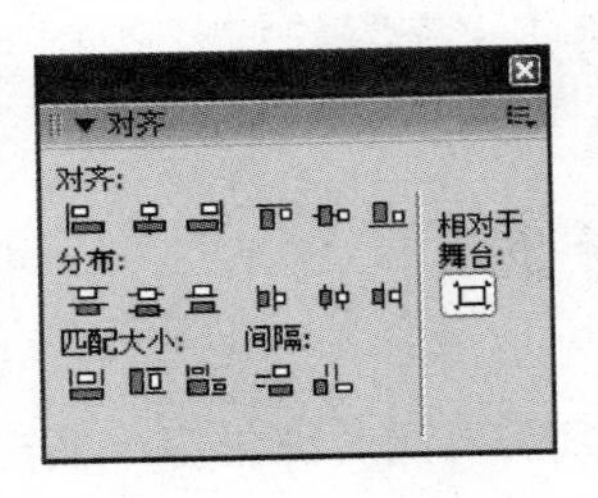

图 1-2-42 “对齐”面板

打开“对齐”面板的方法是：选择“窗口”|“对齐”命令。在“对齐”面板的右侧有一个“相对于舞台分布”按钮，单击该按钮使其处于选中状态时，所有的对齐方式都是以舞台的 4 条边为基准线的，否则以选取对象为基准。

左对齐(L)	Ctrl+Alt+1
水平居中(Z)	Ctrl+Alt+2
右对齐(R)	Ctrl+Alt+3
顶对齐(T)	Ctrl+Alt+4
垂直居中(C)	Ctrl+Alt+5
底对齐(B)	Ctrl+Alt+6
按宽度均匀分布(D)	Ctrl+Alt+7
按高度均匀分布(H)	Ctrl+Alt+9
设为相同宽度(M)	Ctrl+Alt+Shift+7
设为相同高度(S)	Ctrl+Alt+Shift+9
✔ 相对舞台分布(G)	Ctrl+Alt+8

图 1-2-43　“修改”|“对齐”菜单

“对齐”面板中包括“对齐”、“分布”、“匹配大小”、“间隔”4 个部分：

- “对齐”：使所选对象以一个基准线对齐，依次包括“左对齐”、“水平居中”、“右对齐”、“顶对齐”、“垂直居中”、“底对齐”6 个按钮。
- “分布”：使所选对象按照中心间距或边缘间距相等的方式进行分布，依次包括“顶部分布”、“垂直居中分布”、“底部分布”、“左侧分布”、“水平居中分布”、“右侧分布”6 个按钮。
- “匹配大小”：使选中的多个对象按照相同的宽度、高度或同时按照相同的宽度和高度统一设置。对象统一的尺寸以所选对象中最大的尺寸为基准，依次包括“匹配宽度”、“匹配高度”、“匹配宽和高”3 个按钮。
- “间隔”：使对象之间的间距保持相等，依次包括“垂直平均间隔”、“水平平均间隔”2 个按钮。

2.5　为图形填充颜色

前面已经介绍过，Flash 绘制的图形可以分为轮廓线和内部填充区域两部分，轮廓线的颜色由“笔触颜色”来确定，内部填充区域的颜色由“填充色”来确定。实际上，Flash 为图形填充颜色的方法多种多样。例如，可以使用“混色器”面板及颜色填充工具来为图形填充更丰富的颜色。颜色填充工具包括“颜料桶工具”、“墨水瓶工具”、“滴管工具”、“填充变形工具”以及“橡皮擦工具”。

2.5.1　了解颜色

对于计算机图形来说，红色、绿色和蓝色被称为基本颜色，每个像素的颜色都可以看做是红色、绿色和蓝色的混合颜色，这种定义颜色的模式称为RGB颜色模式。

在RGB颜色模式中，红色、绿色和蓝色的颜色量分别用1个字节来指定，因此每个颜色的数值范围在0～255之间，用十六进制来表示就是00～FF之间的一个数值。

在为图形选择颜色时，可以打开Flash的“拾色器”面板，如图1-2-44所示。在“拾色器”面板中选择每一种颜色时，上面的文本框都会显示该颜色所对应的RGB颜色值，如#0000FF，#表示十六进制数，后面每两位数字依次对应红色、绿色和蓝色的颜色量，分别是00、00和FF，最终颜色是蓝色。

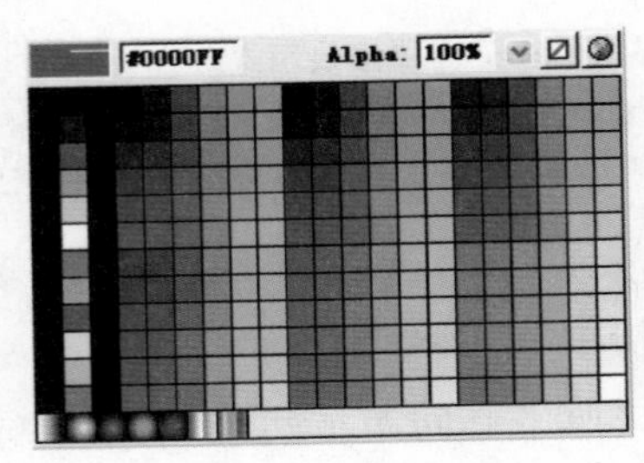

图1-2-44 “拾色器”面板

确定颜色的另一个重要参数是Alpha。Alpha表示颜色的透明度级别，数值范围在100%～0之间。Alpha值为100%时，颜色是完全可见的，Alpha值为0时，颜色是不可见的，即透明的。

2.5.2 颜料桶工具

“颜料桶工具”用来给封闭的图形区域填充颜色，也可用来修改已填充颜色的区域的颜色。所谓“封闭的”图形区域也可以是不封闭的。通过选择“空隙大小”选项可以忽略缝隙而不使颜料“泄露”出去，如图1-2-45所示。

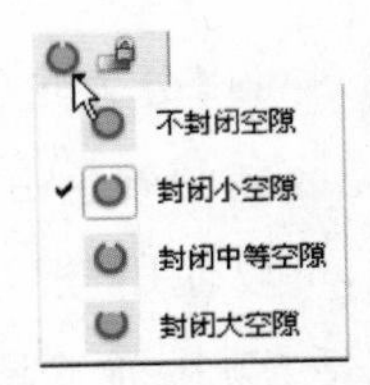

图1-2-45 “空隙大小”选项

1. “颜料桶工具”的使用

“颜料桶工具”的使用方法非常简单：选择“颜料桶工具”，设置填充色，在要填充的图形内部单击，则图形的填充区域颜色改变为当前的填充色的颜色。

2. 填充渐变色与“混色器”面板

除了可以在图形中填充单色（纯色）外，还可以为图形填充线性渐变颜色或放射性渐变颜色。“拾色器”面板的左下方就是一些线性渐变颜色或放射状渐变颜色，如图 1-2-44 所示。

使用“混色器”面板可以完成复杂的颜色填充，如渐变颜色、位图填充。选择“窗口”|“混色器”命令，打开“混色器”面板。在“混色器”面板中单击“填充颜色”按钮，然后单击右侧的“类型”下拉列表，选择“线性”样式。“混色器”面板显示线性渐变颜色设置模式，如图 1-2-46 所示。

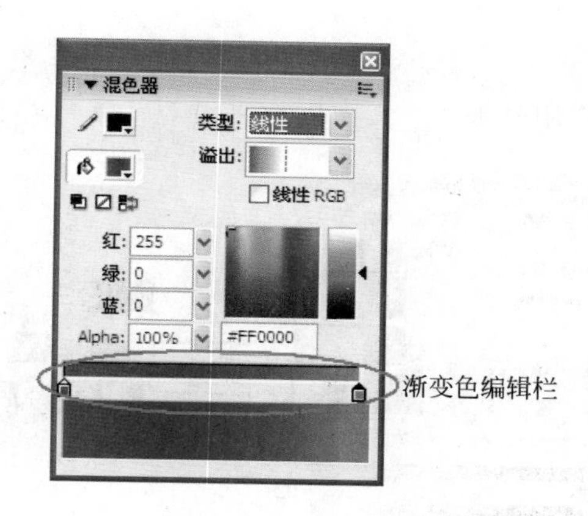

图 1-2-46　在“混色器”面板上设置渐变颜色

接下来为舞台上的矩形填充线性渐变颜色：

(1) 双击渐变色编辑栏左侧的控制点，在打开的“拾色器”中选择蓝色。同样，设置右侧为绿色。再将鼠标移到两个小色标的中间处单击，添加一个新的控制点，并选择颜色为白色。这时的“混色器”面板如图 1-2-47 所示。

(2) 选择“工具箱”中的“颜料桶工具”，在舞台上的矩形上单击，即为矩形填充由蓝到白再由白到绿的线性渐变颜色，再试着将鼠标在矩形上由右向左拖曳，线性渐变颜色的渐变方向就会发生改变。

通过增加渐变颜色控制点可以编辑出更为复杂的渐变颜色。如果要删除控制点，只要用鼠标向下拖动控制点即可。

放射状渐变颜色的设置同上。在类型下拉列表中还可以选择“位图”样式，即为图形填充位图。

渐变的“溢出”设置是 Flash 8 在渐变方面一个重要更新。当渐变颜色不够填满某个区域时，“溢出”设置决定了如何填充多余的区域。“溢出”设置只适应于线性渐变和放射

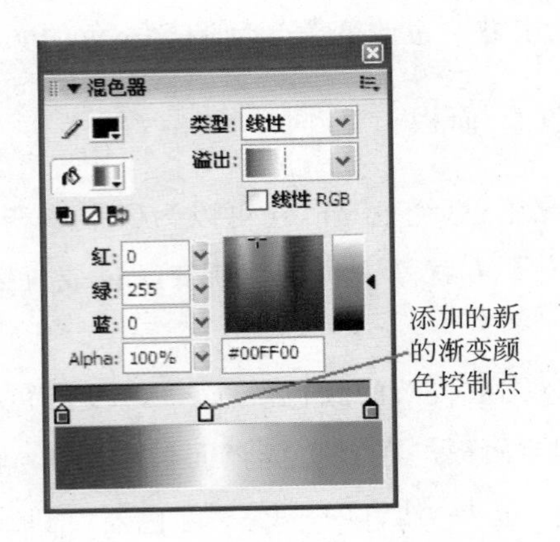

图 1-2-47 编辑后的线性渐变颜色

状渐变。"溢出"有 3 种样式："扩充"、"映射"和"重复"。图 1-2-48 说明了在双色放射状渐变情况下，3 种样式的应用效果。

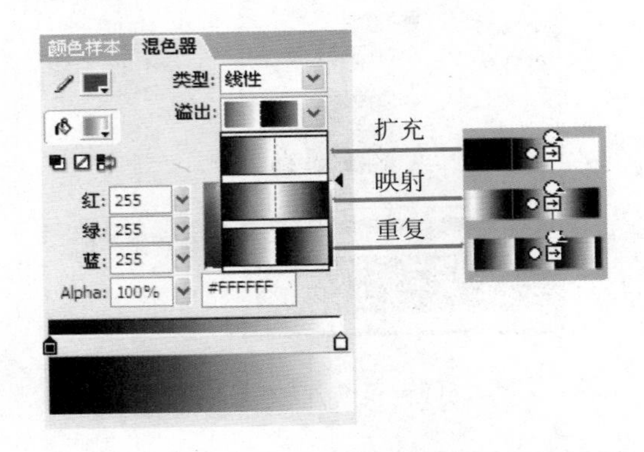

图 1-2-48 "溢出"的 3 种模式

- "扩充"模式：缩小渐变的宽度后，渐变的左边颜色和右边颜色向边缘蔓延开来，填充了多余区域。
- "映射"模式：对渐变颜色进行对称翻转，合为一体、头尾相接，然后作为图案平铺在空余的区域。
- "重复"模式：按顺序应用渐变颜色，直至填充满整个空余区域。

3. "锁定填充"

与"刷子工具"相同，"颜料桶工具"也有"锁定填充"辅助功能按钮。单击该按钮，进入锁定填充模式。在锁定填充模式下，渐变色填充或者位图填充时将把填充的一系列对象看做是一个整体来处理。下面举一个"位图填充"的例子：

(1) 在舞台上绘制几个图形，如图 1-2-49 所示。

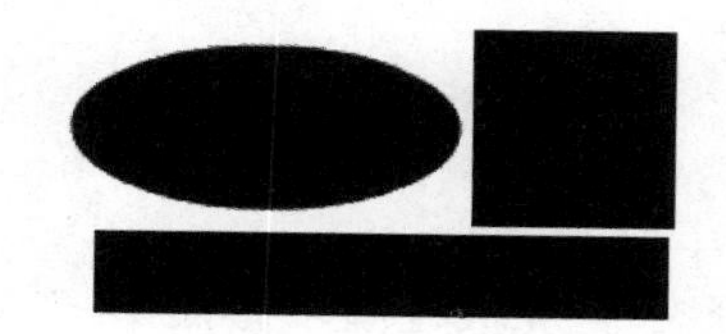

图 1-2-49 原始图形

(2) 选择“文件”|“导入”|“导入到舞台”命令，在舞台上导入一个位图。

(3) 打开“混色器”面板，在“类型”下拉列表中选择“位图”选项。

(4) 使用“选择工具”选中舞台上的位图，选择“修改”|“分离”命令，将位图分离。

(5) 选择“工具箱”中的“滴管工具”，在选中的位图上单击，这时鼠标指针由滴管状变成颜料桶状，即进入锁定填充模式。

(6) 移动鼠标在绘制的几个图形中单击。

(7) 选中位图，按 Delete 键删除。最后舞台上只留下了填充了位图的图形，如图 1-2-50 所示。可以看出，3 个图形中分别填充了位图的一部分。

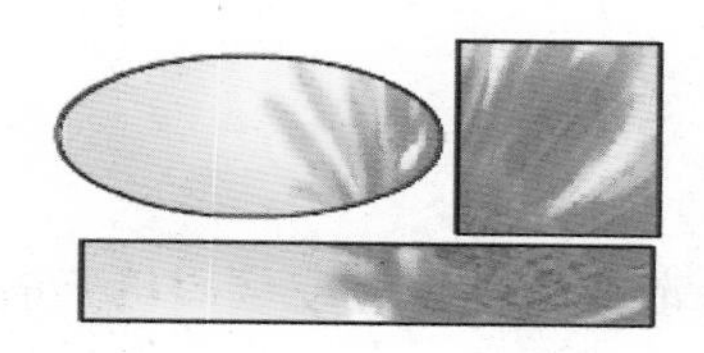

图 1-2-50 锁定填充模式下填充的图形

思考一下可以利用“锁定填充”干什么？一个最有趣的事情就是利用“锁定填充”制作拼图游戏。

2.5.3 墨水瓶工具

使用“墨水瓶工具”可以为填充区域添加轮廓线，或者改变轮廓线的颜色、粗细及线型。

如果绘制了无笔触颜色即没有轮廓线的椭圆或矩形，那么，就不能通过改变图形的笔触颜色属性来添加轮廓线了，这时可使用“墨水瓶工具”：

(1) 在舞台上绘制一个无笔触颜色的椭圆，填充色任意(除了背景色)。

(2) 选择“工具箱”中的“墨水瓶工具”，在“属性”面板中设置笔触颜色、笔触高度、笔触样式。

(3) 将鼠标移到绘制的椭圆上方并单击，则为椭圆添加了轮廓线。

使用“墨水瓶工具”也可以改变图形的轮廓线，操作方法同上。

2.5.4 滴管工具

在 2.5.2 节中，使用“滴管工具”完成位图填充操作。“滴管工具”的主要作用就是从工作区中已经存在的对象中复制笔触属性或填充属性，然后再将该属性应用到其他对象上。

“滴管工具”的使用方法如下：

（1）选择“工具箱”中的“滴管工具”。

（2）鼠标指针变成滴管状；将鼠标移到图形的轮廓线上，鼠标指针变成状；将鼠标移到图形的填充区域上，鼠标指针变成状。

（3）如果在图形的轮廓线上单击，则鼠标指针由状变成墨水瓶状；如果在图形的填充区域上单击鼠标，则鼠标指针由状变成颜料桶状。

（4）将鼠标移到要应用复制属性的线条或填充区域内单击。

2.5.5 填充变形工具

“填充变形工具”用来改变渐变颜色填充或位图填充的尺寸、方向或中心点，从而使渐变颜色填充或位图填充变形。

选择“工具箱”中的“填充变形工具”，单击渐变颜色填充或位图填充的区域，就会显示出相应的中心点及编辑手柄，如图 1-2-51 所示。

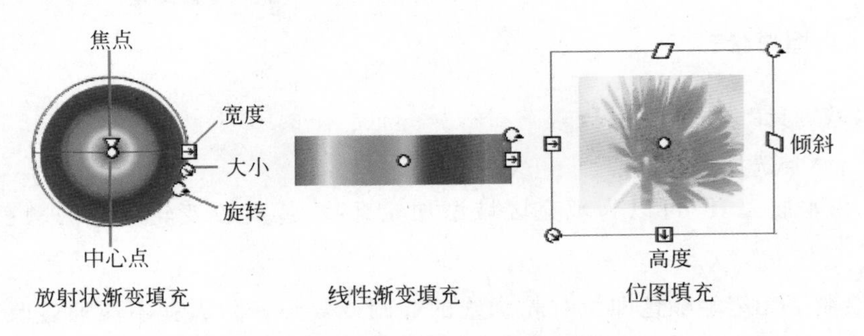

图 1-2-51 使用“填充变形工具”

- 中心点：空心的圆圈，拖动中心点可以改变渐变颜色或位图填充的中心点。
- 焦点：三角状编辑手柄，是放射状渐变填充所特有的，拖动可改变焦点的位置。
- 高度或宽度：位于边框上的带箭头的方形编辑手柄，拖动可以改变渐变颜色或位图填充的高度或宽度。
- 大小：带箭头的圆形手柄，拖动可以改变放射状渐变颜色填充的大小（半径）。

- 旋转：圆形旋转手柄，可以旋转渐变填充或位图填充。
- 倾斜：四边形手柄，拖动可倾斜填充的位图。

2.5.6 橡皮擦工具

使用"橡皮擦工具"可以对工作区中的矢量图形进行擦除操作。擦除的基本方法就是在要擦除的区域拖动鼠标进行擦除。

1. 擦除模式

选择"工具箱"中的"橡皮擦工具"后，在"选项"面板出现"橡皮擦工具"的辅助选项。选择不同的擦除模式可能会得到不同的擦除效果。"橡皮擦工具"的擦除模式有 5 种，如图 1-2-52 所示。

- 标准擦除：系统默认的擦除模式，可以擦除同层上的线条和填充。
- 擦除填色：只擦除填充区域而不影响轮廓线。
- 擦除线条：只擦除轮廓线及线条，不影响填充区域。
- 擦除所选填充：只擦除当前选择的填充区域，且不影响轮廓线。
- 内部擦除：只擦除橡皮擦开始擦除的填充区域内部，且不影响轮廓线。

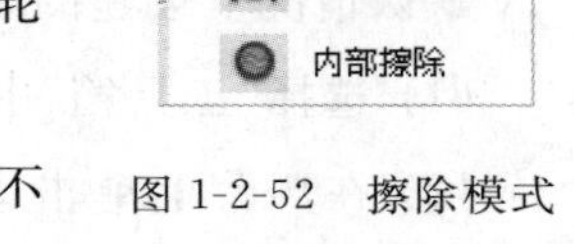

图 1-2-52 擦除模式

2. "橡皮擦形状"

"橡皮擦工具"的辅助选项还包括对橡皮擦形状的选择。在"橡皮擦形状"的下拉列表框中可以同时选择橡皮擦的形状和大小。

3. 快速擦除

(1) 使用"水龙头"工具

如果要擦除的颜色区域或线条是连续的，可以先选择"橡皮擦工具"，再单击"选项"面板上的"水龙头"按钮，然后将鼠标移到要擦除的区域单击即可。

(2) 双击"橡皮擦工具"

双击"橡皮擦工具"，可以快速擦除当前工作区中的所有内容，这意味着一切将从头开始。

2.6 编辑文本

Flash 不仅提供了文字编辑工具，而且，在 Flash 中还可以将文字转换成图像，制作成动画特效所需的素材。

2.6.1 文本工具

1. 创建文本

创建文本使用的是“工具箱”中的“文本工具”。Flash 提供了 3 种类型的文本，分别是静态文本、动态文本和输入文本：

- 静态文本：就是普通的文本，即在动画播放的过程中不能编辑的文本。
- 动态文本：是可以动态更新的文本。
- 输入文本：是在动画播放过程中允许用户输入文本的区域。

默认情况下创建的是静态文本。以输入静态文本为例，创建文本的基本步骤如下：

(1) 选择“工具箱”中的“文本工具”，鼠标指针变成$^{+}_{A}$状。

(2) 在舞台上单击即出现一个文本框，进入文本编辑状态，在文本框中输入文本即可。

(3) 在空白处单击表示文本输入结束。

创建动态文本或输入文本时，只需在“属性”面板的文本类型下拉列表框中选择相应的选项即可。

2. 文本框的类型

文本框有两种不同的类型，一种是无宽度限制的文本框，另一种是有宽度限制的文本框。

(1) 选择“文本工具”后在舞台上单击，这时出现的文本框右上角有一个小圆圈(输入动态文本或输入文本时，小圆圈在右下角)，如图 1-2-53(a)所示，说明该文本框的宽度不限，即在输入文字时，文本框会随着字符的增加而增宽，直到按 Enter 键换行。

(2) 选择“文本工具”后，按下并拖曳鼠标则产生一个矩形的文本框，右上角有一个小方框(输入动态文本或输入文本时，小方框在右下角)，如图 1-2-53(b)所示，说明该文本框的宽度是确定的，当输入文字超过文本框的宽度时会自动换行。

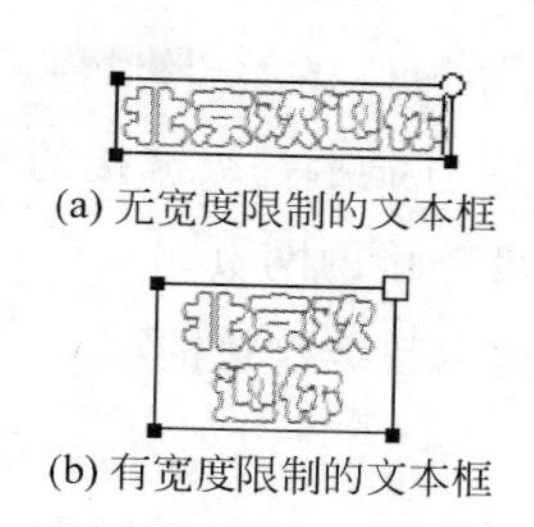

图 1-2-53　静态文本框的两种类型

要想从限制宽度的文本框切换到不限制宽度文本框，只需双击右上角的小方框即可。反之，从不限制宽度文本框切换到限制宽度文本框，则只需拖动文本框右上角的小圆到一定宽度即可。

3. 设置文本属性

设置文本属性，首先要选中文本，然后在文本的"属性"面板中进行设置。

(1) 文本的字形样式和段落格式

在"属性"面板上可以设置文本的字体、大小、文本填充颜色等字形样式以及对齐方式、行距、字符间距等段落格式，如图 1-2-54 所示。

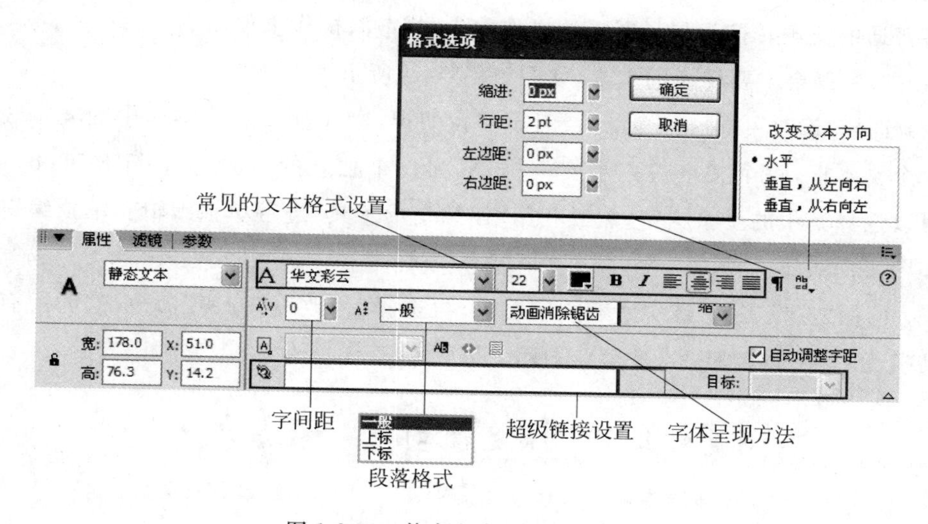

图 1-2-54　静态文本的"属性"面板

(2) 超级链接

图 1-2-54 所示文本"属性"面板的下方有一个"URL 链接"文本框，用来创建超级链接。当用户在该文本框中输入一个网址(如 http://www.nbu.edu.cn/)后，该文本框后面的"目标"下拉列表框就会被激活，用户可以选择一个选项，确定以何种方式打开超级链接的网页。"目标"下拉列表框的选项包括以下 4 个：

- Blank：打开一个新的浏览器窗口显示超级链接的网页。
- _parent：以当前窗口的父窗口显示超级链接的网页。
- _self：以当前窗口显示超级链接的网页。
- _top：以级别最高的窗口显示超级链接的网页。

（3）字体呈现方法

在图 1-2-54 所示的文本“属性”面板上还可以发现一个“字体呈现方法”下拉列表框，其中提供了有关消除锯齿的 6 个选项：使用设备字体、位图文本（未消除锯齿）、动画消除锯齿、可读性消除锯齿和自定义消除锯齿。

字体呈现方法用来控制文本在动画中的显示方式。在使用较小的文本时，此功能尤其有用。选择“消除锯齿”选项可以使文本更加清晰易读。

2.6.2 分离文字

用“文本工具”创建的文本不是矢量图形，不能进行填充着色等针对矢量图形的操作。在实现文字的动画效果时，经常需要将普通的文本转换为矢量图形，再进行文字的艺术效果和动态效果设计。

将普通的文本转换为矢量图形的操作称为“打散”，操作步骤如下：

（1）选中舞台上要转换的文本，如图 1-2-55(a)所示。

（2）选择“修改”|“分离”命令，或者直接按快捷键 Ctrl＋B。文本框中的文字被分离成若干个文本框，每个文字占一个文本框，成为一个独立的对象，如图 1-2-55(b)所示。这时可以选择其中的一个文字，然后利用“任意变形工具”进行单独编辑。单独编辑后的文本如图 1-2-55(c)所示。

（3）使用“选择工具”选中所有文字对象，再选择“修改”|“分离”命令，这时所有的文字都转换为矢量图形，如图 1-2-55(d)所示。

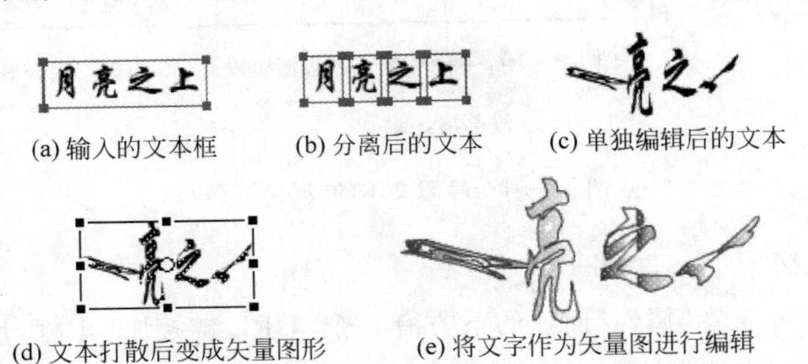

(a) 输入的文本框　(b) 分离后的文本　(c) 单独编辑后的文本

(d) 文本打散后变成矢量图形　(e) 将文字作为矢量图进行编辑

图 1-2-55　将文本对象打散成矢量图形

（4）现在，可以对矢量文字进行编辑了。例如，使用"墨水瓶工具"为文字添加边框，使用"颜料桶工具"为文字填充线性渐变颜色。编辑后的文字如图 1-2-55(e)所示。

注意：文字转换的过程是不可逆的，不可以将打散后的矢量图形再转换为文本进行编辑。

2.7　滤镜

"滤镜"功能是 Flash 8 的新增功能。使用"滤镜"可以完成阴影、模糊、发光、斜角、渐变发光、渐变斜角和调整颜色等特效，是 Flash 8 中不得不提的一个新功能。

"滤镜"的基本操作方法如下：

（1）打开"滤镜"面板：启动 Flash 8 后，"滤镜"面板和"属性"面板一起出现在工作区的下方。如果"滤镜"面板不见了，可以选择"窗口"|"属性"|"滤镜"命令使之打开。"滤镜"面板如图 1-2-56 所示。

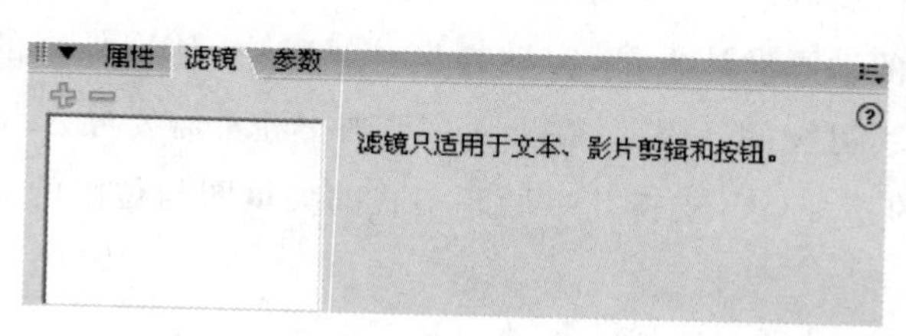

图 1-2-56　"滤镜"面板

需要说明的是，"滤镜"功能只适用于文本、影片剪辑和按钮对象。如果选中的对象不适合应用滤镜效果，"滤镜"面板中的加号按钮处于灰色的不可用状态。当选中场景中的文本、影片剪辑或按钮时，加号按钮即变为可用状态。

（2）单击加号按钮，可以显示滤镜的功能列表，如图 1-2-57 所示。

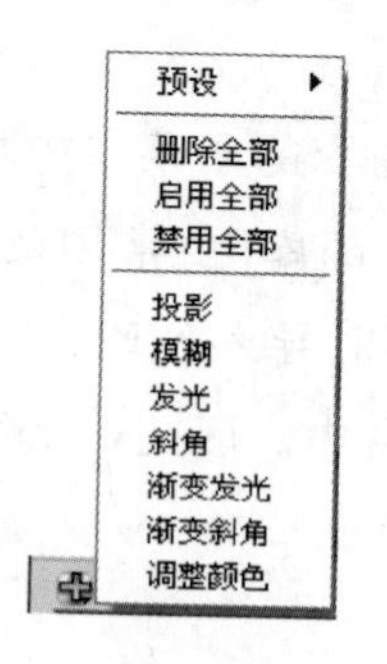

图 1-2-57　滤镜列表

- “预设”菜单中包括“另存为”、“重命名”和“删除”3 个命令。可以同时为一个对象设置多个滤镜效果，然后使用“预设”|“另存为”命令保存组合在一起的滤镜效果。还可以重命名或删除保存好的预设滤镜组合。
- 如果要删除、启用或禁用全部滤镜效果，可以直接执行该列表中的“删除全部”、“启用全部”、“禁用全部”命令。
- 滤镜效果列表中提供了各种滤镜效果选项。各选项的可控参数可参阅附录 2 “Flash8.0 的滤镜”。

2.8 图片素材的处理

通过前面的介绍可以看到，Flash 提供了丰富的绘图工具，使用这些工具可以完成非常出色的矢量图设计。但是，Flash 毕竟不是一个专业的绘图软件(如 Photoshop)。对于专业人士来说，有时需要利用其他功能更强大的图形编辑工具来设计更专业的或更精美的图片，而对于普通的动画设计人员，在动画设计过程中，使用外来的图片素材(如一张自己的照片)也是必不可少的。因此，在 Flash 动画中经常需要导入自己事先准备好的矢量图或位图。幸运的是，Flash 支持几乎所有格式的矢量图与位图的导入。

2.8.1 导入外部的图片素材

在实际应用中，常用的图形文件格式有位图文件(.bmp)、GIF 和 GIF 动画文件(.gif)、PNG 文件(.png)、JPEG 文件(.jpg)、Flash 动画文件(.swf)等，这些格式的文件都可以直接导入到 Flash 中。

1. 导入素材

选择“文件”|“导入”命令，在该命令的子菜单中可以指定文件导入的目标地址：“导入到舞台”、“导入到库”或者“打开外部库”。常用的是“导入到舞台”或者“导入到库”。如果选择“导入到舞台”，文件也会同时导入到库中。如果选择“导入到库”，在需要的时候可以随时从库中将图形拖入到舞台中。因此，二者实际上是一样的。

2. “库”面板

这里不得不介绍“库”面板的使用方法，因为在后面的操作中，“库”面板的使用非常频繁。

选择“窗口”|“库”命令，打开“库”面板，如图 1-2-58 所示。

图 1-2-58 “库”面板

导入到舞台的素材，包括图形图像文件、声音文件、视频文件，以及在后面创建的元件都要放在库中，库提供了对所有素材和元件的管理功能。在“库”面板上提供了相应的功能按钮，如“新建元件”、“新建文件夹”、“属性”、“删除”等。另外，Windows 中常用的重命名、删除对象的操作在这里也同样适用，例如，选中的对象按 Del 键可删除，连续双击对象名可重命名。也可以使用右键打开快捷菜单完成相应的操作。

在“库”面板的对象列表中，不同类型的对象有不同的显示图标。单击列表中的一项，则选中该对象，在预览窗口中就会出现该对象。双击列表中对象的图标，则会打开该对象(位图)的属性窗口或进入该对象(元件)的编辑状态。

3. “位图属性”

在图 1-2-58 所示的“库”面板中，双击位图文件 hudie1.jpg 的图标，弹出“位图属性”对话框，如图 1-2-59 所示。

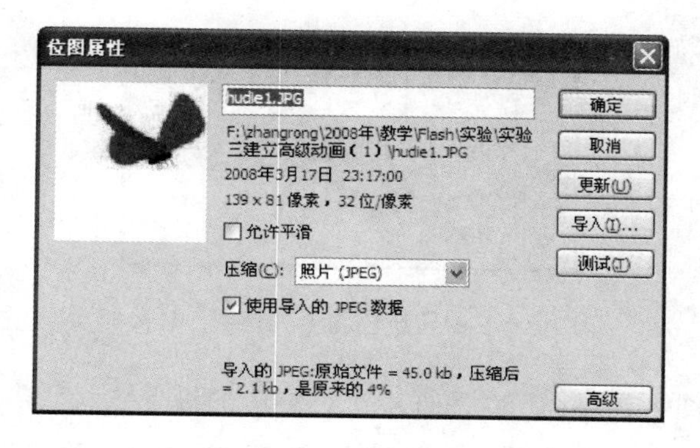

图 1-2-59 “位图属性”对话框

- 如果希望为位图的边缘应用抗锯齿功能，可选中“允许平滑”复选框。该复选框通常不选。
- 如果要压缩位图，可在“压缩”下拉列表框中选择一种压缩类型。有两个选项：照片(JPEG)和无损(PNG/GIF)。对于数码照片，应选择照片(JPEG)，对于颜色较简单的图形，应选择无损(PNG/GIF)。
- 如果导入的位图文件是已经压缩过的JPEG文件，则应选中“使用导入的JPEG数据”复选框。否则，Flash会对图片进一步压缩而有可能严重影响图片的质量。
- 如果不选中“使用导入的JPEG数据”复选框，则会出现“品质”文本框。可在该文本框中输入1～100之间的一个数字。数字越大，文件长度越大，图片质量越好。数字越小，文件长度越小，但牺牲的是图片质量。

2.8.2 把位图转换成矢量图形

将位图转换为矢量图形，不仅可以有效地减小文件的大小，而且将位图转换为矢量图形后，可以使用绘图和颜色填充工具对图像进行进一步的编辑。有两种方法可以将位图转换为矢量图形，一种是使用“转换位图为矢量图”命令，一种是利用“分离”操作。

1. 转换位图为矢量图

“转换位图为矢量图”命令可将位图转换为具有可编辑的离散颜色区域的矢量图形。将位图转换为矢量图形的操作步骤如下：

(1) 选中工作区中要转换的位图。

(2) 选择“修改”|“位图”|“转换位图为矢量图”命令，弹出如图1-2-60所示的对话框。

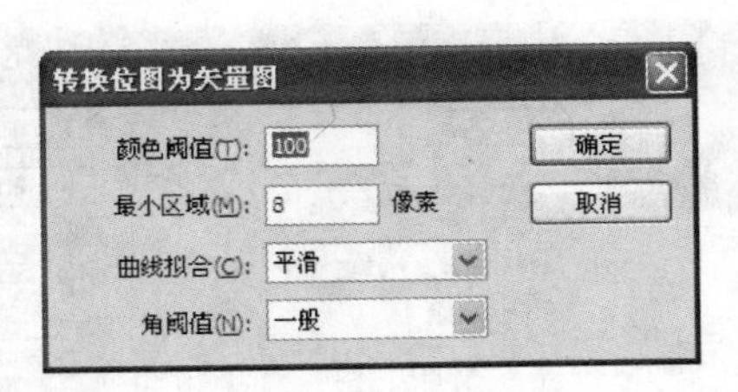

图1-2-60 “转换位图为矢量图”对话框

(3) 在“转换位图为矢量图”对话框中进行相应的设置。

- 在“颜色阈值”文本框中输入一个介于1～500之间的值。当两个像素进行比较后，如果它们在RGB颜色值上的差异低于该颜色阈值，则两个像素被认为是相同的颜色。如果增大了该阈值，则意味着减少了颜色数量。

- 在“最小区域”文本框中输入一个介于1～1000之间的值，用于设置在指定像素颜色时要考虑的周围像素的数量。
- “曲线拟合”的下拉列表框中有像素、非常紧密、紧密、一般、平滑、非常平滑等选项，用于确定绘制的轮廓的平滑程度。
- 在“转角阈值”的下拉列表框中较多转角、一般、较少转角3个选项，以确定是保留锐边还是进行平滑处理。

例如，要创建最接近原始位图的矢量图形，可以输入以下各参数值：

“颜色阈值”：10

“最小区域”：1

“曲线拟合”：像素

“角阈值”：较多转角

2. 分离位图

在2.6.2节中已经介绍了将文本转换为矢量图形的“分离”操作。如果要编辑工作区中的位图，同样也可以通过“分离”操作将位图转换为矢量图形。分离后的位图图像相当于一系列的彩色区域，可以使用绘图工具对其进行进一步的编辑、修改。

分离位图的操作步骤也非常简单：

(1) 选中工作区中要转换的位图，如图1-2-61(a)所示。

(2) 选择“修改”|“分离”命令，或者直接按快捷键Ctrl+B，原来位图周围的边框消失，同时位图上布满亮点，表明分离后的图像处于选中状态，如图1-2-61(b)所示。

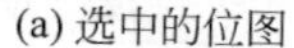

(a) 选中的位图　　(b) 位图被分离后，转换为矢量图

图1-2-61　分离位图

对于分离后的位图，可以使用“套索工具”中的魔术棒来选择图形中的某一区域，删除或改变其填充颜色。另外，2.5.2节中介绍的“位图填充”的例子，同样用到了位图的分离操作。

2.9 教学范例

下面通过实例来掌握 Flash 的绘图工具的使用方法。

【例 1】 使用“钢笔工具”绘制一条波浪线。

(1) 启动 Flash 8,新建一个空白的 Flash 文档。

(2) 选择“视图”|“网格”|“显示网格”命令,在舞台上出现网格。显示网格的目的是为了在绘制曲线时定点更容易。

(3) 选择“工具箱”中的“钢笔工具”。

(4) 确定曲线的起始锚点:在网格的一顶点处按下左键,并向上拖动鼠标到网格的对角点处释放,如图 1-2-62 所示。

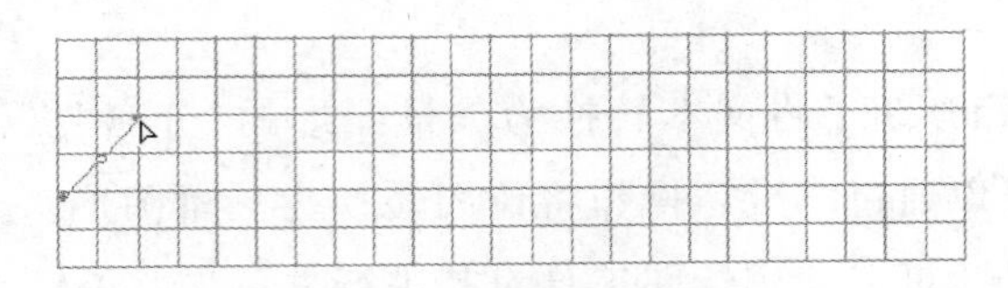

图 1-2-62 确定起始锚点

(5) 确定曲线的第 2 个锚点:向右在第 3 个顶点处按下左键,并向下拖动鼠标到网格的对角点处释放,如图 1-2-63 所示。

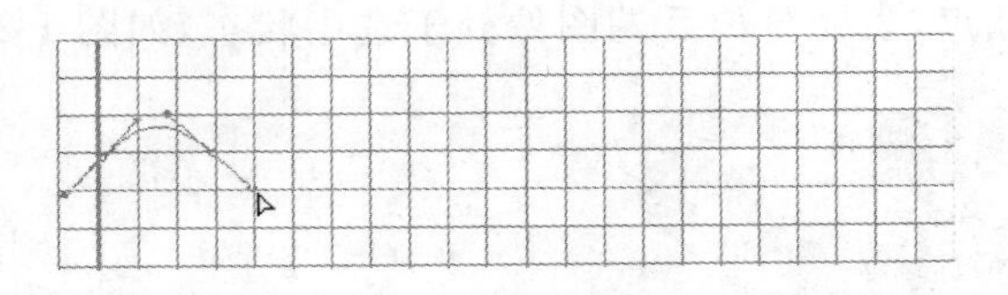

图 1-2-63 确定第 2 个锚点

(6) 接着,每隔 3 个网格确定一个锚点,注意每次拖放鼠标的方向与前一次相反。这样,就绘制出了一条有规律的波浪线,如图 1-2-64 所示。

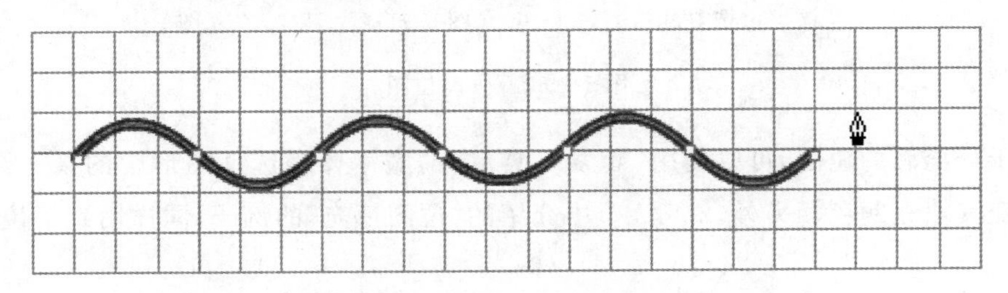

图 1-2-64 使用“钢笔工具”绘制的波浪线

(7) 保存该文档,文件名为“波浪线.fla”。

【例 2】 竹子的绘制。将竹子分为竹竿、竹叶、竹笋三部分,分别绘制。使用双色的线性渐变颜色填充。在绘制过程中通过复制,再通过旋转、放大或放小等方法简化绘制过程。

(1) 新建一个空白的 Flash 文档。在“文档属性”对话框中设置舞台尺寸为 500 像素×190 像素,背景颜色为白色。

(2) 绘制竹竿:在舞台上用“线条工具”绘制竹竿的轮廓线,并勾画出竹节。

(3) 封闭线条,用双色的线性渐变颜色填充,可参考图 1-2-65 的设置。

图 1-2-65 竹子的填充颜色

(4) 绘制竹叶:使用“钢笔工具”画一个不规则的四边形,再使用“选择工具”把四边形的 4 条边线拉成弧形的形状,在叶子中加入一条叶脉,最后用渐变颜色分别填充叶子的左右两边,整个过程如图 1-2-66 所示。

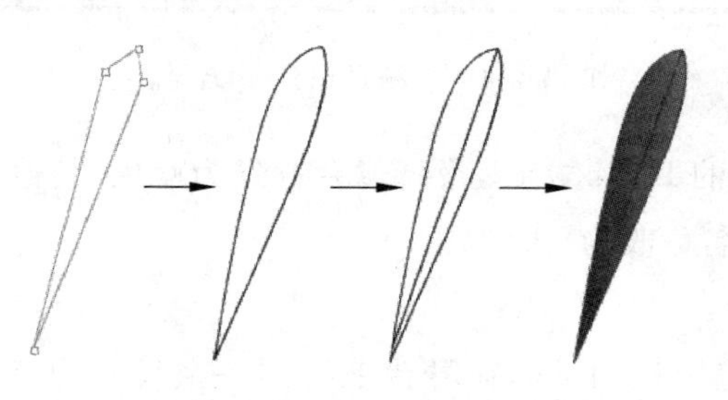

图 1-2-66 竹叶的设计过程

(5) 选中画好的叶子,选择“修改”|“组合”菜单命令,将矢量图形组合。再通过复制、旋转、放大、缩小成多个叶片,可以用“线条工具”画些小的线条,把竹叶连起来,并分别组合。最后把这些枝条和叶子放在合适的位置上。

(6) 竹笋可参考竹叶的画法进行绘制。

(7) 效果如图 1-2-67 所示。保存该文档,文件名为"竹子.fla"。

图 1-2-67 "竹子"的效果图

【例 3】 利用"滤镜"、"混色器"等工具完成动画场景的设计,设计效果如图 1-2-68 所示。

图 1-2-68 "场景设计 1"效果图

(1) 新建一个空白的 Flash 文档,设置舞台背景为蓝色,其他属性默认。

(2) 将"图层 1"的名称改为"天空"。

以下是天空的设计:

(3) 选择"矩形工具",拖动鼠标在舞台上绘制一个尺寸为 550 像素×400 像素的无"笔触颜色"的矩形("填充色"先自定)。

(4) 打开"对齐"面板,选择"对齐"面板"相对于舞台分布",再单击"水平居中"和"垂直居中"两个按钮,使矩形正好覆盖在舞台上。

(5) 选中舞台上的矩形,打开"混色器"面板,单击"填充颜色"按钮,"类型"选择"线性",设置双色的线性渐变颜色:#22CCFF,#FFFFFF。

(6) 选择"任意填充工具",调整矩形的填充颜色,如图 1-2-69 所示。

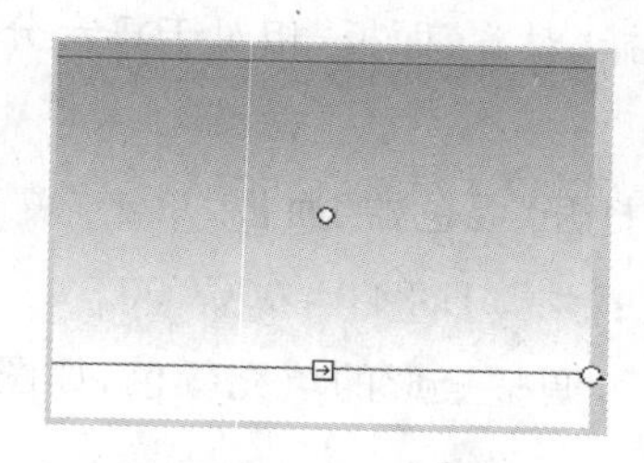

图 1-2-69 "天空"的填充颜色

(7) 锁定"天空"图层。在"天空"图层的上面添加新图层,命名为"白云"。

以下是白云的设计:

(8) 选择"插入"|"新建元件"命令,新建"云朵"影片剪辑元件。

(9) 在"云朵"影片剪辑元件的工作区中,使用"刷子工具"绘制几朵云,可参考图 1-2-70。

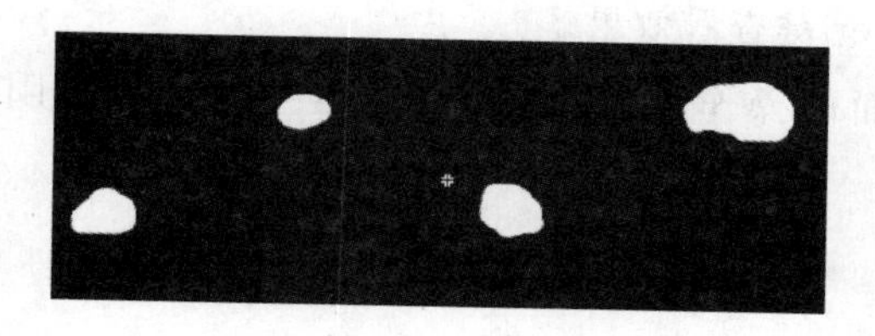

图 1-2-70 使用"刷子工具"绘制的云朵

(10) 返回到主场景,从"库"面板中将"云朵"影片剪辑元件拖入到舞台上。

(11) 选中舞台上的"云朵",打开"滤镜"面板,添加"模糊"效果,设置"模糊 *X*"、"模糊 *Y*"都是 30。

(12) 锁定"白云"图层。在"白云"图层的上面添加新图层,命名为"太阳"。

以下是太阳的设计:

(13) 选择"插入"|"新建元件"命令,新建"太阳"影片剪辑元件。

(14) 在"太阳"影片剪辑元件的工作区中,使用"椭圆工具"绘制一个无笔触颜色,填充色为红色的正圆——太阳。

(15) 返回到主场景,从"库"面板中将"太阳"影片剪辑元件拖入到舞台上。

(16) 选中舞台上的"太阳",打开"滤镜"面板,添加"发光"效果,设置"模糊 *X*"、"模糊 *Y*"都是 50,"颜色"为红色,再添加"模糊"效果,*X*、*Y* 都是 20。

(17) 锁定"太阳"图层。在"太阳"图层的上面添加新图层,命名为"草地"。

以下是草地的设计:

(18) 选择"矩形工具",拖动鼠标在舞台上绘制一个尺寸为 550 像素×100 像素的无

“笔触颜色”的矩形(“填充色”先自定)。

(19) 打开“对齐”面板,选择“对齐”面板“相对于舞台分布”,再单击“水平居中”和“底对齐”两个按钮。

(20) 选中舞台上的矩形,打开“混色器”面板,单击“填充颜色”按钮,“类型”选择“线性”,设置双色的线性渐变颜色:#C6E384,#00CC00。

(21) 选择“任意填充工具”,调整矩形的填充颜色,如图1-2-71所示。

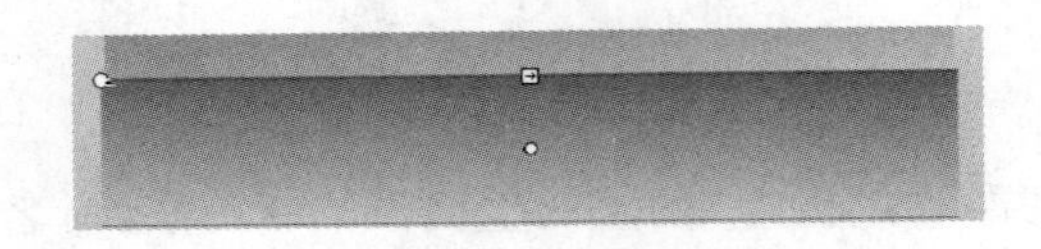

图1-2-71 “草地”的填充颜色

(22) 使用“选择工具”调整“草地”矩形的上边框,可参照图1-2-68所示的效果图。

(23) 绘制完毕,保存文件为“场景设计1.fla”。

(24) 按Ctrl+Enter键查看效果。

【思考题】 在上面的操作中,为什么要创建“白云”、“太阳”、“草地”等影片剪辑元件?

习题2

1. 判断题

(1) 在混色器面板中,可以指定Alpha值定义颜色的透明度。( )

(2) 用Flash的绘图工具画出来的图形为矢量图形。( )

(3) 墨水瓶工具可以应用渐变色或位图图像在选定图形的外轮廓上加上指定的线条。( )

(4) 使用“部分选取工具”,可以对曲线进行调整。在拖动切线手柄时按住Ctrl键,可单独拖动每个切线手柄。( )

(5) 将位图应用为填充时,会平铺该位图,以填满对象。( )

(6) 在“对象绘制”模式中,如果选择的图形已与另一个图形合并,移动它则会永久改变其下方被覆盖的图形。( )

(7) 画出的线条和形状总是在组和元件的上面。( )

(8) 矢量图形比位图图像优越。( )

(9) 在按下Ctrl键的同时,使用“选择工具”单击一个处于选中状态的对象,将取消

对该对象的选择。( )

(10) 在一个图层内,Flash 会根据对象的创建顺序层叠对象,将最新创建的对象放在最上面。( )

2. 选择题

(1) 在 Flash 中,选择工具箱中的滴管工具,当单击填充区域时,该工具将自动变成________。

A. 墨水瓶工具　B. 颜料筒工具　C. 刷子工具　D. 钢笔工具

(2) 使用擦除工具时,如果在擦除模式中选择"内部擦除",这意味着________。

A. 擦除填充区域以及其中的线段和文字

B. 只擦除当前选定的区域,线条和文字无论选中与否,均不受影响

C. 只擦除填充区域的内部,线条和文字均不受影响

D. 只擦除线条,填充区域和文字不受影响

(3) 矢量图形用来描述图像的是________。

A. 直线　B. 曲线　C. 色块　D. A 和 B 都正确

(4) 在 Flash 中,要绘制精确的直线或曲线路径,可以使用________。

A. 钢笔工具　B. 铅笔工具

C. 刷子工具　D. A 和 B 都正确

(5) 在 Flash 中要绘制基本的几何形状,可以使用绘图工具,不包括的工具有________。

A. 线条　B. 椭圆　C. 圆　D. 矩形

(6) 在 Flash 中,如果希望将一段文字分离为单独的文字,可以使用的命令是________。

A. 分离　B. 分散到图层　C. 改变形状　D. 取消组合

(7) 通过"属性"面板,可以设置笔触和填充的颜色。以下说法正确的是________。

A. 对于笔触样式,用户不可以创建自定义样式

B. 使用纯色,会更明显地增加文件的体积

C. 渐变色不能应用于笔触

D. 渐变色包括线性渐变和放射状渐变两种

(8) 如果使用"合并绘制"模式,先绘制一个椭圆,然后绘制一条直线穿过椭圆,如下图所示,那么此时的独立形状对象的个数是________。

A. 1　　　　B. 2　　　　C. 3　　　　D. 5

(9) 如果希望将左图所示的两个对象变为右图的对象,那么可以________。

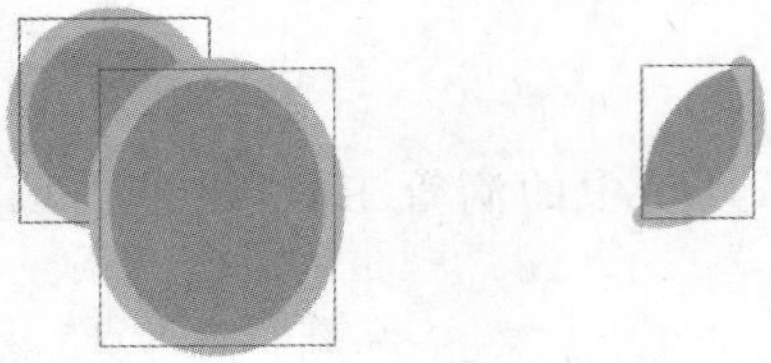

A. 使用菜单"修改/合并对象/联合"命令

B. 使用菜单"修改/合并对象/交集"命令

C. 使用菜单"修改/合并对象/打孔"命令

D. 使用菜单"修改/合并对象/裁切"命令

(10) 滤镜不能应用于________。

A. 图形对象　　　　B. 影片剪辑　　　　C. 按钮　　　　D. 文本

(11) Flash具有将位图转换为矢量图形的功能,下列描述错误的是________。

A."转换位图为矢量图"命令将位图转换为具有的分离颜色区域的矢量图形

B. 将位图转换为矢量图形后,矢量图形就不再与库面板中的位图元件有关系

C."转换位图为矢量图"命令与"分离"位图命令产生相同的效果,结果都产生矢量对象

D. 如果转换前的位图包含复杂的形状和颜色,转换后的矢量图形的文件大小可能会比原来的位图文件还大

(12) 使用"文本"工具创建文本时,有三种文本类型。这三种文本类型不包括________。

A. 静态文本　　　　B. 输入文本　　　　C. 自动生成文本　　　　D. 动态文本

(13) 在Flash中可以创建多种类型的文本字段。如果在某个动画中,希望某个文本显示经常更新的内容,例如每小时发布的天气预报,那么应该使用________。

A. 静态文本　　　　B. 动态文本　　　　C. 输入文本　　　　D. 链接文本

(14) 在Flash中可以将位图转换为矢量图,在转换时,可以设定"颜色阈值"选项,下列描述错误的是________。

A."颜色阈值"选项允许的最大数值为500

B. 在转换过程中,当两个像素进行比较后,如果它们的颜色值的差异低于设定的颜色阈值,则两个像素被认为是颜色相同

C. 如果增大了颜色阈值,则意味着降低了颜色的数量

D. 如果减小了颜色阈值,则会减小输出的SWF文件的大小

(15) 如果希望将图 1 所示的图形变为图 2 的效果，那么可以打开“变形”面板，然后________。

图 1　　图 2

A. 在旋转选项中输入“30°”，然后单击 10 次“重置”按钮

B. 在旋转选项中输入“60°”，然后单击 10 次“重置”按钮

C. 在旋转选项中输入“30°”，然后单击 5 次“复制并应用变形”按钮

D. 在旋转选项中输入“60°”，然后单击 5 次“复制并应用变形”按钮

(16) 渐变颜色的“溢出”选项是 Flash 8 的新功能。下面图片应用的溢出模式是________。

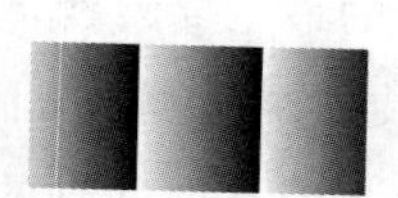

A. 映射模式　　B. 重复模式　　C. 线形模式　　D. 垂直模式

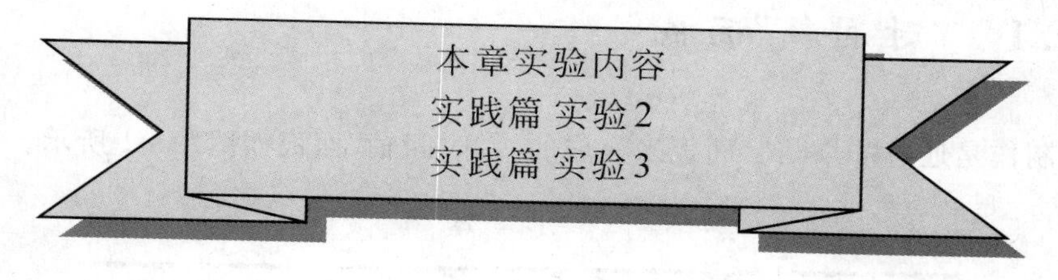

第 3 章

动画设计基础

3.1 时间轴

在 Flash 中，时间轴是形成动画的最主要因素，动画的播放顺序就是按照时间轴从左至右的顺序播放的。随着动画设计越来越复杂，时间轴也会变得越来越复杂，甚至令人感觉混乱。在学习动画设计之前，必须掌握时间轴的基本要素和基本操作方法。

3.1.1 “时间轴”面板

动画制作是通过“时间轴”面板来完成的。“时间轴”面板如图 1-3-1 所示。

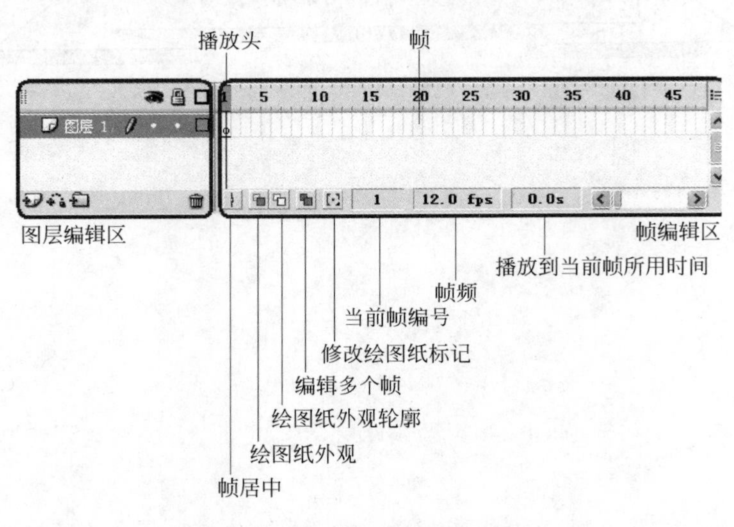

图 1-3-1 “时间轴”面板

"时间轴"面板主要由两部分组成：一部分是图层编辑区，位于面板左侧，可进行插入图层、删除图层、更改图层叠放次序等操作；另一部分是帧编辑区，位于面板右侧，是动画制作过程中最重要的编辑区。其中包括：

- 帧：时间轴从左到右被分为很多的小格，每一小格被称为帧，上面的时间轴标题显示帧的编号。每个帧中包含一个静态图像，该图像会在播放头抵达时显示出来。
- 播放头：播放头是时间轴中红色的播放指针，用来指示当前所在的帧。在编辑动画时，单击时间轴上已定义过的某一帧，则播放头会移动到该帧，该帧成为当前帧，工作区中即显示该帧的内容。如果按 Enter 键，则可以在编辑状态下播放影片，播放头会随着影片的播放向前移动，指示出当前正在播放的帧。
- "时间轴"的状态行：指示当前帧编号、帧频以及播放到当前帧用去的时间。其中帧频是指每秒钟播放的帧数，即帧/秒(f/s)。
- 辅助按钮：在状态行左边提供了编辑动画时所需要的辅助按钮，有帧居中、绘图纸外观、绘图纸外观轮廓、编辑多个帧、修改绘图纸标记等按钮。下面将详细介绍这些辅助按钮在编辑动画中的使用方法。

3.1.2 使用"洋葱皮"

"绘图纸外观"通常被叫做"洋葱皮工具"。利用"洋葱皮工具"可以看到舞台中物体的运动轨迹，也就是说可以同时看到当前帧的前几帧和后几帧的情况。如图 1-3-2 所示，"洋葱皮工具"用半透明方式显示出当前帧前后两边的两帧，形成了"洋葱皮"效果。注意此效果只是用于动画编辑时做参考，在播放动画时是看不到这个效果的。

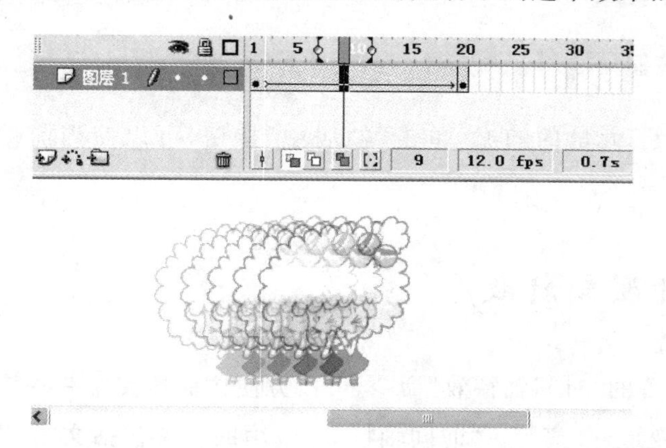

图 1-3-2 利用"绘图纸外观"察看指定帧形成的"洋葱皮"效果

与“洋葱皮”效果相关的几个按钮的使用方法如下：

1. “绘图纸外观”按钮和“绘图纸外观轮廓”按钮

单击“绘图纸外观”按钮，时间轴标尺上会显示绘图纸标记，指定范围内的帧都会显示在工作区中。拖动绘图纸的左、右标记，可改变绘图纸范围。

如果“绘图纸外观”不利于观察，可单击“绘图纸外观轮廓”按钮改变显示方式，此时，只显示当前帧之前和之后的若干帧中对象的轮廓。

2. “编辑多个帧”按钮

单击“编辑多个帧” 按钮，可同时编辑绘图纸标记之间的所有帧（如果这些帧可以编辑的话）。需要注意的是，如果修改了其中一个中间帧，则该帧将自动转换为关键帧。

3. “修改绘图纸标记”按钮

单击“修改绘图纸标记”按钮，弹出的菜单中提供了用于显示绘图纸外观的几个选项：

- 总是显示标记：选中该项，则在时间轴标题中始终显示绘图纸标记而不管绘图纸外观是否打开。
- 锚定绘图纸：选中该项，绘图纸标记将固定在当前位置，其位置将不再改变，否则绘图纸标记会随着播放头移动。
- 绘图纸 2：选中该项，则显示当前帧两边各 2 帧的内容。
- 绘图纸 5：选中该项，则显示当前帧两边各 5 帧的内容。
- 绘制全部：选中该项，则显示当前帧两边所有帧。

4. “帧居中”按钮

当动画中包含了大量的帧时，单击“帧居中”按钮，可以使当前帧在时间轴上居中显示。

3.1.3 时间轴特效

使用 Flash 内置的“时间轴特效”命令，可以方便快捷地实现一些特殊的动画效果，例如投影效果、对象变形、分离等。“时间轴特效”应用的对象包括文本、图形（包括矢量图、组合对象）、位图以及各种元件。

1. 不同类型的“时间轴特效”

在 Flash 中，选择“插入”|“时间轴特效”命令，可以看到 Flash 提供的时间轴特效，共 3 种类型：“变形/转换”、“帮助”和“效果”。其中“效果”类型下包括 4 种具体的时间轴特效，如图 1-3-3 所示。而在“帮助”类型中包括“分散式直接复制”和“复制到网格”两种效果。

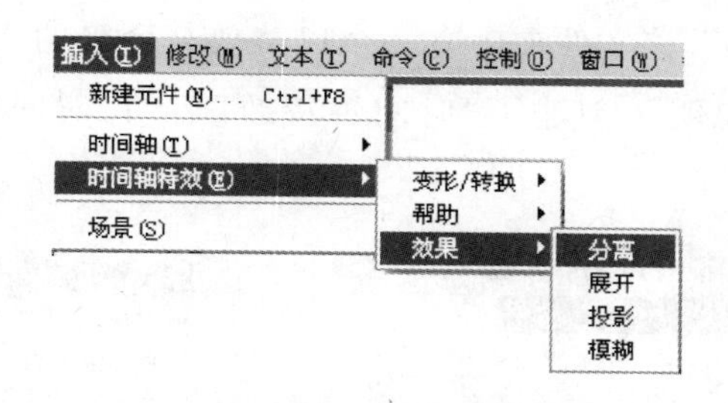

图 1-3-3 “时间轴特效”菜单

- 变形：使用“变形”特效能调整对象的位置、缩放比例、旋转角度、透明度和色彩值，创造出淡出/淡入、飞进/飞出、膨胀/收缩和左旋/右旋的效果。
- 转换：为对象添加“转换”特效可以使对象产生擦入/擦出和淡出/淡入的逐渐过渡效果。
- 分散式直接复制：“分散式直接复制”特效的作用是根据配置的次数复制选定对象。
- 复制到网格：“复制到网格”特效的作用是按列数复制选定的对象，然后按照列数×行数创建该对象的复件。
- 分离：对文本或复杂组合对象（如图形元件、矢量图或视频剪辑）的元素应用该特效可以使对象产生被打散、旋转和向外抛撒的效果。
- 展开：利用“展开”特效可以扩展、收缩对象。该特效应用于组合对象、文本或图形元件时，都可产生较好效果。
- 投影：该特效的作用是在选定的对象下面添加一个阴影。
- 模糊：该特效的作用是通过改变对象的 Alpha 值、位置或缩放比例，创建运动“模糊”效果。

2. 为对象创建“时间轴特效”

添加“时间轴特效”的一般步骤如下：

(1) 在舞台上选中要添加“时间轴特效”的对象。

(2) 选择“插入”|“时间轴特效”命令，并选择一具体的时间轴特效添加到该对象上。

(3) 在弹出的对话框中设置相应的特效参数。每个"时间轴特效"都以特定的方式来处理对象,用户可通过改变特效的各个参数来获得理想的效果。如果要快速预览修改参数后的变化,可单击右上角的"更新预览"按钮观察效果。

(4) 效果满意后,单击"确定"按钮。

为一个对象添加"时间轴特效"后,Flash会新建一个图层,然后把该对象传送到该图层,图层的名称与特效的名称相同,后加一个编号,表示特效应用的顺序。同时,在库中会创建一个"特效文件夹",该文件夹中有一个以特效名命名的文件夹,内含创建该特效所用的元素。图1-3-4说明了创建了"时间轴特效"后的"时间轴"面板和"库"面板的情况。

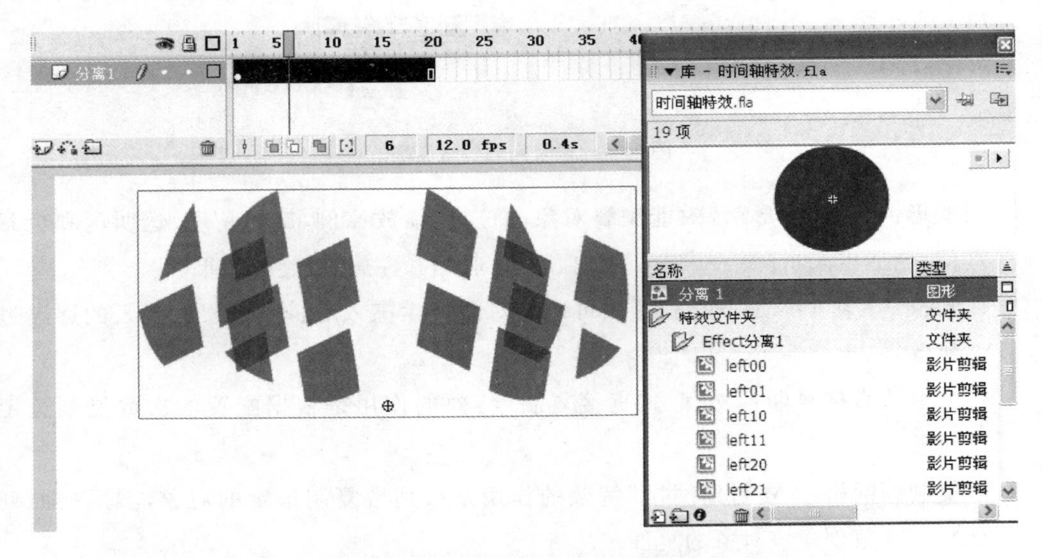

图1-3-4　创建"时间轴特效"后的"时间轴"面板和"库"面板

3. 编辑或删除"时间轴特效"

创建"时间轴特效"后,如果对其效果不满意,可以对其进行重新的编辑,操作步骤如下:

(1) 选择舞台中要编辑的"时间轴特效"对象。

(2) 选择"修改"|"时间轴特效"|"编辑特效"命令,在弹出的对话框中重新设置特效参数。

(3) 单击"更新预览"按钮观察效果。

(4) 单击"确定"按钮,完成"时间轴特效"的编辑。

如果要删除对象的"时间轴特效",可以选择"修改"|"时间轴特效"|"删除特效"命令,对象则恢复到原来的状态。

3.2　帧

"时间轴"上的每一帧就是某一时刻的舞台，所有帧的连续播放构成了动画。我们正是通过对"时间轴"上帧的设计和控制来制作出丰富多彩的动画效果。

3.2.1　帧的类型

帧有两种类型：关键帧和普通帧。关键帧是用来定义动画变化的帧，是构成动画的基本单元；而普通帧主要用于延续上一个关键帧的内容。也就是说，在关键帧中编辑动画内容，而普通帧中的内容是根据关键帧的内容自动生成的。

如图1-3-5所示，在"时间轴"上，关键帧显示为实心圆；普通帧是关键帧后的填充区域，其中最后一帧上有一个小方框。如果是空白帧（即帧中不含有任何内容），则颜色是白色的；如果是空白的关键帧则显示为空心圆。

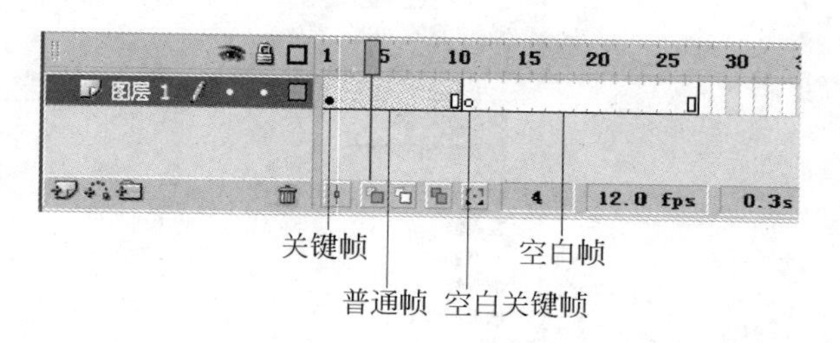

图1-3-5　"时间轴"上的帧

3.2.2　帧频

帧频是指每秒钟Flash可以播放几个帧，其单位是fps。帧频越大，每秒钟播放的画面就越多，画面会越流畅。标准动态图像的帧频为24fps。由于网络发布的需要，默认情况下，Flash动画的帧频率为12fps。在动画设计时，可以根据实际需要设置合适的帧频，使动画播放达到最佳效果。

设置帧频的方法是：双击"时间轴"状态行上的"帧频"（如12.0f/s），可打开"文档属性"对话框，在"帧频"文本框中输入新的帧频数值，再单击"确定"按钮即可。

3.2.3 帧的基本操作

1. 插入帧

在时间轴上完成插入帧的操作的关键是选择插入不同类型的帧。如果要设计新的动画内容,就需要插入关键帧:具体地说,如果希望前面关键帧中的对象出现在新的关键帧中,则插入一关键帧;如果不希望新关键帧中出现前面关键帧的内容,则插入一空白关键帧。但是,如果只是希望前面关键帧的内容延续一定的时间,就在其后面插入一普通帧。

在时间轴上插入一个帧的方法如下:

(1) 在时间轴上要添加帧的位置右击。

(2) 在如图 1-3-6 所示的快捷菜单中选择要插入的帧类型。

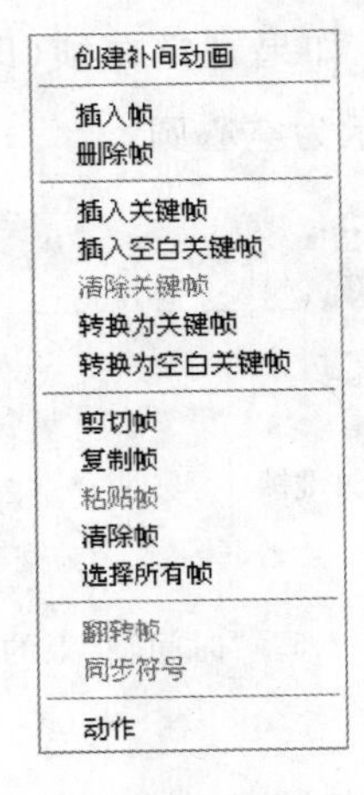

图 1-3-6 在快捷菜单中选择插入帧的命令

也可以选择"插入"|"时间轴"命令,在如图 1-3-7 所示的菜单中选择相应命令在时间轴上插入一个帧。

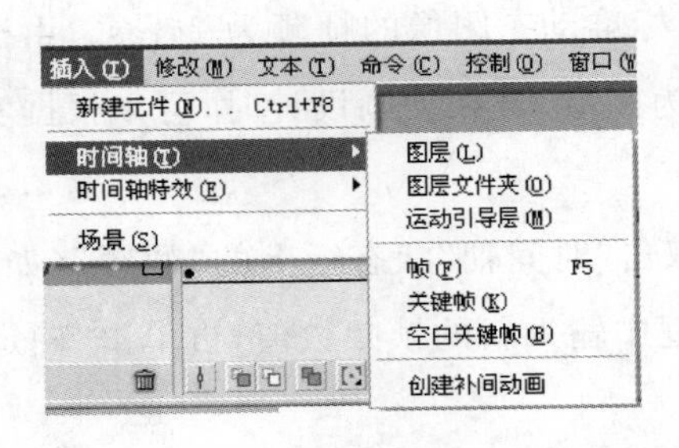

图 1-3-7 在"插入"菜单中选择插入帧的命令

在时间轴上插入帧的操作是一个非常常用操作，因此如果使用快捷键会更加方便：插入一个普通帧的快捷键是F5，插入一个关键帧的快捷键是F6，插入一个空白关键帧的快捷键是F7。

2. 选择帧

如果对多个帧同时进行操作，需要选择这些帧。选择帧的方法与选择其他对象基本相同，例如，选中第1帧后，按住Shift键，再将鼠标移到第5帧单击左键，可将第1帧到第5帧之间的所有帧全部选中。也可以使用拖动鼠标的方法，将多个连续的帧同时选中。

3. 复制帧

选中帧后，可以复制帧及其内容：右击，在弹出的快捷菜单中选择"复制帧"命令，再定位到要插入帧的位置，右击，在弹出的快捷菜单中选择"粘贴帧"命令。

4. 移动帧

使用鼠标拖动选中的帧到指定的位置，可以实现帧的移动。

5. 删除帧

如果要删除选中的帧，则右击，从弹出的快捷菜单中选择"删除帧"命令即可。

6. 清除帧/清除关键帧

使用如图1-3-6所示菜单中的"清除帧"命令，可以将当前选择的帧中的内容全部清除，同时，该帧转换为空白关键帧；使用如图1-3-6所示菜单中的"清除关键帧"命令，可以将当前选择的关键帧清除，使之成为普通帧。

7. 翻转帧

选中时间轴上的一系列帧，注意这一系列帧的开头和结尾必须是关键帧，右击，在弹出的快捷菜单中选择"翻转帧"命令。

翻转帧后，选中的一系列帧将逆序排列，从而实现倒放的动画效果。

3.2.4 为帧添加标签和注释

1. 帧标签

时间轴上的每一个帧都有一个编号。例如通常讲到的第1帧、第5帧等都是指这种绝对的帧编号。在动画设计中,常常会用动作脚本来控制动画的播放。例如,gotoAndPlay(10)命令中的10就是指第10帧。但是,如果在第10帧前插入了新帧,那么gotoAndPlay(10)命令中的第10帧就不是原来的第10帧了,这就要求修改命令中的帧编号,以指向所希望的帧。

可以使用帧标签代替帧编号来避免上述问题。使用帧标签来标识关键帧,当添加或移动帧时,帧标签会随着帧移动,而不管帧编号是否改变。这样不管时间轴如何调整,也不用修改脚本程序了。

创建帧标签的方法如下:

(1) 选择要添加标签的帧。

(2) 在该帧的"属性"面板上的"帧标签"文本框中输入标签的名称,如图1-3-8所示。

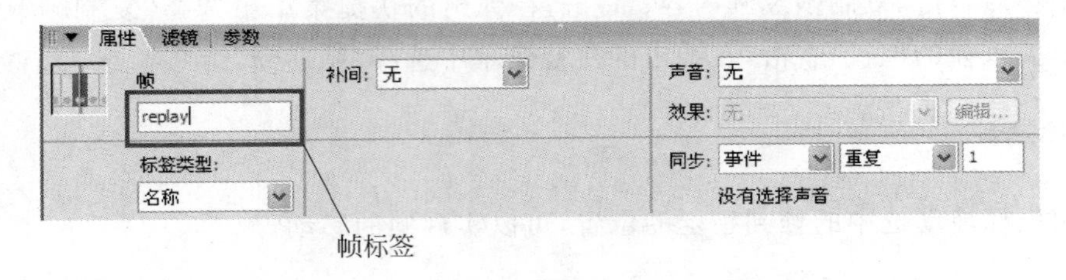

图1-3-8 输入帧标签

(3) 输入帧标签后,在时间轴该帧的位置上会出现红色的小旗,如图1-3-9所示。

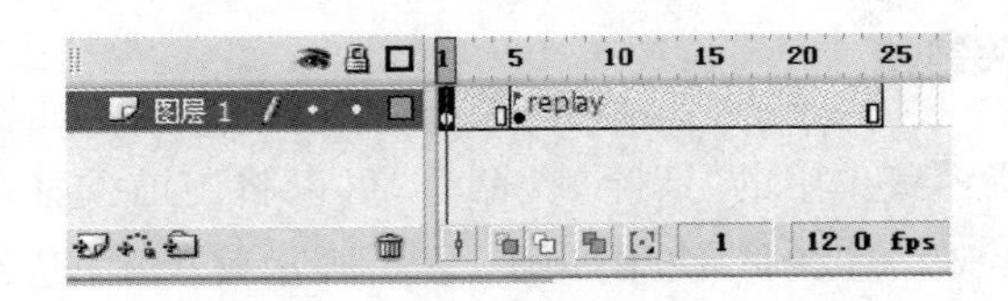

图1-3-9 "时间轴"上的帧标签

2. 帧注释

帧注释用于为自己或他人提供提示,有助于动画的后期制作或修改。创建帧注释的方法如下:

(1) 选择要添加注释的帧。

(2) 在该帧的"属性"面板上的"帧标签"文本框中输入以双斜线"//"开头的文本,这时"标签类型"自动变成"注释"类型,或者直接在"帧标签"文本框中输入注释内容,然后在"标签类型"下拉列表框中选择"注释"选项,则输入文本自动变成注释。

(3) 输入帧注释后,在时间轴该帧的位置上出现以"//"开头的注释。

3. 命名锚记

为帧添加命名锚记后，可以使用户使用浏览器中的“前进”和“后退”按钮从一个帧跳到另一个帧，或者从一个场景跳到另一个场景来观看动画。添加命名锚记的方法如下：

(1) 选择要添加命名锚记的帧。

(2) 在该帧的“属性”面板上的“帧标签”文本框中输入命名锚记的名称，然后在“标签类型”下拉列表框中选择“锚记”选项。

(3) 添加命名锚记后，在时间轴该帧的位置上出现锚记图标。

另外：

- 如果希望 Flash 自动将每个场景的第 1 个关键帧作为命名锚记，可以选择“编辑”|“首选参数”命令，在“首选参数”对话框中进行设置。
- 如果要在最终的 Flash 影片中使用命名锚记，需要选择“文件”|“发布设置”命令，在“发布设置”对话框的“HTML”选项卡上的“模板”下拉列表框中选择“带有命名锚记的 Flash”选项。

3.3 图层

3.3.1 图层的概念

图层是图形图像处理中的一个重要手段。可以把图层想象成一张透明的纸，在每张纸上绘制图形，然后把这些纸堆叠在一起，就看到了更为丰富的图像内容。图 1-3-10 说明了图层之间的关系。

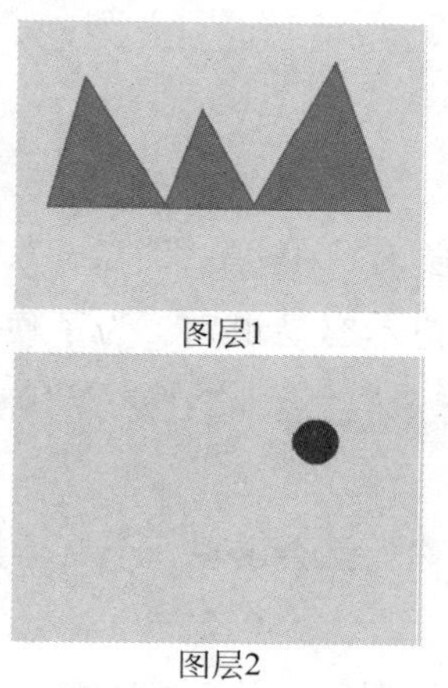

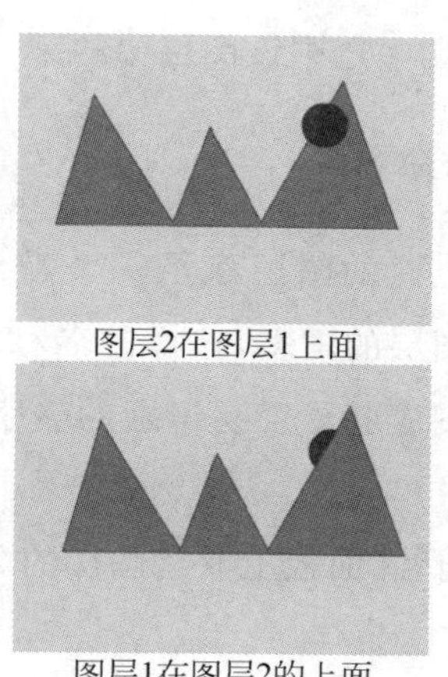

图 1-3-10 “图层”的说明

3.3.2 图层的基本编辑操作

图层的基本编辑操作可以在“时间轴”面板的图层编辑区中完成，图层编辑区的下方提供了用于完成图层或图层文件夹的创建、删除的按钮。

1. 图层的创建

新建的 Flash 文档即包含一个空白的图层——“图层 1”。如果要创建新的图层，有以下三种方法：

(1) 单击“时间轴”面板上图层编辑区下方的“插入图层”按钮 。

(2) 选择“插入”|“时间轴”|“图层”命令。

(3) 在“时间轴”面板上图层编辑区的图层上右击，在弹出的快捷菜单中选择“插入图层”命令。

新创建的图层位于当前图层上方，并成为当前可编辑的活动图层，默认的名称为“图层 x”，x 是所创建图层的序号。

2. 选取活动图层

如果要在一图层上添加对象或完成其他操作，就必须使该图层成为活动图层。活动图层即用户当前可操作的图层，在某一时刻，活动图层只能有一个。活动图层会在时间轴中突出显示，并在图层名称的旁边有一个铅笔图标 。使一图层成为活动图层的操作方法有以下三种：

(1) 单击“时间轴”上该图层的任意一帧。

(2) 单击该图层的名称。

(3) 在工作区中选中该图层中的某个对象。

3. 图层的重命名

Flash 为新创建的图层赋予一个默认的图层名，一般是“图层 1”、“图层 2”，“图层 3”，……。随着图层的增多，这样的名称就会变得不容易识别。为了便于编辑和管理图层，可以为每个图层起个容易识别的名字，如“背景”、“大地”、“声音”等。重命名图层的方法如下：

(1) 在“时间轴”面板上双击图层的名称，名称处就会出现一个文本框，输入新图层名即可。

(2) 选中要改名的图层，选择“修改”|“时间轴”|“图层属性”命令，在弹出的“图层属

性”对话框中可修改图层的名称。

4. 图层的复制

如果需要复制图层，可以按以下步骤操作：

(1) 单击图层的名称，选取整个图层。

(2) 选择“编辑”|“时间轴”|“复制帧”命令。

(3) 新建一个图层。

(4) 选择“编辑”|“时间轴”|“粘贴帧”命令。此时，原来图层上的内容全部复制到新图层上。

5. 改变图层的顺序

在时间轴上图层的上下顺序决定了工作区中各个对象的层次顺序。具体地说，排在上面的图层会遮挡下面图层的内容。要改变图层的顺序，只要在“时间轴”面板上用鼠标直接拖动图层的名称到新的位置即可。

6. 图层文件夹的创建

当有多个图层时，在“时间轴”面板上的图层操作就会比较麻烦，尤其是不利于快速查找要编辑的图层。图层文件夹有助于将图层组织成易于管理的组，通过展开和折叠图层文件夹来查看只和当前任务有关的图层。

创建图层文件夹的方法以下三种：

(1) 单击“时间轴”面板上图层编辑区下方的“插入图层文件夹”按钮 。

(2) 选择“插入”|“时间轴”|“图层文件夹”命令。

(3) 在某一图层上右击，在弹出的快捷菜单中单击“插入文件夹”命令。

要将一图层移动到一个文件夹，只要用鼠标拖动该图层的名称到图层文件夹中即可，这时的图层名称会向右缩进一点。

7. 图层和图层文件夹的删除

选中要删除的图层或图层文件夹，单击“时间轴”面板上图层编辑区右下角的“删除图层”按钮 ，或者直接将选中的图层或图层文件夹拖到该按钮处。

3.3.3 图层的辅助编辑操作

当有多个图层时，工作区中会同时显示这些图层上的内容。在编辑一个图层时，往往会不小心修改了其他图层的内容，比较麻烦。图层编辑区的上方提供了隐藏、锁定、显示轮廓模式3个按钮，用于改变图层或图层文件夹的显示状态，帮助用户更方便地完成多个图层情况下的编辑操作。

1. 图层的显示与隐藏

隐藏图层是让指定图层中的图像内容在工作区中暂时隐藏起来，被隐藏的图层就不能被编辑了。相关操作如下：

(1) 单击图层上方的"显示/隐藏所有图层"按钮 (眼睛)，则所有图层中的对象都被隐藏了；再单击该按钮，则又显示出来。

(2) 如果要隐藏一个图层，就单击该图层后眼睛按钮下的黑点，隐藏后该黑点会变成红色的叉子。这时如果选中该层使之成为活动层，铅笔图标会显示为 状，表示该层目前不可编辑。再单击眼睛下面的红色叉子，则该图层又被显示出来。

(3) 如果要显示一个图层而隐藏其他所有图层，可以按住 Alt 键，再单击该图层的隐藏黑点。

2. 图层的锁定与解锁

与隐藏图层不同的是，被锁定的图层内容在工作区中仍然显示，但也是不可编辑的。被锁定的图层在锁形按钮 下方的黑点会变成一把锁。如果被锁定的图层是活动图层，铅笔图标也会显示为 状。锁定图层的操作方法可参考"图层的显示与隐藏"。

3. 图层的显示轮廓模式

为了便于查看和参考各图层中的对象，还可以通过显示轮廓模式去除填充区，只显示对象的轮廓线。而且，每个图层显示对象轮廓的颜色是不同的，这样便于分清对象属于哪一个图层。其操作由"显示所有图层的轮廓"按钮 完成。

3.4 元件与实例

元件是在 Flash 中创建的一种特殊类型的对象。元件可以被重复使用而不会使影片文件的长度增长。因此，如果在动画中一个对象被频繁地使用，就可以将它转换为元件，这样不仅可以显著地减小文件的长度，也避免了对同一对象的重复设计，因为只要修改了元件，所有该元件的实例也会自动更新。所谓元件的实例就是位于舞台上的元件副本。同一元件的不同实例可以在颜色、大小和功能上有所不同。

3.4.1　不同类型的元件

有三种不同类型的元件：图形、影片剪辑和按钮。每种类型的元件都有自己特殊的用途和特征。在动画设计过程中，要根据需要正确地选择元件类型。

1. 创建图形元件

图形元件主要用于在动画中需要多次使用的静态对象，比如矢量图形、位图图像或文本对象。图形元件却不一定绝对是静态的，其中也可以包含简单的动画，但声音和交互式控件在图形元件中不起作用。

2. 影片剪辑

影片剪辑中可以包含动画的所有元素，包括声音和交互式控件。因此，影片剪辑就是一段独立的影片，它有自己独立的时间轴，并与影片的时间轴同步运行。影片剪辑元件用于创建可重复使用的动画部分。

3. 按钮

使用按钮元件可以创建动画中响应鼠标事件的交互按钮。通常使用按钮对影片中的程序流程进行控制。例如，在 Flash 制作的 MTV 中常用的 Play 按钮，当用户单击该按钮时，影片及音乐将开始播放。

3.4.2　创建和编辑不同类型的元件

1. 创建和编辑图形元件

1）创建新的空白图形元件

创建一个新的空白图形元件的方法如下：

(1) 在当前的 Flash 文档中，选择“插入”|“新建元件”命令，将弹出“创建新元件”对话框，如图 1-3-11 所示。

(2) 在对话框中输入元件的名称，如蝴蝶，选择元件的类型为“图形”选项。

(3) 单击“确定”按钮，即进入图形元件的编辑状态，如图 1-3-12 所示。在时间轴上方显示了当前所编辑元件的名称——蝴蝶，工作区的中心位置有一个“+”，为元件的注册点，通常以该十字为中心放置绘制的图形或导入的图片。

图 1-3-11 “创建新元件”对话框

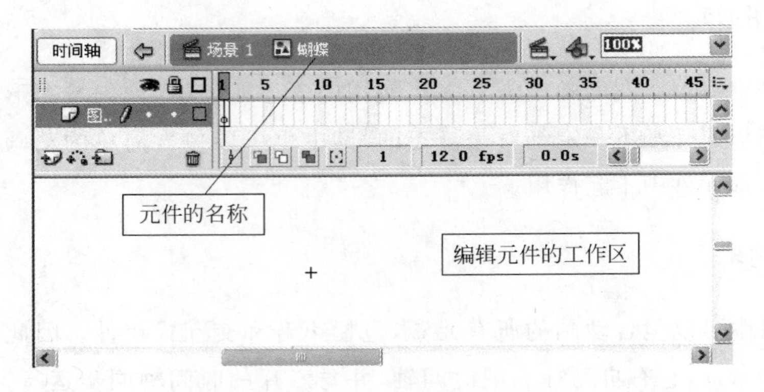

图 1-3-12 元件的编辑状态

（4）编辑好元件后，单击时间轴上方的“场景 1”按钮或者直接按 Ctrl＋E 键返回主场景编辑状态。

2）将舞台上的对象转换为图形元件

如果将频繁使用舞台上的对象，如图形或位图，就可以考虑将它转换为元件保存在“库”中，再需要时只要从“库”面板中拖入到舞台上就可以了。操作方法如下：

（1）选中舞台上的对象，然后选择“修改”|“转换为元件”命令，弹出“转换为元件”对话框，如图 1-3-13 所示。

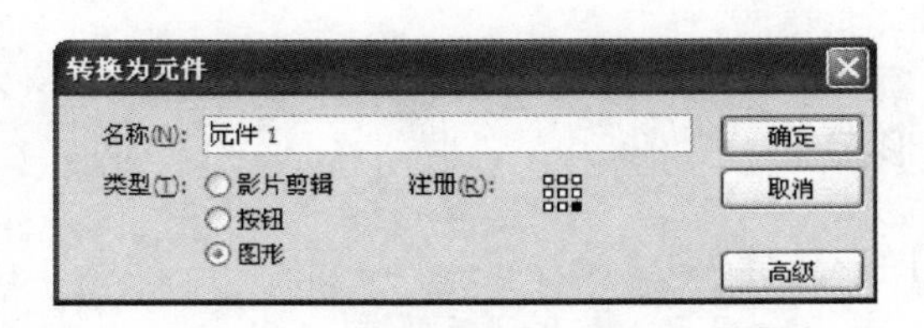

图 1-3-13 “转换为元件”对话框

（2）在对话框中输入元件的名称，选择元件的类型为“图形”选项。

（3）在对话框中有一个“注册”选项，其作用是设定元件的注册点，其中有 9 个位置可供选择。

（4）单击“确定”按钮。当对象被转换为元件后，元件就会出现在“库”中，而舞台上的原对象就成为该元件的一个实例。

3）编辑图形元件

每个元件都有自己独立的时间轴和工作区。因此，编辑元件必须在其独立的编辑环境中进行。进入元件编辑状态的方法如下两种：

(1) 双击舞台上的元件实例可进入该元件的编辑状态。

(2) 双击“库”面板中列表栏中的元件图标可进入该元件的编辑状态。

2. 创建和编辑影片剪辑元件

1）创建新的空白影片剪辑元件

创建一个新的空白影片剪辑元件的方法如下：

(1) 在当前的 Flash 文档中，选择“插入”|“新建元件”命令，在弹出“创建新元件”对话框中输入元件名称，选择元件的类型为“影片剪辑”选项。

(2) 单击“确定”按钮，即进入元件的编辑状态。

2）将已有动画转换为影片剪辑元件

如果要将当前时间轴上已创建的部分或全部动画转换为一个影片剪辑元件，操作方法如下：

(1) 在当前 Flash 文档中，选中要转换的图层或帧（注意要连续），右击，从弹出的快捷菜单中选择“复制帧”命令。

(2) 选择“插入”|“新建元件”命令，创建一个影片剪辑元件。

(3) 进入影片剪辑元件编辑状态，在“图层 1”的第 1 帧处右击，从弹出的快捷菜单中选择“粘贴帧”命令。

3）编辑影片剪辑元件

进入影片剪辑元件的编辑状态，操作方法与一般动画设计没有区别。

3. 创建和编辑按钮元件

按钮元件是一种特殊的元件，与其他两种类型的元件都颇有不同。

1）创建按钮元件

创建按钮元件的方法与创建其他类型元件的方法相同，不同的只是在选择元件类型时选择“按钮”。进入按钮元件的编辑状态后会发现时间轴与其他类型元件有很大不同，如图 1-3-14 所示。

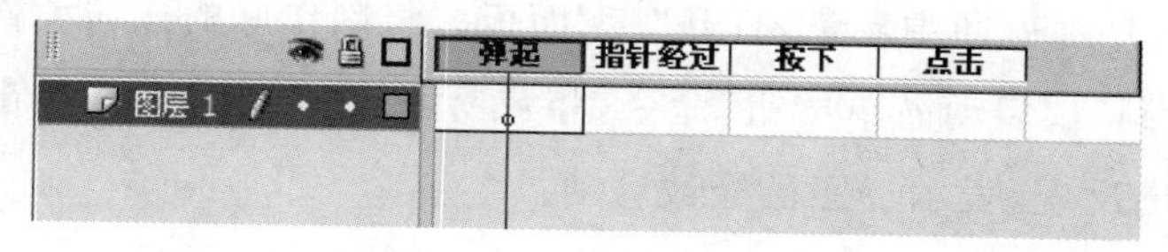

图 1-3-14　按钮元件的时间轴

在时间轴上,按钮元件由4帧组成:"弹起"帧、"指针经过"帧、"按下"帧和"点击"帧。

(1)"弹起"帧:当鼠标指针不在按钮上时,按钮处于弹起的状态。

(2)"指针经过"帧:当鼠标指针移动到按钮上时的状态。

(3)"按下"帧:当鼠标指针移动到按钮上并按下鼠标时的状态。

(4)"点击"帧:用于定义对鼠标做出反应的区域,这个帧上的内容不会在影片中显示出来。

由于按钮元件的特殊性,在设计过程中如果需要一个按钮,最好从创建一个新的按钮元件开始,而不要把已经设计好的对象转换为按钮元件。

2)编辑按钮元件

仔细观察按钮元件的时间轴可以发现,Flash自动为"弹起"帧添加了一个关键帧,其他三个帧为空白。如果希望按钮在响应鼠标时呈现动画效果,就必须先在相应的帧上自行添加关键帧,否则,按钮总是显示"弹起"帧的内容。

下面通过一个简单按钮的制作介绍按钮元件的具体编辑方法:

(1)进入按钮元件的编辑状态,在"弹起"帧中绘制一个圆,填充颜色为红色放射状。

(2)在"指针经过"帧插入一关键帧,改变圆的填充色为蓝色。

(3)在"按下"帧插入一关键帧,改变圆的填充色为绿色。

(4)在"点击"帧插入一关键帧,使用椭圆工具在按钮上绘制一个任意颜色的圆,正好覆盖在前面画好的圆上。这个圆就是单击按钮的有效区域。

此时,按钮元件的时间轴如图1-3-15所示。

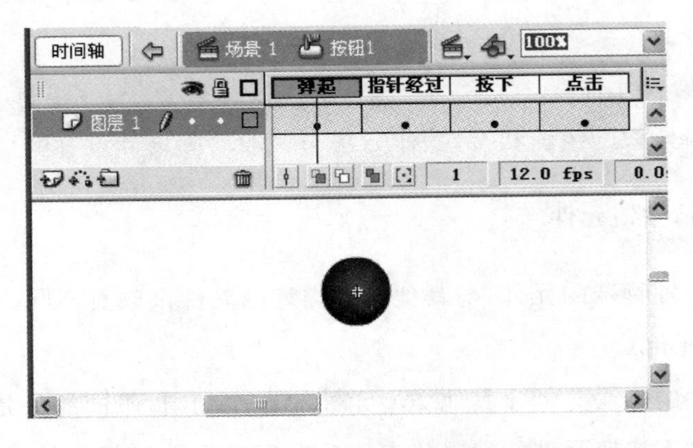

图1-3-15　编辑后的按钮元件的时间轴

(5)按Ctrl+E键返回主场景,打开"库"面板。将制作好的按钮元件拖入到舞台上。

(6)选择"控制"|"启动简单按钮"命令,将鼠标移动到按钮上并单击,舞台上的按钮会对鼠标事件做出反应,表示按钮已经被启动。

3.4.3 创建元件的实例

将保存在“库”中的元件拖入到舞台上，就创建了一个元件的实例。

一个实例是元件在舞台上的一个应用，一个元件可以产生很多实例。当元件被修改后，它所生成的实例也会随之改变。相反，一个实例的改变却不会影响原来的元件。

下面通过具体例子来说明元件和实例的这种关系。

(1) 新建一个 Flash 文档。

(2) 创建一个图形元件：蝴蝶，如图 1-3-16 所示。

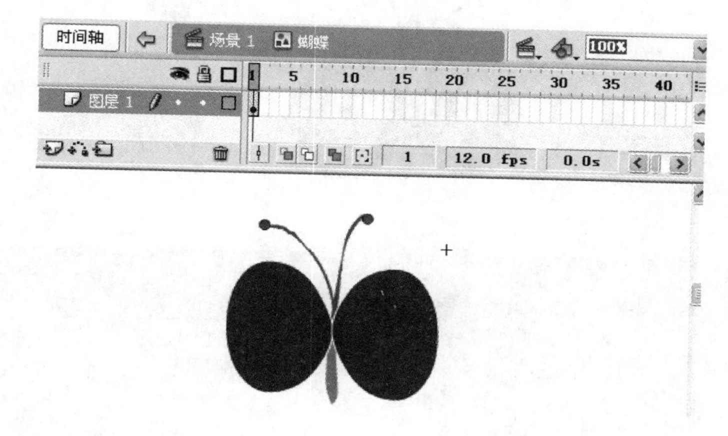

图 1-3-16 “蝴蝶”元件

(3) 返回主场景，将“蝴蝶”元件从“库”面板拖入到舞台上，这样就创建了一个实例。

(4) 双击“库”面板中列表栏中的“蝴蝶”元件图标进入该元件的编辑状态，改变舞台上的蝴蝶颜色，如图 1-3-17 所示。

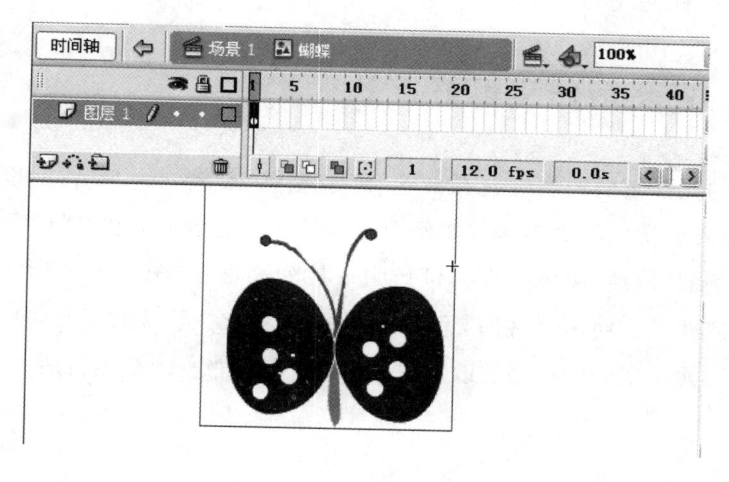

图 1-3-17 修改“蝴蝶”元件

(5) 返回主场景，舞台上的“蝴蝶”实例已经改变了颜色，与元件相同。

(6) 再从“库”面板将“蝴蝶”元件拖入到舞台上，创建第2个实例。

(7) 选择“任意变形工具”，选中第2个“蝴蝶”实例，将该蝴蝶变小，并旋转其方向，在“属性”面板上的“颜色”列表框中选择Alpha，设置透明度，如图1-3-18所示。

图1-3-18 舞台上的两个“蝴蝶”元件的实例

(8) 双击“库”面板中列表栏中的“蝴蝶”元件图标进入该元件的编辑状态，可见“蝴蝶”元件没有发生任何改变。

3.4.4 更改元件实例的属性

可以修改的元件实例的属性包括颜色、缩放比例、旋转、Alpha透明度、亮度、色调、高度、宽度和位置。常用的编辑元件实例的工具是任意变形工具和“属性”面板。

在元件实例的“属性”面板上有实例行为下拉列表框，如图1-3-19所示，可以用来改变实例的行为属性。在使用元件时，元件实例的行为不一定局限于元件的本身。例如，如果将一个图形元件实例的行为更改为“按钮”，则该元件实例在运行后也可以响应鼠标事件了。

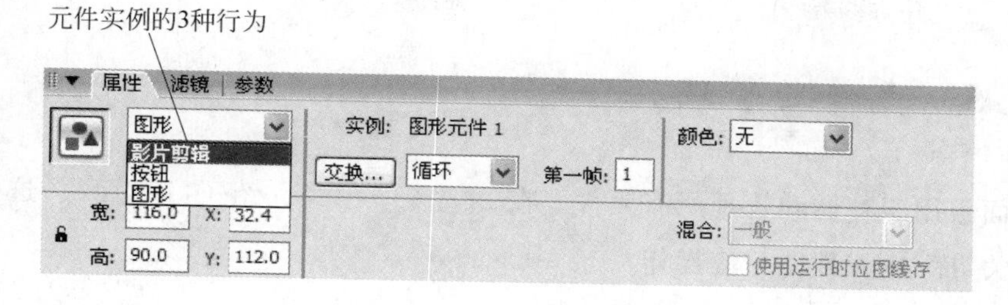

图 1-3-19　元件实例的 3 种行为

不同类型的元件实例有不同的"属性"面板。图 1-3-18 是图形元件实例的"属性"面板。在"图形"行为下,"属性"面板有下列选项。

- 循环：让实例中的动画循环播放。
- 播放一次：让实例中的动画只播放一次。
- 单帧：显示实例中动画的一帧。
- 第一帧：用来指定实例中的动画由哪一帧开始播放。

图 1-3-20 是将图形元件实例的行为更改为"按钮"后的"属性"面板。

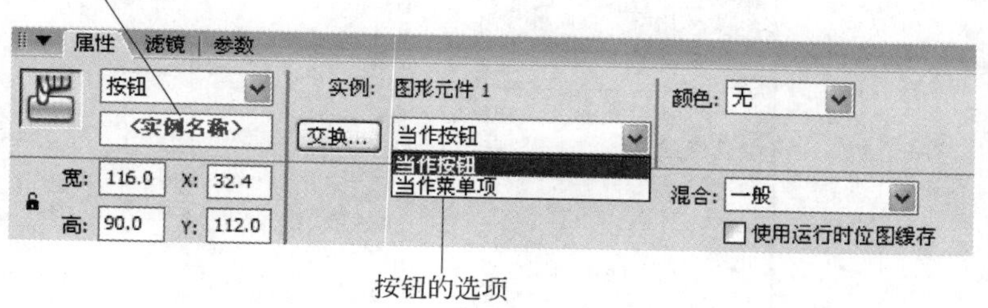

图 1-3-20　按钮元件实例的"属性"面板

"按钮"行为下,"属性"面板有下列选项。

- 当作按钮：忽略其他按钮上引发的事件。例如,如果在按钮 1 上按下鼠标,然后移动鼠标到按钮 2 上松开鼠标,则按钮 2 忽略这个事件,不起作用。
- 当作菜单项：接收同样性质的按钮发出的事件。

图 1-3-21 给出了影片剪辑元件实例的"属性"面板。

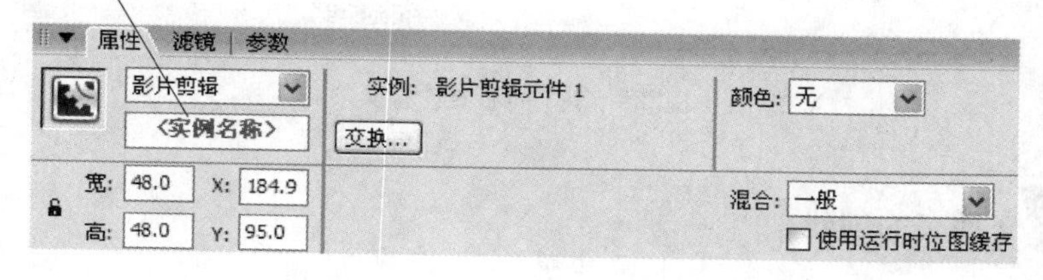

图 1-3-21　影片剪辑元件实例的"属性"面板

3.4.5 元件的管理

“库”面板用于存储和管理所有元件。在 2.8.1 节已经介绍了“库”面板，这里再进一步说明有关“库”中元件的相应操作。

1. 库元件的创建和删除

在“库”面板上可以通过单击“新建元件”、“删除”按钮来完成元件的创建和删除操作。另外，在“库”面板的“选项菜单”中也提供了相应的命令。单击“库”面板上的“选项菜单”按钮，可弹出该快捷菜单，如图 1-3-22 所示。

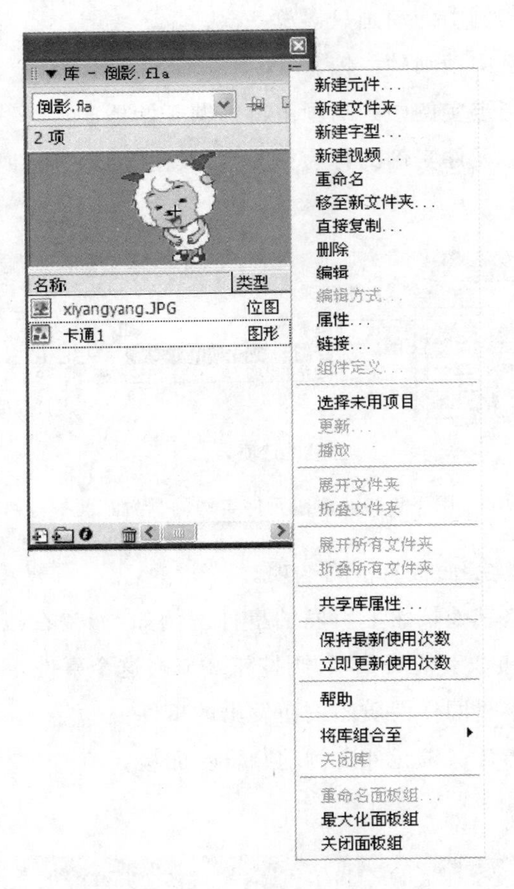

图 1-3-22 “库”面板的“选项菜单”

2. “库”文件夹的创建

单击“库”面板上的“新建文件夹”按钮或选择“选项菜单”中“新建文件夹”命令，可以创建文件夹用来实现元件的分类管理。

3. 元件的共享使用

创建的元件可以在不同文件中共享使用。操作方法是：

(1) 在当前文件中，按 Ctrl+L 键打开"库"面板。

(2) 在"库"面板中选择要复制的元件，右击，在快捷菜单中选择"复制"命令。

(3) 打开目标文件，在其"库"面板上右击，在快捷菜单中选择"粘贴"命令。

如果同时打开两个文件的窗口，从源文件的"库"面板上将元件直接拖入到目标文件的舞台上，也可以实现库元件的共享使用。

4. 使用公用库

除了自己创建的元件，在动画设计过程中还可以使用 Flash 提供的公共资源——3 个公用库：按钮、学习交互和类，这些是系统自带的共享库。

- 按钮库：选择"窗口"|"公用库"|"按钮"命令将弹出按钮库面板。其中包含了很多文件夹，双击其中的某个文件夹将其打开，即可在该文件夹中选择一个按钮，同时在预览窗口中预览，预览窗口中右上角的"播放"和"停止"按钮可以用来查看按钮效果，如图 1-3-23 所示。

图 1-3-23　公用按钮库

- 学习交互库：选择"窗口"|"公用库"|"学习交互"命令将弹出学习交互库面板，如图 1-3-24 所示。
- 类库：选择"窗口"|"公用库"|"类"命令将弹出类库面板，如图 1-3-25 所示。

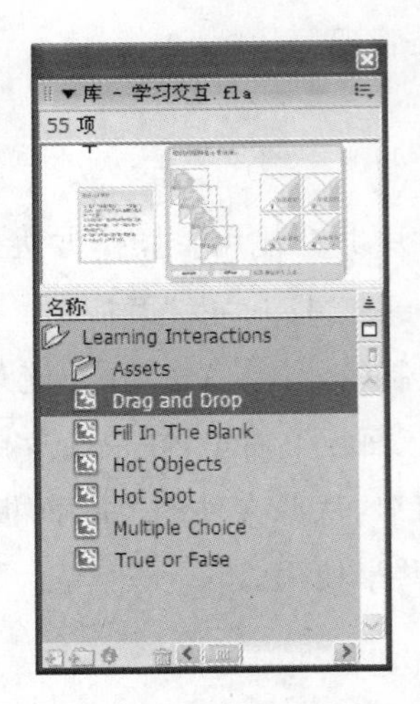

图 1-3-24 公用学习交互库

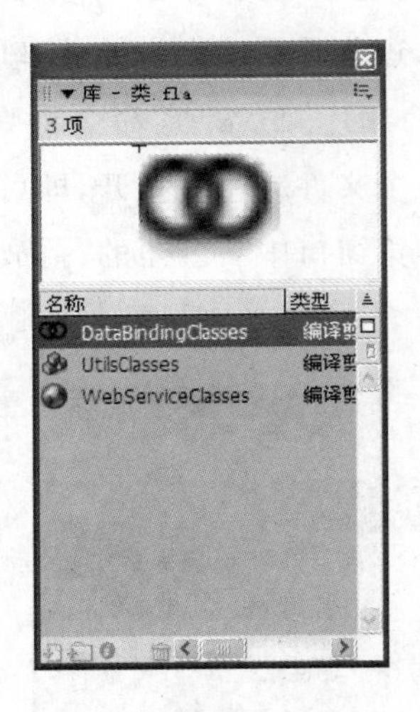

图 1-3-25 公用类库

用鼠标拖动公用库面板上的元件到舞台上，即可创建一个元件。如果对这些公用库中的文件有了详细了解，就会简化动画的设计和制作，提高工作效率。

3.5 创建简单的动画

Flash 中的基本动画有两种：逐帧动画和补间动画。逐帧动画是通过定义每一帧的内容实现的动画序列。补间动画又分为形状补间动画和运动补间动画两种。在补间动画中，只需定义起始帧和结束帧的内容，然后让 Flash 自动创建中间帧的内容。

3.5.1 逐帧动画

逐帧动画是最基本、也是最传统的动画形式，其原理就是通过分解动画动作，然后在每一关键帧上设计动画内容，通过这些关键帧的连续变化形成动画效果。逐帧动画更适合于制作每一帧中的图像都在改变而不是仅仅简单地在舞台中移动或变形的复杂动画。

图 1-3-26 给出一个逐帧动画的"时间轴"面板。在每个带有实心圆的关键帧中，动画内容都发生了改变，并且每个关键帧的内容通过后面的普通帧得以延续一定的帧数。该动画实现了一段文字的霓虹灯效果，参见实验 4 中的任务 1。

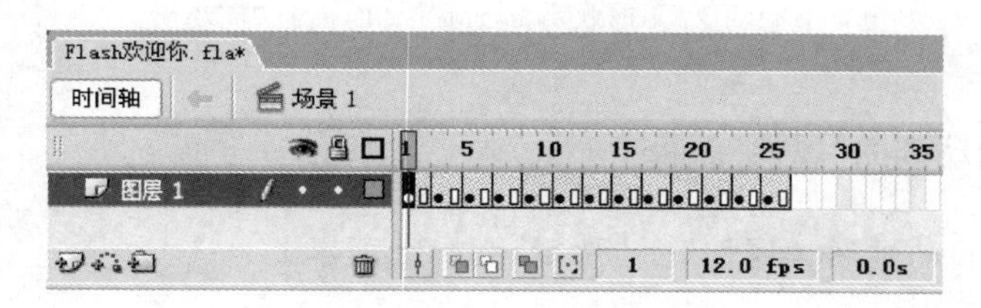

图 1-3-26 逐帧动画的"时间轴"面板

Flash 需要保存每个关键帧的内容，因此，逐帧动画的文件增长速度比补间动画快得多。

3.5.2 形状补间动画

1. 创建形状补间动画

形状补间动画是 Flash 内置的一种重要的动画类型，用于实现某一对象从一种形状向另一种形状的过渡。

制作形状补间动画的基本步骤是：首先在起始关键帧中绘制图形，然后在结束关键帧中绘制另一个图形，或者改变原图形的形状、颜色、大小等属性，接着，返回到起始帧或两帧之间的任意一帧，在"属性"面板上的"补间"下拉列表框中选择"形状"选项。

注意：形状补间动画不能在组、元件实例或位图图像上运用，而必须是"散"的图形才可以产生形状补间。"散"的图形是指使用绘图工具绘制的图形。因此，要对组、元件实例或位图图像应用形状补间，就必须先"分离"这些元素。而要对文本应用形状补间，必须将文本"分离"两次，才能将文本转换为矢量图形。

2. 形状补间动画的"时间轴"面板

图 1-3-27 给出了一个形状补间动画的"时间轴"面板。形状补间动画在时间轴上显示为淡绿色,并在起始帧和结束帧之间有一个黑色的实线箭头。该动画实现了一个圆慢慢变成一个正方形的过渡效果,参见 3.6 节中的例 1。

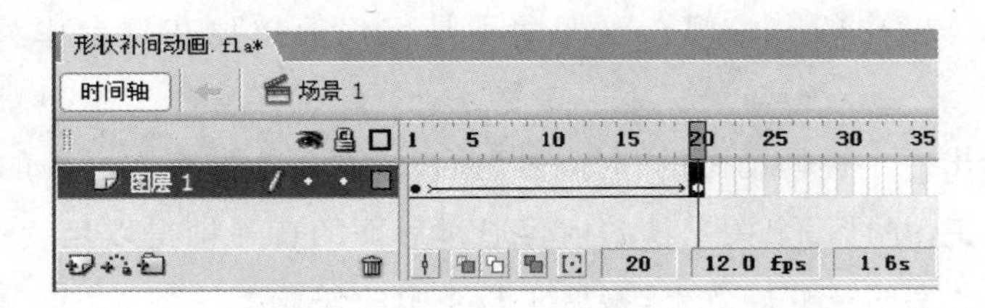

图 1-3-27 形状补间动画的"时间轴"面板

3. 形状补间动画的"属性"面板

创建形状补间动画后,"属性"面板如图 1-3-28 所示。

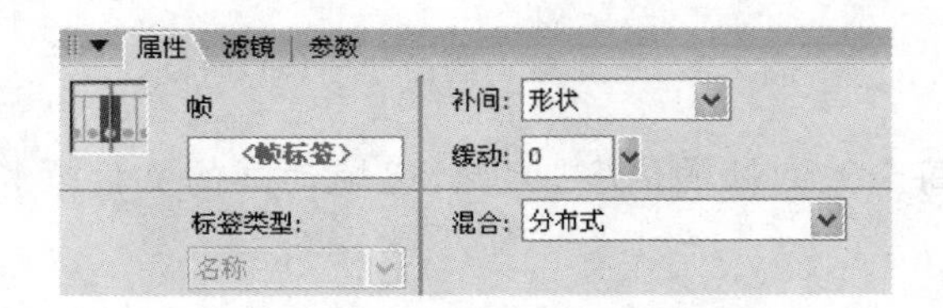

图 1-3-28 形状补间动画的"属性"面板

其中的部分选项包括:

1)"缓动"选项

- 在−1～−100 之间:动画的运动速度由慢到快,朝运动结束的方向加速补间。
- 在 1～100 之间:动画的运动速度由快到慢,朝运动结束的方向减速补间。
- 0(默认):动画匀速变化。

2)"混合"选项

- 分布式:创建的动画中的形状比较平滑和不规则。
- 角形:创建的动画中的形状会保留有明显的拐角和直线。

4. 添加形状提示

在制作较复杂的形状补间动画时,为了有效控制变形过程,可以使用形状提示。形状提示就是用字母来标识起始形状和结束形状中相对应的点,使得形状在变形过渡时能够按照一定的规则进行。

1）添加形状提示

创建好形状补间动画后，可以通过设置形状提示进一步控制变形过程。方法如下：

（1）单击形状补间动画的开始帧，选择“修改”|“形状”|“添加形状提示”命令。该帧的形状就会增加一个带字母的红色圆圈，同时，在结束帧的形状中也会出现一个提示圆圈，如图 1-3-29 所示。

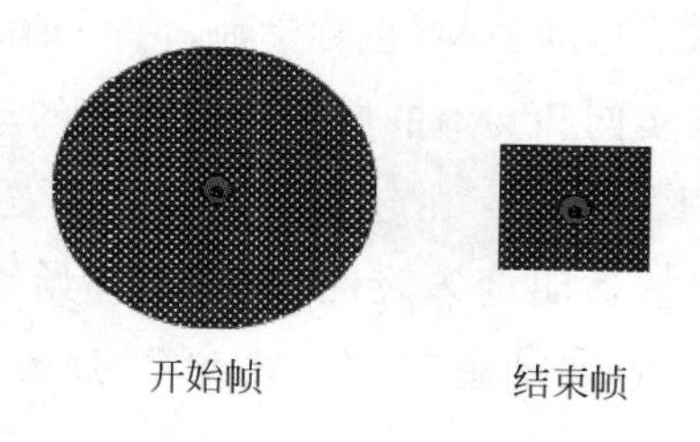

图 1-3-29　添加的“形状提示”

（2）分别在开始帧和结束帧中，用鼠标拖动提示圆圈到形状的边缘或拐角处，如图 1-3-30 所示。放置成功，则开始帧中的提示圆圈变为黄色，结束帧上的提示圆圈变为绿色；放置不成功，提示圆圈颜色不变（红色）。

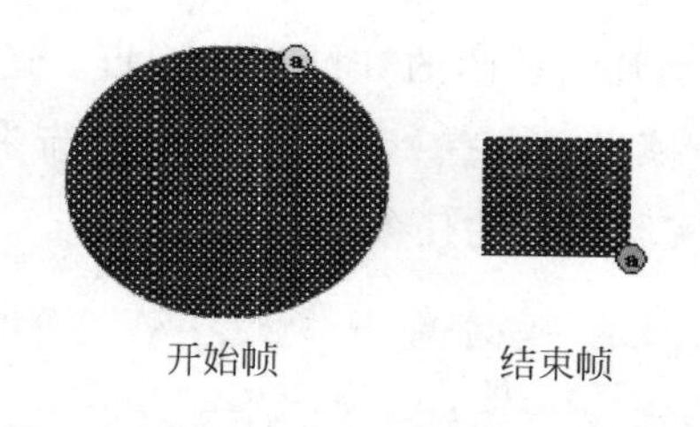

图 1-3-30　调整位置后的“形状提示”

（3）按上述方法可以设置多个形状提示。

2）删除形状提示

要删除所有的形状提示，选择“修改”|“形状”|“删除所有提示”命令；删除单个形状提示，可右击，在弹出菜单中选择“删除提示”选项。

3）添加形状提示的要点

（1）最多可以设置 26 个形状提示。

（2）使用形状提示的两个形状越简单，效果越好。

（3）有多个形状提示时，应保证开始帧和结束帧中形状提示的排序符合逻辑。

（4）形状提示要在形状的边缘才能起作用。

（5）添加形状提示后的效果要通过不断观察、修正，达到满意为止。

3.5.3 运动补间动画

1. 创建运动补间动画

与形状补间动画不同的是,运动补间(也称动画补间)动画的对象必须是元件或组对象。运动补间动画是对组合、实例和文本的属性进行渐变的动画。

制作运动补间动画的基本步骤是:在起始关键帧中设置一个元件,在结束关键帧中改变该元件的大小、颜色、位置、透明度等属性,最后在起始帧或两帧之间的任意一帧右击,在弹出的菜单中选择"创建补间动画"命令,或者在"属性"面板上的"补间"下拉列表框中选择"动画"选项。

做运动补间动画的对象可以是各种元件、文本、位图等,形状对象(如矩形)只有在组合或转换为"元件"后才能运用到运动补间动画的设计中。

2. 运动补间动画的"时间轴"面板

图 1-3-31 给出了一个运动补间动画的"时间轴"面板。运动补间动画在时间轴上显示为淡紫色,在起始帧和结束帧之间也有一个黑色的实线箭头。该动画实现了图片进入舞台的旋转、变形特效,参见实验 4 中的任务 3。

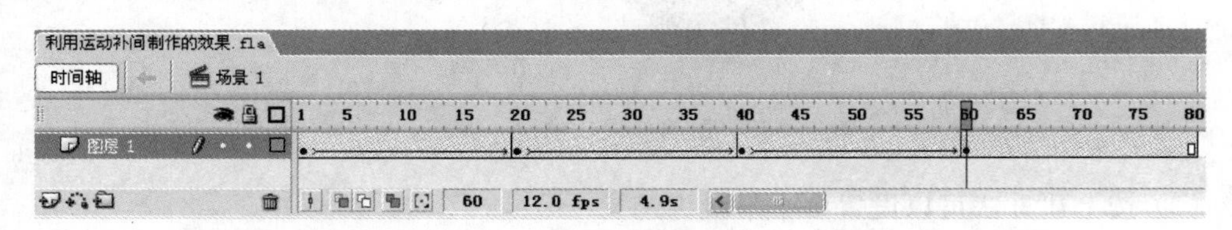

图 1-3-31 运动补间动画的"时间轴"面板

3. 运动补间动画的"属性"面板

创建运动补间动画后,"属性"面板如图 1-3-32 所示。

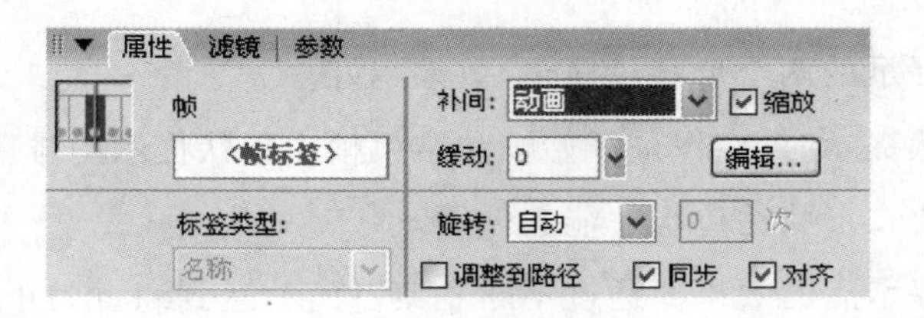

图 1-3-32 运动补间动画的"属性"面板

1)“缓动”选项

- 在－1～－100 之间：动画的运动速度由慢到快，朝运动结束的方向加速补间。
- 在 1～100 之间：动画的运动速度由快到慢，朝运动结束的方向减速补间。
- 0(默认)：动画匀速变化。

2)“编辑”按钮

在 Flash 8 中，用户可以更直观地控制动作补间的缓动属性，从而控制对象的变化速率。单击“编辑”按钮，弹出“自定义缓入/缓出”对话框，如图 1-3-33 所示。

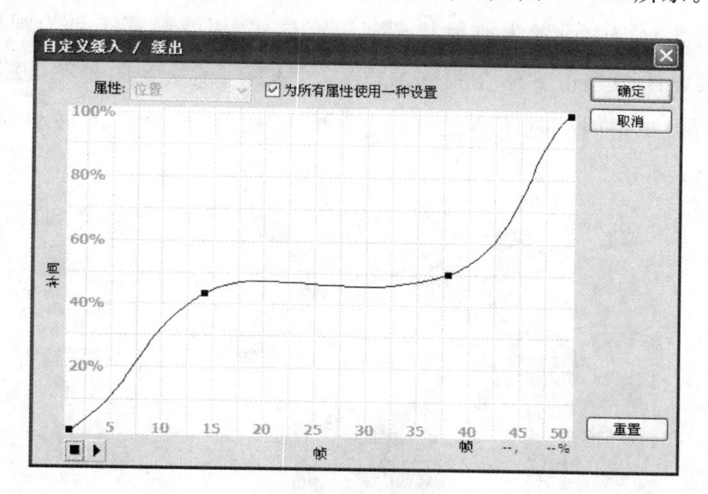

图 1-3-33 “自定义缓入/缓出”对话框

3)“旋转”选项

- 无(默认)：无旋转。
- 自动：旋转一次。
- 顺时针或逆时针：选择其一，则可在后面的文本框中输入按指定方向旋转的圈数。

4)其他选项

- 调整到路径：将补间元素的基线调整到运动路径，主要用于引导层动画。
- 同步：使元件实例的动画和主时间轴同步。
- 对齐：根据补间元素的注册点将其附加到运动路径，主要用于引导层运动。

3.6 教学范例

【例 1】 形状补间动画。

(1) 新建一个 Flash 文档，背景颜色为白色。

(2) 选择矩形工具,设置笔触颜色为无,在舞台上画一个正方形(按着 Shift 键拖动鼠标)。

注意:做形状补间动画,绘制图形时不要选择"对象绘制"模式。

(3) 在混色器面板中设置为线性渐变填充样式,用颜料桶工具为正方形填充自己喜欢的颜色。

(4) 在第 20 帧处插入一空白关键帧,然后使用椭圆工具在舞台上画一个无笔触颜色的正圆。

(5) 在混色器面板中设置为放射状渐变填充样式,用颜料桶工具为圆填充颜色。

(6) 接下来要使圆与正方形在相同的位置。因为当前所在的是第 20 帧,无法看到正方形的位置。可以单击时间轴下方的"绘图纸外观"按钮,然后将圆移动到正方形的中部位置,如图 1-3-34 所示。

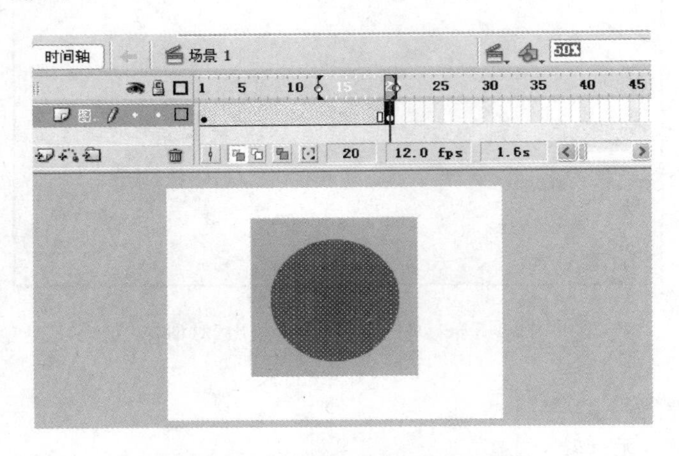

图 1-3-34　使用"绘图纸外观"调整图形位置

(7) 选中第 1 帧与第 20 帧之间的任意一帧,在属性面板的"补间"下拉列表框中选择"形状"选项。

(8) 这时在时间轴窗口中可以看到有箭头出现,并且从第 1 帧到第 20 帧都变成了淡绿色。

(9) 在属性面板中调节"缓动"滑块可以改变形状补间动画的变化速度。例如,如果希望形状补间在开始时快,然后逐渐变慢,可以向下拖动滑块;如果希望形状补间在开始时慢,然后逐渐变快,可以向上拖动滑块。

(10) 保存该文件为"形状补间动画"。

(11) 按 Ctrl+Enter 键,测试效果。

【例 2】 制作蝴蝶飞舞的动画。

(1) 新建一个 Flash 空白文档,设背景为白色。

（2）选择“文件”|“导入”|“导入到库”命令，将提供的 hudie1.jpg、hudie2.jpg 两张图片同时导入到库中。

（3）选择“插入”|“新建元件”命令（或者按 Ctrl＋F8 键），创建一个名称为“蝴蝶 1”、类型为“图形”的元件。

（4）从“库”面板将图片 hudie1.jpg 拖到舞台上，并置于舞台中央。

（5）再创建一个名称为“蝴蝶 2”的图形元件，其中图片为 hudie2.jpg。

（6）接着，创建一个名称为“扇动翅膀的蝴蝶”，类型为“影片剪辑”的元件。

（7）在“扇动翅膀的蝴蝶”元件的编辑状态下，在第 1 帧，将“蝴蝶 1”图形元件拖入到舞台的中央，在第 4 帧处按 F5 键插入一普通帧。

（8）在时间轴上的第 3 帧处右击，选择菜单中的“转换为关键帧”命令。

（9）单击舞台上的蝴蝶元件，在“属性”面板上单击“交换”按钮，如图 1-3-35 所示。在打开的“交换元件”对话框中选择“蝴蝶 2”元件。“扇动翅膀的蝴蝶”影片剪辑元件通过逐帧动画实现了蝴蝶扇动翅膀的动作，时间轴如图 1-3-36 所示。

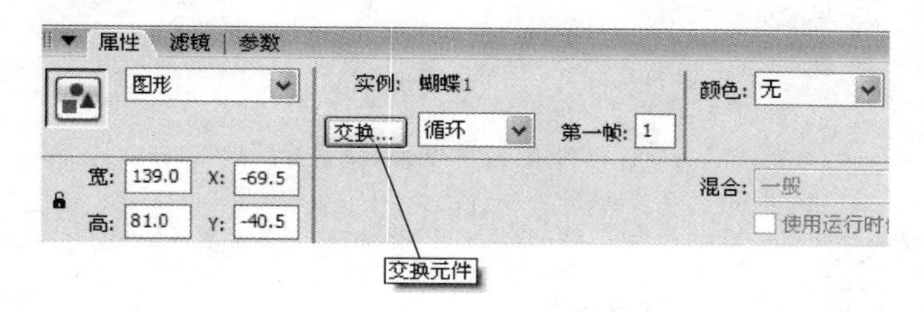

图 1-3-35　“交换”按钮

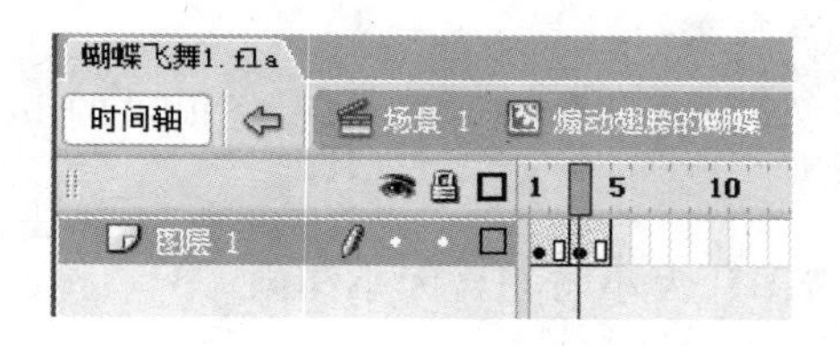

图 1-3-36　“扇动翅膀的蝴蝶”的时间轴

（10）按 Ctrl＋E 键或单击时间轴上的“场景 1”返回主场景。从“库”面板中将“扇动翅膀的蝴蝶”影片剪辑元件拖入到舞台上。

（11）保存该文件为“蝴蝶飞舞 1.fla”。

（12）按 Ctrl＋Enter 键，测试效果。

【例 3】　继续完成“蝴蝶飞舞 1.fla”，使蝴蝶在舞台上飞起来。

（1）打开“蝴蝶飞舞 1.fla”。

（2）在“图层 1”的第 1 帧将影片剪辑元件“扇动翅膀的蝴蝶”拖到舞台的左上角。

(3) 在第40帧插入关键帧，将影片剪辑元件拖到舞台的右边靠下位置。

(4) 在“图层1”的第1帧至第40帧之间单击，然后在属性面板的“补间”下拉列表框中选择“动画”补间类型。

单击时间轴上的“绘图纸外观”，再选择“修改绘图纸标记”中的“绘制全部”选项，可看到图1-3-37所示“洋葱皮”效果。

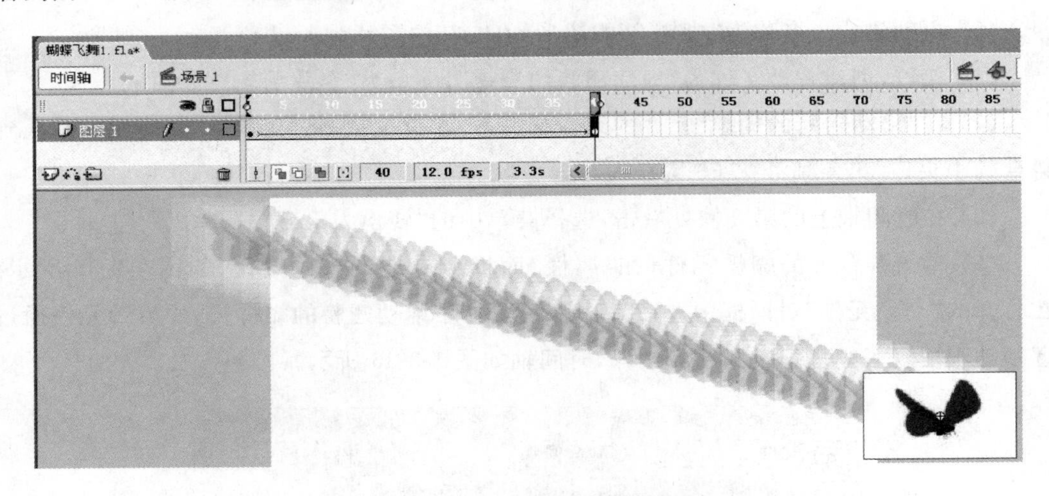

图1-3-37　利用“绘图纸外观”察看的效果

(5) 保存该文件。

(6) 按Ctrl＋Enter键，测试效果。

【例4】 制作照片的过渡动画效果。

(1) 新建一个Flash空白文档。

(2) 选择“文件”|“导入”|“导入到舞台”命令，将提供的hengdian1.jpg图片导入到舞台上。

(3) 选中该图片，设置图片大小与舞台大小相同。

(4) 选择“修改”|“转换为元件”命令将其转换为名称为“元件1”、类型为“图形”的元件。

(5) 删除场景中的“元件1”实例，再选择“文件”|“导入”|“导入到舞台”命令，将提供的hengdian2.jpg图片导入到舞台上。

(6) 选中该图片，设置图片大小与舞台大小相同。

(7) 将该图片转换为名称为“元件2”，类型为“图形”的元件。

(8) 删除场景中的“元件2”实例。

(9) 将图层1命名为“照片1”，并将“元件1”从“库”中拖入到舞台正中央(可以利用“对齐”面板完成)。

(10) 在第 120 帧按 F5 键插入一普通帧。

(11) 在“照片 1”图层上插入一新图层，命名为“照片 2”，并将“元件 2”从“库”中拖入到舞台正中央。

(12) 在“照片 2”图层的第 60 帧和第 120 帧处分别按 F6 键插入关键帧。

(13) 选中第 60 帧的“元件 2”实例，在属性面板中“颜色”下拉列表框中选择 Alpha 并在其后的文本框中将透明度设置为 0%。

(14) 在第 1 帧到第 60 帧之间创建“动画”补间动画。

(15) 在第 60 帧到第 120 帧之间创建“动画”补间动画。

(16) 保存该文件，文件名为“照片的过渡效果 1”。

(17) 按 Ctrl+Enter 键测试动画效果。

习题 3

1. 判断题

(1) 在动画制作过程中，使用元件可以使发布文件的大小显著地缩减。(　　)

(2) 在制作补间动画时需要在时间轴上设置完整的各帧信息。(　　)

(3) 如果修改一元件实例的颜色属性，则“库”中元件的颜色也会跟着改变。(　　)

(4) 元件、实例之间只能是一一对应的关系。(　　)

(5) Flash 包含预设的时间轴特效，可以用最少的步骤创建复杂的动画。时间轴特效可以应用到文本、图形以及各种类型的元件。(　　)

2. 选择题

(1) 选择“插入”→“时间轴”→“关键帧”命令，结果是________。

A. 删除当前帧或选定的帧序列

B. 在时间轴上插入一个新的关键帧

C. 在时间轴上插入一个新的空白关键帧

D. 清除当前位置上或选定的关键帧，并在时间轴上插入一个新的关键帧

(2) 以下操作中，________不能使 Flash 进入直接编辑元件的模式。

A. 双击舞台上的元件实例

B. 选中舞台上的元件，然后右击，从弹出的快捷菜单中选择“在当前位置编辑”

C. 双击库面板内的元件图标

D. 将舞台上的元件拖动到库面板之上

(3) 以下关于逐帧动画和补间动画的说法正确的是________。

A. 两种动画模式都必须记录完整的各帧信息

B. 前者必须记录各帧的完整记录，而后者不用

C. 前者不必记录各帧的完整记录，而后者必须记录完整的各帧记录

D. 以上说法均不对

(4) 库中有一元件 Symbol1，舞台上有一个该元件的实例。现通过实例属性检查器将该实例的颜色改为＃FF0033，透明度改为 80％。请问此时库中的 Symbol 1 元件将会________。

A. 不会发生任何改变

B. 透明度也变为 80％

C. 颜色变为＃FF0033，透明度变为 80％

D. 颜色也变为＃FF0033

(5) 按钮元件是包括________帧的电影剪辑。

A. 4　　B. 3　　C. 5　　D. 2

(6) 在 Flash 中，可以重复使用的图形、动画或按钮称为________。

A. 元件　　B. 库　　C. 对象　　D. 形状

(7) 在库中有一个元件，其高度为 100 像素，要在舞台上创建该元件的一个实例。如果此时首先在舞台上把这个实例的高度变为 50 像素，然后再把元件的高度变为 200 像素，那么这时该实例的高度为________。

A. 25 像素　　B. 50 像素　　C. 100 像素　　D. 200 像素

(8) 以下各种关于图形元件的叙述，正确的是________。

A. 可用来创建可重复使用的，并依赖于主电影时间轴的动画片段

B. 可用来创建可重复使用的，但不依赖于主电影时间轴的动画片段

C. 可以在图形元件中使用声音

D. 可以在图形元件中使用交互式控件

(9) 将一个影片剪辑元件引用到场景后，其播放是________。

A. 使用默认播放器　　B. 启动播放键

C. 动画播放时会自动播放　　D. 需要使用外插件来播放

(10) 属于形状补间动画的是________。

A. 气泡从水中升起　　B. 飞机在空中盘旋

C. 飘动的云彩　　D. 老鼠变大象

(11) 下列属于遮罩动画的是________。

A. 字母变数字　　B. 探照灯效果

C. 三角形变矩形　　D. 蝴蝶飞舞

(12) 下面不是时间轴的组件的是________。

A. 帧　　B. 图层　　C. 播放头　　D. 对象

(13) 在逐帧动画中,当对舞台上的整个动画移动到其他位置时,需要对所有的关键帧进行同时移动,下面操作说法错误的是________。

A. 首先取消要移动层的锁定,同时把不需要的层锁定

B. 在移动整个动画到其他位置时,不需要单击时间轴上的编辑多个帧按钮

C. 在移动整个动画到其他位置时,需要使绘图纸标记覆盖所有帧

D. 在移动整个动画到其他位置时,对不需要移动的层可以隐藏

(14) 在以下关于形状补间动画的说法中,错误的是________。

A. 如果制作动画时,在属性检查器中出现了黄色警告标记,表示动画制作过程中出现了错误

B. 如果制作动画时,在时间轴上的帧显示为虚线,表示动画制作过程中出现了错误

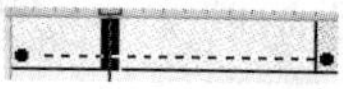

C. 如果制作动画时,在时间轴上的帧显示为浅绿色背景加一个箭头虚线,表示形状补间动画制作成功

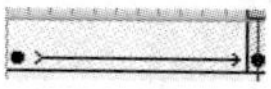

D. 在时间轴的同一个图层上,不可能同时出现和

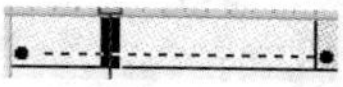

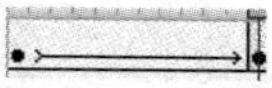

(15) 如果要将一个从 1～10 计数的逐帧动画改变为从 10～1 倒计数,最方便的方法是________。

A. 重新制作　　B. 将每一帧逐一调换位置

C. 将每一帧中的对象逐一调换位置　　D. 使用“翻转帧”命令

(16) 在舞台上放置一个图形元件的实例,可以对该实例设置多种播放方式,不包括的是________。

A. 可以设置播放的起始帧

B. 可以设置循环播放的次数

C. 可以只播放一次

D. 如果使用“循环”方式,元件中的内容播放到最后一帧之后,又回到开头继续播放

(17) 制作形状补间时,要控制更加复杂或罕见的形状变化可以使用形状提示。关于形状提示,下列描述错误的是________。

A. 形状提示会标识起始形状和结束形状中的相对应的点

B. 形状提示最多可以使用 29 个形状提示点

C. 起始关键帧上的形状提示点是黄色的,结束关键帧的形状提示点是绿色的,而当起始、结束关键帧不在一条曲线上时则其形状提示点均为红色

D. 如果需要使用多个形状提示点，把编号按照逆时针顺序依次排列，这样产生的变形效果最好

(18) 关于 Flash 中的“按钮”元件，下列描述正确的是________。

A. 在 Flash 中只有按钮可以接受鼠标事件并进行交互

B. 按钮元件中“点击”状态的作用是确定按钮的有效点击范围

C. 按钮元件的 4 个状态帧都必须不为空

D. 如果按钮元件的“点击”状态帧为空，则按钮无法正常工作

(19) Flash 提供的绘图纸功能对于某些设计场合非常有用，适合使用绘图纸功能的场合是________。

A. 更改元件实例的属性时　　B. 添加滤镜效果时

C. 创建逐帧动画时　　D. 设置混合模式时

(20) 创建如图所示的文字变大效果（从左到右依次是开始帧、中间帧和结束帧，边框表示舞台边界，也就是说所有内容都位于舞台正中心），以下操作中，不能实现这个效果的是______。

动漫　　动漫

A. 在开始帧中适当位置输入“动漫”并设置字体字号，然后按 F8 键将其转化为元件，在结束帧中修改该元件的位置和大小，然后在两帧之间设置运动补间动画

B. 在开始帧中适当位置输入“动漫”并设置字体字号，在结束帧中修改文字的位置并设置字体字号，然后在两帧之间设置运动补间动画

C. 在开始帧中适当位置输入“动漫”并设置字体字号，然后按两次 Ctrl＋G 键将其组合，在结束帧中修改该组合的位置和大小，然后在两帧之间设置运动补间动画

D. 在开始帧中适当位置输入“动漫”并设置字体字号，然后按两次 Ctrl＋B 键将文字打散为形状，在结束帧中修改该形状的位置和大小，然后在两帧之间设置形状补间动画

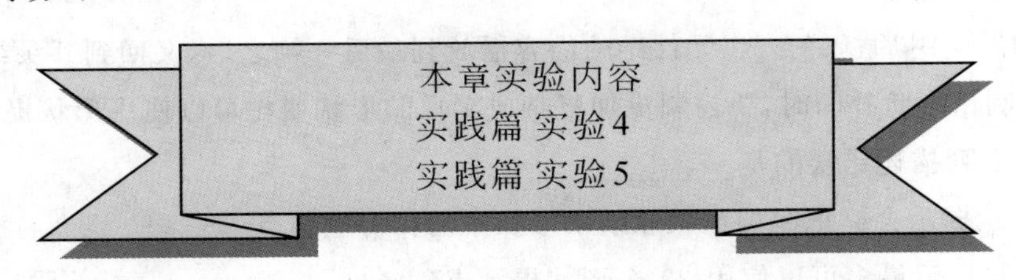

第 4 章

高级动画设计

4.1 多图层动画

通过前面的学习能够感觉到，动画越复杂，所包含的图层就会越丰富。Flash 正是利用不同图层将不同时间轴上的不同对象组织在一起。在播放 Flash 影片时，这些图层将被压缩到同一个主时间轴上，生成变化丰富的动画效果。例如，在动画文件中经常看到的背景图层通常只是包含一张静态图片，而其他的图层中则包含着独立的动画对象。再如，如果要让多个组或元件同时做补间动画，每个组或元件就必须在独立的图层上。图 1-4-1 是一个多图层动画的时间轴，其中包括了背景、声音等多个图层。

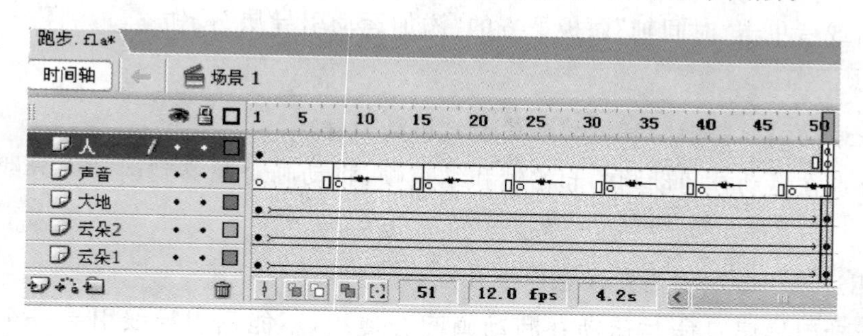

图 1-4-1　多图层的动画

除普通图层外，Flash 还引入了引导层、遮罩层的概念。引导层用于绘制对象的运动路径，链接到该引导层的图层中的补间对象会沿着这些路径运动，实现让对象沿曲线运动。遮罩层可以用来实现一些特殊的动画效果，链接到一个遮罩层的图层中的内容将被遮挡，只有在遮罩层的填充色块下的内容才是可见的。

4.2 引导层动画

基本的运动补间动画只能使对象产生直线方向的移动。例如，要设计一只在舞台上翩翩起舞的蝴蝶，如果只是采用简单的运动补间动画方法来实现，那么蝴蝶只能从舞台的一端到另一端"直来直去"地飞（如第3章实现的蝴蝶飞舞的动画）。如果要想让蝴蝶在舞台上沿曲线运动，形成比较优雅的飞行状态，也许可以考虑采用逐帧动画，通过不断地设置关键帧，在每一帧中制作不同位置上的蝴蝶以实现这种动画效果。但是，这种方法工作量未免太大，且过于繁琐。

Flash 提供一个自定义运动路径的功能，这个功能就是在运动对象的上方添加一个运动路径的层——运动引导层。在运动引导层中可以绘制对象的运动路线（运动引导线），链接到该引导层的图层中的运动补间对象就会沿着该路线运动。

4.2.1 创建运动引导层

创建运动引导层的基本操作方法如下：

(1) 创建好运动补间动画。

(2) 用鼠标右击运动补间动画所在图层的名称，在弹出的快捷菜单中选择"添加引导层"命令，或者单击"时间轴"面板下方的"添加运动引导层"按钮，创建一个运动引导层。

(3) 在运动引导层中绘制运动路径——运动引导线。

(4) 分别在运动补间动画的起始帧和结束帧，将动画对象移到运动引导线的开始端和结束端。

在使用运动引导层时需要注意以下几点：

(1) 运动引导层只能与运动补间动画配合使用，不能用引导线引导一个形状补间动画。

(2) 一个最基本的"引导路径动画"由两个图层组成，上面一层是"引导层"，下面一层是"被引导层"。

(3) 可以将多个图层链接到一个引导层，使多个对象沿同一条路径运动。

(4) 在引导层和被引导层之间不能放置任何非引导的图层。

(5) 在播放时，运动引导层是隐藏的。也就是说，只能看到运动的对象，而引导线是不可见的。

4.2.2　创建运动引导线

运动引导线用来控制对象的运动轨迹。创建运动引导线的过程就是在引导层上描绘出一条路径。可以使用任何工具来绘制运动引导线，常用的是钢笔、铅笔或线条工具，如果使用椭圆或矩形来描绘运动引导线，则不要使用任何填充色。

创建运动引导线的基本方法是：选中引导层，使用铅笔或其他工具在舞台上描绘运动引导线。需要注意的是，绘制的运动引导线不要过于陡峭，平滑的运动路径更有利于引导层动画的成功。

在创建了运动引导线后，最好将引导层锁定，防止在后面的设计中不小心移动引导线，导致运动补间动画不能沿运动引导线移动。

4.2.3　使对象沿运动引导线运动

要使运动补间对象更好地沿着描绘好的运动引导线移动，还需要以下操作：

(1) 在运动补间动画的开始关键帧，将对象拖动到引导线的一端，使对象的中心点与引导线的起始点对齐。

(2) 在运动补间动画的结束关键帧，将对象拖动到引导线的另一端，使对象的中心点与引导线的终点对齐。

(3) 一般情况下，运动补间对象沿着引导线一直保持水平移动。为使对象能够随着引导线旋转或改变方向做相切运动，可选中该运动补间动画，在“属性”面板中选中“调整到路径”选项，见 4.5 节例 2。

(4) 在让对象沿运动引导线移动的同时，还可以应用其他的动画效果，如旋转、放大、缩小等。

4.3　遮罩动画

遮罩是 Flash 中一种非常有趣且实用的技术，利用遮罩可以制作出巧妙而神奇的视觉效果。常见的遮罩动画如在舞台上扫来扫去的聚光灯、滚动的文本字幕、水波、百叶窗等。

4.3.1 遮罩层的特点

遮罩层是一种比较特殊的图层，它影响了被遮罩层上的对象的可见性。

遮罩层中的内容可以是图形、文字、影片剪辑、位图等，但不能使用线条，如果一定要用线条，可以"将线条转化为填充"。遮罩层中的对象就像一个"窗口"，能够透过这些窗口看到"被遮罩层"中的对象。由于遮罩层中的对象是不可见的，在遮罩层中绘制的图形的颜色、渐变属性以及位图等内容都不会显示出来。

在遮罩层中还可以使用形状补间动画、运动补间动画，创作出更富有想象力的遮罩动画。

遮罩层的特点如下：

(1) 一个遮罩层能够影响其下方的多个被遮罩的图层，但不能用一个遮罩层遮罩另一个遮罩层。

(2) 遮罩层在播放动画时是看不见的，只能看到遮罩的效果。因此，在遮罩层中主要是设置对象的大小和形状，而不必设置对象的渐变色、透明度等其他属性。例如，可以将遮罩层中的对象颜色设置为黑色，更便于区分。

(3) 在设计动画的过程中，只有将遮罩层和被遮罩层同时锁定，才能看到遮罩的效果。

4.3.2 创建遮罩层

Flash 中没有专门的创建遮罩层的按钮(像创建引导层那样)。遮罩层其实是由普通图层转化来的。创建遮罩层的基本方法是：在将作为遮罩的图层上右击，在弹出的快捷菜单中选择"遮罩层"选项，该图层就会成为遮罩层。转换为遮罩层的图层的图标会从普通层图标变为遮罩层图标，同时系统会自动把紧挨在遮罩层下方的一层关联为"被遮罩层"，被遮罩层的图标向右缩进且变为，如果要关联更多被遮罩的图层，只要把这些图层拖到该遮罩层下面就可以了。

下面通过两个实例来具体说明遮罩层的创建和作用。

1. 使用图形遮罩

(1) 在 Flash 文档的"图层 1"中有一张图片，如图 1-4-2 所示。

(2) 插入新图层"图层 2"，在"图层 2"中导入另一张图片，如图 1-4-3 所示。

(3) 再插入新图层"图层 3"，使用椭圆工具绘制一个无边框的椭圆，如图 1-4-4 所示。

图 1-4-2　图形遮罩演示(1)

图 1-4-3　图形遮罩演示(2)

图 1-4-4　图形遮罩演示(3)

(4) 在"图层 3"上右击,在弹出的快捷菜单中选择"遮罩层"选项,"图层 3"成为遮罩层,下方的"图层 2"转换为被遮罩层,且两个图层被同时锁定,如图 1-4-5 所示。同时,"图层 2"上的图片在圆下面的内容显示出来,而其他部分被挡住了。"图层 1"上的图片完全显示出来,可见,遮罩层对"图层 1"没有影响。

图 1-4-5　图形遮罩演示(4)

(5) 如果将"图层 2"或"图层 3"任何一个解锁,就看不到遮罩效果了。

(6) 将"图层 1"的名称向右上角拖动到"图层 2"图标下再释放鼠标,可使"图层 1"也转换为"图层 3"的被遮罩层。将"图层 1"、"图层 2"、"图层 3"同时锁定,出现遮罩效果,如图 1-4-6 所示。

图 1-4-6　图形遮罩演示(5)

上面例子主要说明了遮罩层的作用和特点,下面再通过一个实例来说明使用文本做遮罩产生的奇妙的文本效果。

2. 使用文本遮罩

（1）如图 1-4-7 所示，在一 Flash 文档中，“图层 1”上有一张图片，“图层 2”上有一文本（因为要将文本作为遮罩，所以选择最大的字号，且加粗）。

图 1-4-7　文本遮罩演示(1)

（2）将“图层 2”转换为遮罩层，出现遮罩效果，如图 1-4-8 所示。

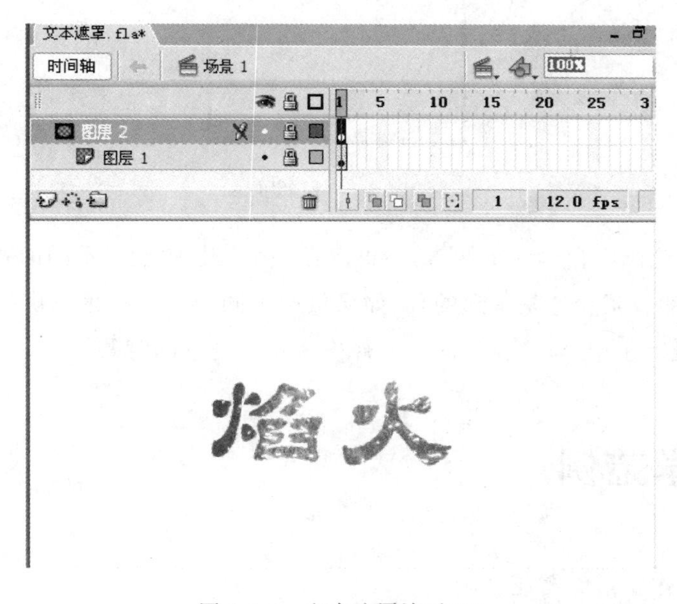

图 1-4-8　文本遮罩演示(2)

4.4 多场景动画

到此为止，我们所制作的动画作品都只有一个场景。在具体的动画影片设计中，有时会根据作品情节或音乐的段落设计不同的场景。如果影片中包含若干个场景，每个场景会依次播放。也就是说，第一个场景从头到尾播放完后，再接着播放第 2 个场景，以此类推。可用“场景”面板控制场景的播放顺序。

选择“窗口”|“其他面板”|“场景”命令，出现“场景”面板。如图 1-4-9 所示，面板中已经存在一个默认的“场景 1”。“场景”面板的使用方法如下：

- 添加新场景：单击 + 按钮可以建立一个新场景。
- 删除场景：单击按钮可以删除当前选中的场景。
- 复制场景：单击按钮可以产生一个当前选中场景的副本。
- 更改场景的名字：在场景面板上双击要改名的场景名称后，输入新的场景名称。
- 改变场景的顺序：用鼠标拖动场景改变它们的上下顺序，该顺序就是动画的场景播放顺序。

图 1-4-9 “场景”面板

注意：如果动画中包含多个场景，不可以在多个场景中设置不同的背景颜色（也就是说，所有场景中的背景颜色是一致的）。如果想用不同的环境颜色来烘托气氛，可以在场景中加入与场景大小相等，颜色不同的元件作为不同场景的背景。

4.5 教学范例

【例 1】 制作飘落的雪花动画。

(1) 打开提供的源文件“飘落的雪花.fla”。“背景”图层上一幅雪夜图片，打开库面板，可以看到库面板中提供了“雪片”图形元件。

(2) 在“背景”图层的上面添加一个图层，名称为“雪花”。

(3) 创建“雪花 1”影片剪辑元件。在该元件编辑状态下，在“图层 1”的第 1 帧，将“雪片”图形元件从“库”面板拖入到舞台，使用“任意变形工具”适当地放大或缩小元件，也可利用“变形面板”设置元件旋转的角度，并放在工作区靠上位置。

(4) 在第 60 帧插入关键帧。

(5) 在第 1 帧到第 60 帧创建运动补间动画，在“属性”面板上设置“旋转”为“顺时针”、“1 次”。

(6) 在“图层 1”的名称上右击，在弹出的快捷菜单中选择“添加引导层”命令。

(7) 在“引导层：图层 1”上，使用“钢笔工具”或“铅笔工具”绘制运动轨迹，如图 1-4-10 所示。

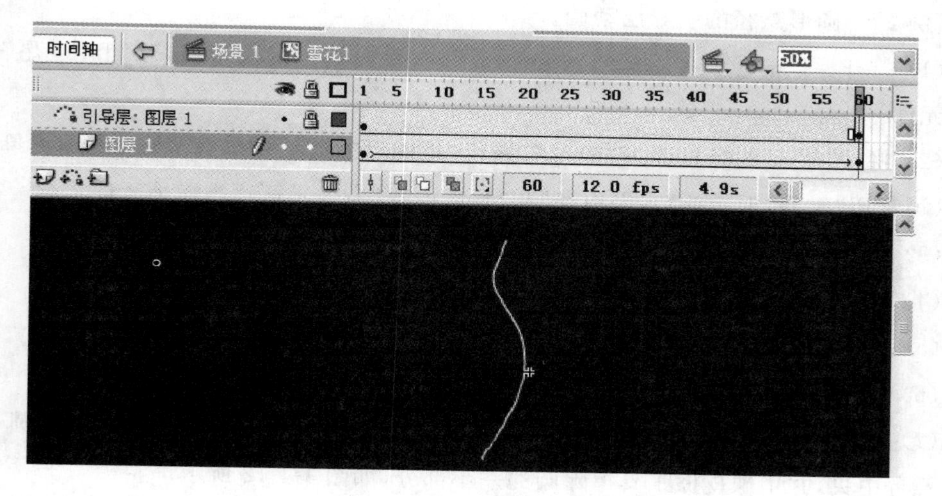

图 1-4-10 飘落的秋叶.fla 的设计

(8) 在“图层 1”的第 1 帧，使“雪片”元件的中心点与引导线的起始点重合。

(9) 在“图层 1”的第 60 帧，使“雪片”元件的中心点与引导线的终点重合。

(10) 接着创建影片剪辑元件“雪花 2”、“雪花 3”，制作步骤如(3)～(9)，只是在设置补间动画时可以适当改变帧数和运动轨迹。

(11) 返回到“场景 1”，在“背景”图层上添加“前层”图层。在“前层”图层上将制作好的“雪花 1”、“雪花 2”、“雪花 3” 影片剪辑元件拖入到舞台上，如图 1-4-11 所示。

(12) 保存文件。

(13) 按 Ctrl＋Enter 键测试动画效果。

图 1-4-11 “前层”的设置

【例 2】 圆形路径的引导层动画。

(1) 打开提供的源文件“卫星绕地球转.fla”,库面板中提供了“地球”和“卫星”两个图形元件。

(2) 将“图层 1”的名称改为“地球”,并将“地球”图形元件从“库”面板拖动到舞台正中央(可利用“对齐”面板的“水平中齐”和“垂直中齐”命令),可适当缩小元件。

(3) 在“地球”图层的第 90 帧插入一普通帧。

(4) 在“地球”图层的上面插入一新图层,名称为“卫星”。

(5) 选中“卫星”图层的第 1 帧,将“卫星”图形元件从“库”面板拖动到舞台。

(6) 将“卫星”图层的第 90 帧转换为关键帧。

(7) 在“卫星”图层的上面添加引导层,并在该引导层绘制一个无填充色的正圆,使圆位于舞台中央,并用橡皮擦工具擦除圆的一小部分,如图 1-4-12 所示。

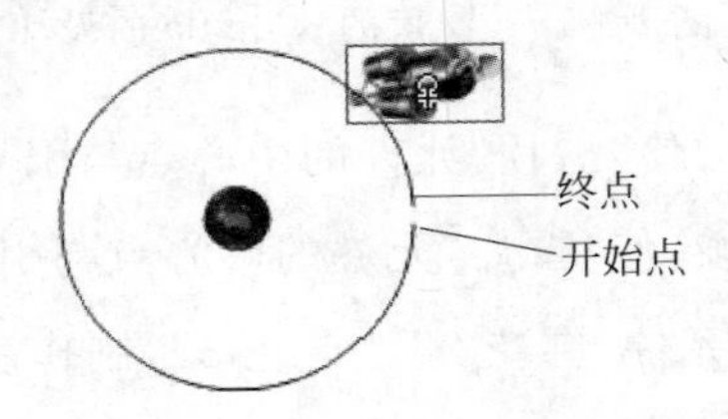

图 1-4-12 圆形运动引导线

(8) 在“卫星”图层的第 1 帧,使“卫星”元件的中心点与引导线的起始点重合。

(9) 在“卫星”图层的第 90 帧,使“卫星”元件的中心点与引导线的终点重合。

(10) 在“卫星”图层的第 1 帧到第 90 帧创建运动补间动画。

(11) 保存文件,按 Ctrl+Enter 键测试动画效果。

(12) 在“卫星”图层的第 1 帧到第 90 帧之间任意位置单击,在“属性”面板中选择“调整到路径”选项。

(13) 保存文件,按 Ctrl+Enter 键运行,比较前后的动画效果。

【例 3】 制作照片的过渡效果。

在第 3 章中利用改变元件实例的 Alpha 值实现了两张照片的过渡效果(3.6 节例 4),现在利用遮罩实现类似的效果。

(1) 新建一个 Flash 空白文档。

(2) 选择“文件”|“导入”|“导入到库”命令将提供的 hengdian1.jpg、hengdian1.jpg 两张图片导入到“库”中备用。

(3) 将“图层 1”改名为“照片 1”,将“库”中的一张图片拖入到舞台上,按照舞台设置图片的大小,并位于舞台中央。

(4) 在“照片 1”图层上插入新图层,命名为“遮罩 1”。在该图层上绘制一个宽 550,高 350 的无边框椭圆,填充颜色为放射状颜色渐变:左边白色,Alpha 值为 0%,右边白色,Alpha 值为 100%,如图 1-4-13 所示。

图 1-4-13 用于做遮罩的椭圆

(5) 设置“遮罩 1”图层为遮罩层,“照片 1”为被遮罩层。

(6) 保存文件为“照片的过渡效果 2”。按 Ctrl+Enter 键运行观察效果。

注意:可以发现,尽管为遮罩图层上的椭圆设置了颜色渐变,但对被遮罩图层不起作用——图片在椭圆下部分都清晰可见。

(7) 在“遮罩 1”图层上插入新图层,命名为“模糊 1”。

(8) 复制“遮罩 1”图层上的椭圆,在“模糊 1”图层上执行“粘贴到当前位置”。

(9) 保存文件。运行观察效果:图片出现了模糊效果。

(10) 在“模糊 1”的上面插入新图层,命名为“照片 2”,从“库”中拖入另一张图片到舞台上,设置图片大小并居中放置。

(11) 插入图层“遮罩 2”和“模糊 2”,在两个图层分别将椭圆粘贴到当前位置。并设置“遮罩 2”为遮罩层,“照片 2”为被遮罩层。

(12) 在“遮罩 2”和“模糊 2”两个图层的第 60 帧分别插入关键帧。

(13) 将“遮罩 2”和“模糊 2”两个图层的第 1 帧上的椭圆分别设置宽为 1、高为 1,位于舞台中央(水平中齐,垂直中齐)。

(14) 分别在“遮罩 2”和“模糊 2”两个图层的第 1 帧到第 60 帧之间创建形状补间

动画。

(15) 在“照片1”、“遮罩1”、“模糊1”、“照片2”、“遮罩2”和“模糊2”图层的第80帧同时插入普通帧。

(16) 保存该文件，按Ctrl+Enter键测试动画效果。

【例4】 制作水平展开的文本效果。

(1) 新建一个Flash空白文档，设置舞台大小为530像素×140像素，文档的其他属性默认。

(2) 将提供的xiangyun.jpg文件导入到“库”中。

(3) 将“图层1”改名为“纸被”。将“库”中位图xiangyun.jpg拖入到“纸被”图层的第1帧。设置该位图的大小为530像素×120像素，且相对于舞台垂直中齐，水平中齐。

(4) 在“纸被”图层上插入新图层，命名为“纸和文字”。在该图层的第1帧上绘制一个矩形，大小为470像素×80像素，无笔触颜色，填充颜色为#FFFFCC，且相对于舞台垂直中齐，水平中齐。

(5) 在矩形上输入文本“同一个世界，同一个梦想”，见图1-4-14。

(6) 在“纸和文字”图层上插入新图层，命名为“遮罩”。在第1帧上绘制一个大小为530像素×120像素的矩形，填充颜色任意，并将该矩形转换为图形元件，名称为“遮罩矩形”。使该图形元件相对于舞台垂直中齐，且位于舞台的左端，如图1-4-14所示。

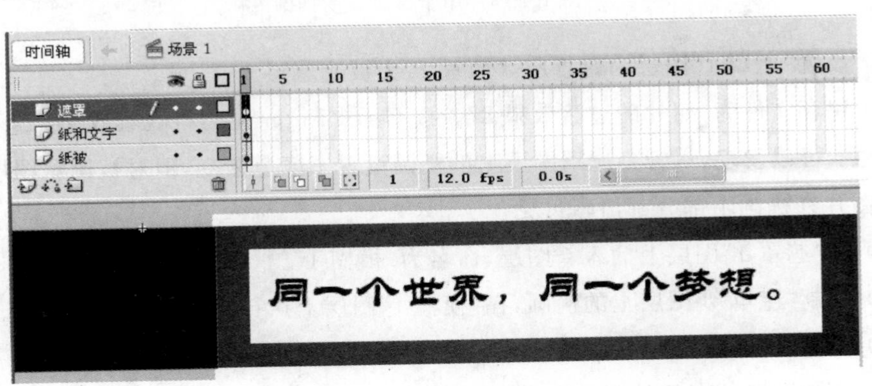

图1-4-14 “纸和文字”图层与“遮罩”图层

(7) 在“纸被”、“纸和文字”图层的第60帧分别插入普通帧。

(8) 在“遮罩”图层的第60帧插入关键帧，然后按住Shift键，使用“→”键将“遮罩矩形”图形元件移动到舞台中央，正好覆盖“纸被”和“纸和文字”。

(9) 在“遮罩”图层的第1帧和第60帧之间创建运动补间动画。在该图层右击，选择“遮罩层”命令。

(10) 使用鼠标向右上角拖动图层“纸被”的名称，使之也链接到“遮罩”图层，如图1-4-15

所示。

(11) 保存文件为“卷轴效果.fla”，按 Ctrl+Enter 键测试运行效果。

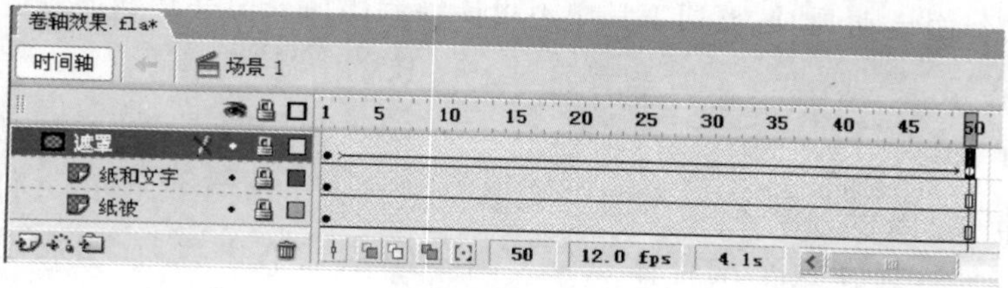

图 1-4-15 “卷轴效果”时间轴

习题 4

1. 判断题

(1) 在制作电影时，背景层可以位于任何层。(　　)

(2) 在制作遮罩动画时，遮罩层和被遮罩层都必须锁定，否则即使在播放状态也看不到遮罩效果。(　　)

(3) 对象在沿运动引导线移动的同时，还可以发生旋转、放大缩小等变化。(　　)

(4) Flash 的图层包括背景图层、普通图层、引导图层和遮罩图层。(　　)

(5) 可以使用“椭圆工具”、“矩形工具”绘制运动引导线。(　　)

2. 选择题

(1) 如果想制作沿路径运动的动画，舞台上的对象应该是________。

A. 形状　　B. 元件　　C. 文字　　D. 声音

(2) 下列说法正确的是________。

A. 在制作电影时，背景层应位于时间轴的最底层

B. 一般来说逐帧动画是用来制作较为简单的动画

C. 一般来说逐帧动画文件量比补间动画小

D. 在制作电影时，背景层可以位于任何层

(3) 查看特定场景的方法是________。

A. 选择“窗口”|“查看”|场景命令

B. 选择“视图”|“转到”命令，然后选择场景名字

C. 选择 “插入”|“场景”命令

D. 选择 “窗口”|“场景”命令

(4) 如果要制作一个对象逐渐消失的动画,可以用到下列选项中的________。

A. 分离命令　　B. Alpha 属性　　C. 矢量化　　D. 自定义颜色

(5) 在制作引导动画时,下列工具中不可能绘制出所需引导路径的是________。

A. “铅笔”工具　　B. “椭圆”工具

C. “刷子”工具　　D. “矩形”工具

(6) 某 Flash 电影中,只有一个图层 1,其上放置一个由两个元件(元件 1 和元件 2)组合成的组合体,选择这个组合体执行 Ctrl＋B,然后右击执行“分散到图层”命令,则________。

A. 这个电影中将增加两个新层:图层 2 和图层 3

B. 这个电影中将增加两个新层:元件 1 和元件 2,而原有的图层 1 将消失

C. 这个电影中将增加两个新层:元件 1 和元件 2,而原有的图层维持不变

D. 这个电影中将增加两个新层:元件 1 和元件 2,而原有的图层 1 成为空层

(7) 在以下遮罩动画效果中,不可能实现的是________。

A. 在遮罩层中的对象是静态的,而被遮罩层中是动作补间动画

B. 遮罩层与被遮罩层中是动作补间动画

C. 在遮罩层中设置透明度的效果,从而获得半透明的遮罩效果

D. 遮罩层中是动作补间动画,而被遮罩层中的对象是静态的

(8) Flash 中的遮罩功能可以使指定的________具有局部隐藏的效果。

A. 场景　　B. 图层　　C. 时间轴　　D. 关键帧

(9) 下列关于形状补间的描述正确的是________。

A. Flash 可以补间形状的位置、大小、颜色和不透明度

B. 如果一次补间多个形状,则这些形状必须处在上下相邻的若干图层上

C. 对于存在形状补间的图层无法使用遮罩效果

D. 以上描述均正确

(10) 下列关于遮罩动画的描述错误的是________。

A. 遮罩图层中可以使用填充形状、文字对象、图形元件的实例或影片剪辑作为遮罩对象

B. 如果要在设计时就看到遮罩效果,必须将遮罩图层和被遮罩图层锁定

C. 可以将多个图层组织在一个遮罩层之下来创建复杂的效果

D. 可以将一个遮罩应用于另一个遮罩

(11) 某电影中,只有一个名为“图层 1”的图层 [时间轴 图层 1],其上放置一个由两个元件(名称分别为“元件 1”和“元件 2”)组成的组合体,选择这个组合体执行 Ctrl＋

B,然后右击执行“分散到图层”,其图层变化应该是________。

A. 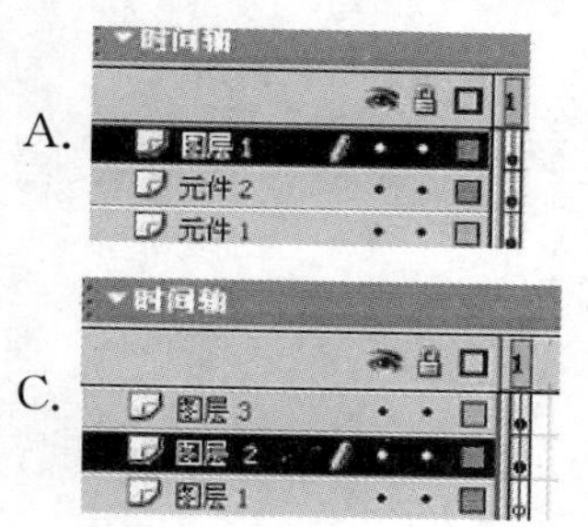

B. 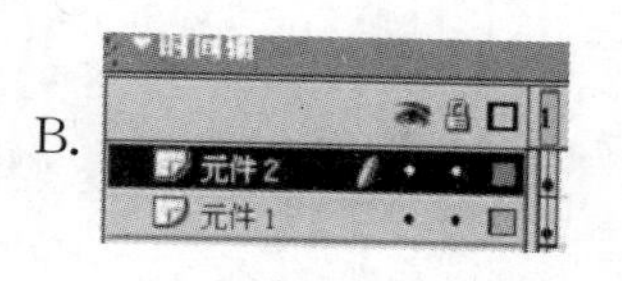

C.

D. 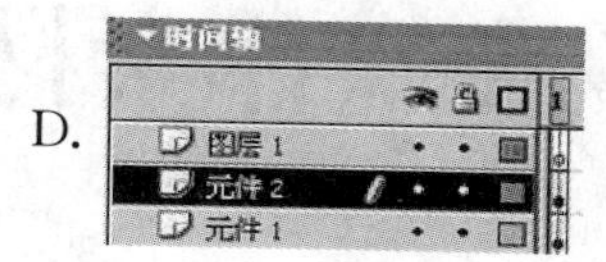

(12) 如果制作一个蜻蜓沿着路径飞舞的动画时,发现蜻蜓和路径都在飞舞,那么可能犯的错误是________。

A. 蜻蜓元件的中心没有吸附在路径上

B. 没有勾选“调整到路径”选项

C. 路径没有放在运动引导层中,并且可能把路径也做成了元件

D. 没有把蜻蜓元件分离

(13) 如果制作一个蜻蜓沿着路径飞舞的动画时,发现蜻蜓没有沿着路径飞舞,那么可能犯的错误是________。

A. 蜻蜓元件的中心没有吸附在路径上

B. 没有勾选“调整到路径”选项

C. 路径没有放在运动引导层中,并且可能把路径也做成了元件

D. 没有把蜻蜓元件分离

(14) 下列名词中不是 Flash 中的概念的是________。

A. 形状补间　　B. 引导层　　C. 遮罩层　　D. 翻转平面

(15) Flash 中的“遮罩”可以有选择地显示部分区域。下列有关遮罩的描述错误的是________。

A. 可以使用 ActionScript 在影片剪辑中创建一个遮罩层

B. 遮罩层中的线条和填充都可以产生遮罩效果

C. 对于用作遮罩的填充形状,可以使用补间形状

D. 可以将多个图层组织在一个遮罩层之下,遮罩层将会对它们同时产生效果

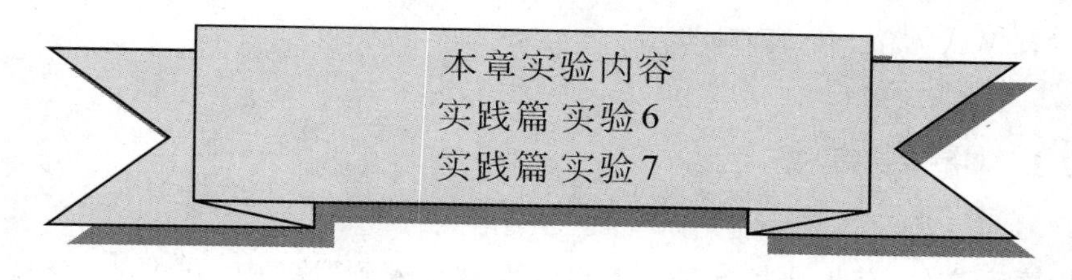

第5章 多媒体素材的应用

5.1 图片素材

对于初学者或者没有美术基础的人来说，要想用鼠标绘制 Flash 作品中的矢量素材有一定的难度。初学者往往需要选择一些别人绘制好的图片来完成简单的 Flash 动画。作为有心人，大家平时也可以用自己的数码相机捕获一些漂亮的图片，为自己的 Flash 创作做准备。

如果在 Flash 文件中使用太多的位图必然造成文件体积过大，不能完全发挥 Flash 作品短小精悍、适于网上传播的特点。因此，应尽量避免使用过多的位图。对于过大的图片最好事先在 Photoshop 等专业的图形图像软件中调整合适大小并进行适当的压缩处理，以减小文件的体积。也可以利用 Flash 对导入的位图进行压缩处理，参见 2.6 节。

5.2 声音素材

利用 Flash 制作动画时，需要加入歌曲、音乐或其他的声音文件来达到特定的效果，例如，为影片添加背景歌曲、配乐，或者为按钮添加效果音乐。能够直接加入到 Flash 中的声音文件有 WAV 和 MP3 两种类型。

5.2.1 导入声音

要使用声音文件，首先要将准备好的声音素材导入到“库”中，方法是：选择“文件”|“导入”|“导入到库”命令，打开“库”面板，将在库面板中看见声波图，单击“库”面板预览

窗口的播放按钮可以试听声音效果，如图 1-5-1 所示。

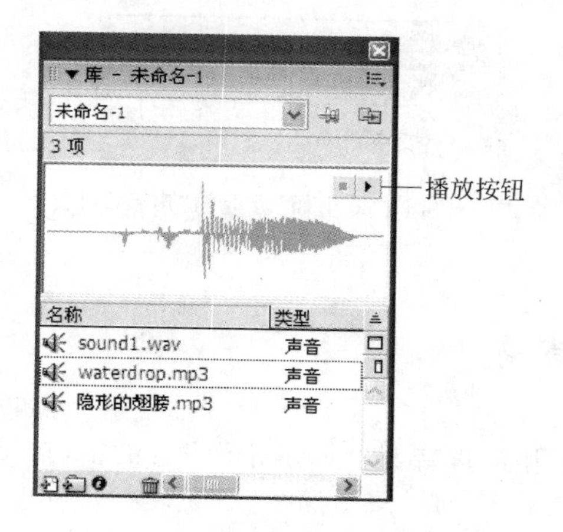

图 1-5-1　“库”面板中的声音素材

5.2.2　在时间轴上添加声音

从外部导入的声音文件首先存放在“库”面板中，只有将声音添加到时间轴上，才能进一步应用声音。Flash 提供了多种方法为影片添加声音。

下面在一个空白的文档中添加声音。

(1) 选择“图层 1”的第 1 帧，将“库”面板中的声音对象拖放到舞台上。舞台上没有任何变化，但“图层 1”第 1 帧的帧格内出现了一条短线，如图 1-5-2 所示。

图 1-5-2　时间轴上的声音

(2) 任意选择后面的一帧，插入一普通帧，在时间轴可以看到声音对象的波形，如图 1-5-3 所示。

图 1-5-3　时间轴上的声音波形

还可以利用“属性”面板添加声音：在“属性”面板的“声音”列表中选择要添加的声音即可，如图 1-5-4 所示。

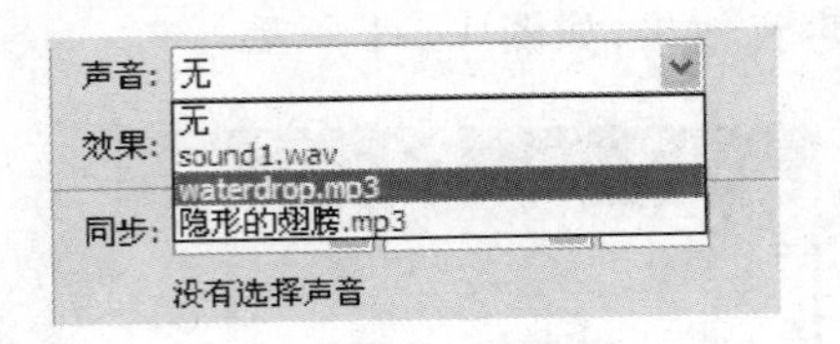

图 1-5-4 “属性”面板上的“声音”列表

5.2.3 删除声音

(1) 删除时间轴上引用的声音：选择引用了声音的帧，在“属性”面板的“声音”列表中选择“无”选项。

(2) 删除“库”中的声音对象：选中“库”面板上声音，按 Delete 键。

5.2.4 压缩声音

在发布或导出 Flash 动画时，Flash 会对文件中的图像、声音等进行压缩，以尽量减小文件的体积。如果对压缩比例要求较高，则可以直接对导入的声音进行压缩，方法如下：

(1) 在“库”面板中双击声音对象的图标，打开“声音属性”对话框，如图 1-5-5 所示。在“声音属性”对话框中，“压缩”下拉列表中有“默认”、“ADPCM”、“MP3”、“原始”和“语音”五种压缩模式。

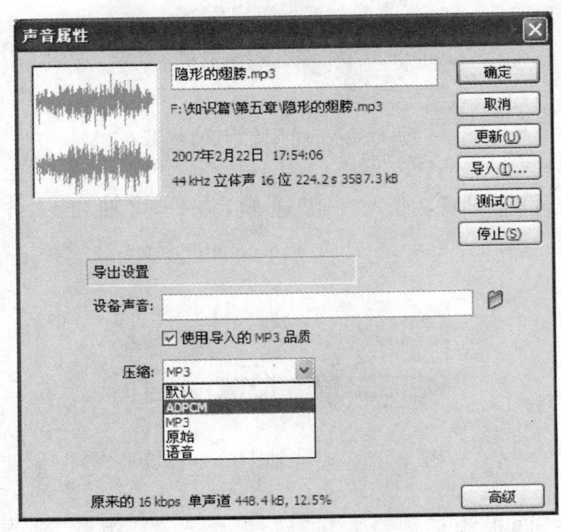

图 1-5-5 “声音属性”对话框

- 默认：通用的压缩方式，对整个文件中的声音采用相同的压缩比进行压缩。
- ADPCM：常用于压缩比较短小的声音，如单击按钮时发出的音效、事件声音等。
- MP3：是网络中常用的一种音乐文件的压缩格式。该压缩方法可以使文件变成原来的1/10，且基本不损害音质，常用于压缩较长的声音文件。可以用MP3格式对WAV等格式的音乐文件进行压缩，能够有效地减小文件长度。
- 原始：选择该选项，则在导出时不压缩声音。
- 语音：特别适合于语音的压缩方式。

(2) 下面以MP3声音的压缩为例，对压缩选项及参数进行说明。

默认情况下，以MP3格式导入的文件，在“声音属性”对话框中将自动选中“使用导入的MP3品质”复选框，表示与导入时相同的设置来导出文件。

如果不想使用与导入时相同的设置来导出文件，可以取消对“使用导入的MP3品质”复选框的选择，重新设置MP3压缩选项，如图1-5-6所示，其中：

图 1-5-6　MP3 声音的压缩选项

- 比特率：确定导出的声音文件中每秒播放的位数。Flash支持8 Kb/s到160Kb/s（恒定比特率）的比特率。一般应高于16Kb/s，才能获得理想的声音效果。
- 预处理：选择“将立体声转换为单声道”复选框，表示将混合立体声转换为单声（非立体声）。需要说明的是，该选项只有在选择的比特率等于或高于20Kb/s时才适用。
- 品质：包括快速、中、最佳三个选项，用来确定压缩速度和声音品质。选择“快速”时，压缩速度较快，但声音品质较低；选择“中”时，压缩速度较慢，但声音品质较高；选择“最佳”时，压缩速度最慢，但声音品质最高。

(3) 单击“声音属性”对话框中的“测试”按钮,进行压缩测试。

(4) 如果达到了理想的声音品质,可以单击“确定”按钮。

5.2.5 在“属性”面板上设置声音

选择引用了声音的帧,在“属性”面板上出现设置和编辑声音对象的参数,如图 1-5-7 所示。

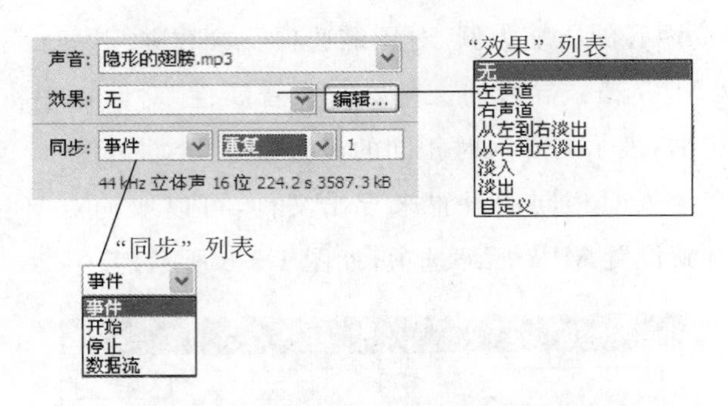

图 1-5-7 声音的“属性”面板

1. “声音”选项

在“声音”列表中列出所有“库”面板中可以选择的声音对象,如图 1-5-4 所示。

2. “效果”选项

在“效果”列表中可以选择一些内置的声音效果,包括

- 无: 没有声音特效,选择此选项后可删除设置过的声音效果。
- 左声道/右声道: 只在左/右声道中播放声音。
- 从左到右淡出/从右到左淡出: 会将声音从一个声道逐渐转移到另一个声道。
- 淡入/淡出: 会在声音的持续时间内逐渐增加/减小其幅度。
- 自定义: 可以使用“编辑封套”自定义声音效果。

3. “编辑”按钮

单击“编辑”按钮可以进入到声音的“编辑封套”对话框,如图 1-5-8 所示。

尽管 Flash 处理声音的能力无法与专业的声音处理软件相比,但是在 Flash 内部可以对声音做一些简单的编辑操作。

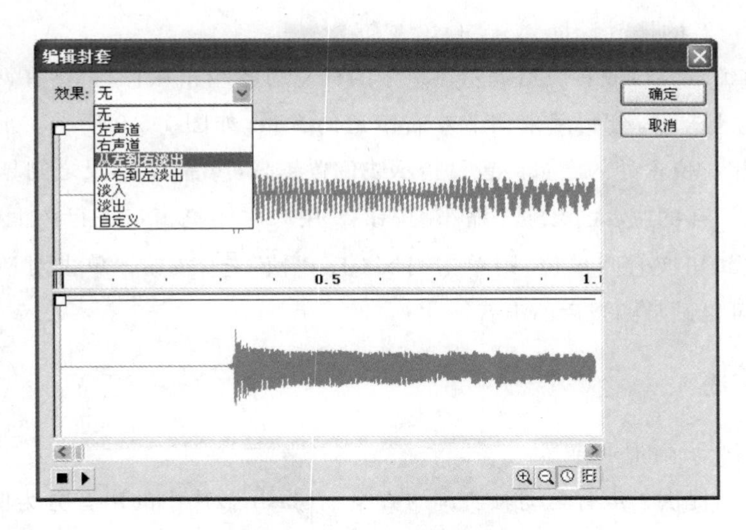

图 1-5-8　“编辑封套”对话框

“编辑封套”对话框分为上下两部分，上面的是左声道编辑窗口，下面的是右声道编辑窗口，在其中可以执行以下操作：

(1) 选择效果

在“编辑封套”对话框的“效果”下拉列表框中可以选择声音播放的特效，与“属性”面板上的“效果”选项相同。

(2) 改变声音的播放和停止位置

拖动“编辑封套”中的“声音开始滑动条”和“声音结束滑动条”，如图 1-5-9 所示。

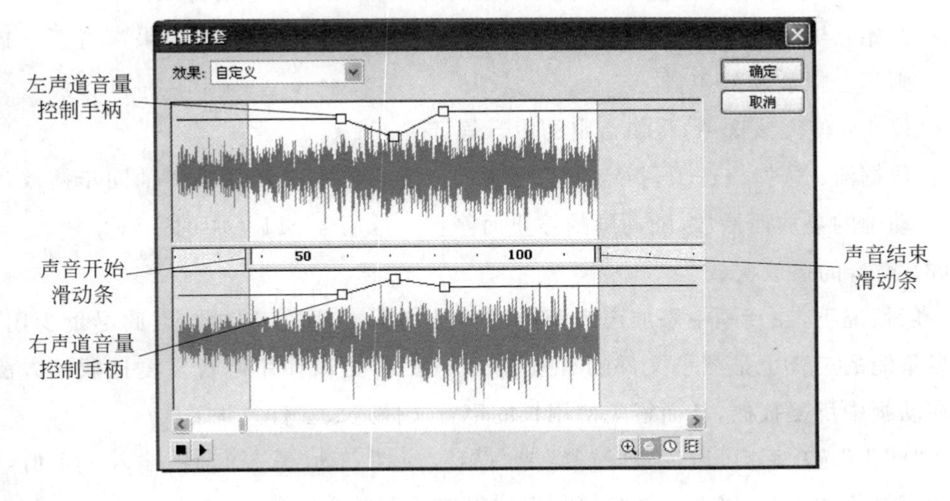

图 1-5-9　编辑声音

（3）控制声音的播放音量

在左声道编辑窗口或右声道编辑窗口中的任意位置单击鼠标，都会在两个窗口中增加一对白色的小方框，分别用来调节左右声道的音量，如图 1-5-9 所示。上下拖动小方框，可以调节相应位置处的音量。音量指示线位置越高，声音越大，反之则越小。

对话框右下部的"放大"或"缩小"按钮用来对浏览窗口进行放大或缩小显示；要在秒和帧之间切换时间单位，则单击"秒"和"帧"按钮。单击对话框左下部的"播放"按钮，可以试听编辑后的声音。

4. "同步"选项

（1）声音与动画的同步

"同步"选项提供了声音与动画协调的方案。Flash 影片中的声音分为两类：流式声音和事件声音。声音的这两种类型并不是指声音格式上的区别，而是指声音加入动画时的方式有所不同。在网络上传输的 Flash 动画，其中的流式声音不必等到整个音乐全部下载后才开始播放，而是边下载边播放。与流式声音不同，事件声音必须等到整个文件全部下载后才开始播放。

如图 1-5-7 所示，在"同步"下拉列表框中提供了"事件"、"开始"、"停止"和"数据流"四个选项，用来选择声音和动画同步的类型，默认的类型是"事件"类型。

- 事件：选择该选项，指定声音为事件声音。将声音和一个事件的发生过程同步起来。声音在事件的起始关键帧开始显示时播放，并独立于时间轴播放完整的声音，即使动画已经停止，声音还会继续播放。常用于按钮的音效。
- 开始：与"事件"选项的功能基本一致。但使用"开始"选项，如果声音正在播放，则不会播放新的声音。
- 停止：使用该选项，将使指定的声音静音。
- 数据流：选择该选项，指定声音为流式声音。流式声音随时间轴同步播放，即随动画的播放而播放，随动画的停止而停止。常用于 MTV 中的音乐。

（2）声音的播放次数

一般情况下，在动画中添加声音都会明显地增大文件的字节数，因此尽量少用声音或用尽量短的声音也是减小文件的有效方法。例如，可以使用声音重复播放的方法，让声音在动画中反复播放，从而避免使用长的声音文件造成文件过大。

在"同步"选项后，可以设置"重复"或"循环"属性。为"重复"选项输入一个值，以指定声音应循环的次数，或者选择"循环"选项以连续重复播放声音。

5.3 视频素材

就像导入位图、矢量图、声音等多媒体素材一样，还可以将视频剪辑导入到 Flash 动画中。导入的视频剪辑将成为动画的一部分，最后发布为 Flash 动画(.swf)或者 QuickTime 电影(.mov)。与以前的 Flash 版本相比，Flash 8 不仅可以对导入的视频对象进行缩放、旋转、扭曲和遮罩处理，还支持 Alpha 通道。同时，Flash 8 提供了新的视频导入功能——视频导入向导，并对编码技术进行了更新。

5.3.1 Flash 8 支持的视频文件类型

要向 Flash 8 中导入视频，首先要安装 DirectX 9.0 或 QuickTime 7.0 以上版本。表 1-5-1 列出了 Flash 支持的视频文件格式。

表 1-5-1 Flash 支持的视频文件格式

安装的软件	支持的文件类型	扩展名
DirectX 9.0 或更高版本	Audio Video Interleaved 文件	.avi
	Motion Picture Experts Group 文件	.mpg、.mpeg
	Windows Media File 文件	.wmv、.asf
QuickTime 7.0 以上版本	Digital Video 文件	.dv
	QuickTime Movie 文件	.mov
	Audio Video Interleaved 文件	.avi
	Motion Picture Experts Group 文件	.mpg、.mpeg

5.3.2 导入视频

将视频剪辑导入到 Flash 中的操作如下：

(1) 选择“文件”|“导入”|“导入视频”命令，打开“导入视频”对话框，如图 1-5-10 所示。在这里，指定要导入的视频剪辑文件的存放路径有两种选择：

- 在您的计算机上：选择在本地计算机上的视频剪辑文件。
- 已经部署到 Web 服务器、Flash Video Streaming Service 或 Flash Communication Server：输入已经上传到 Web 服务器上的视频文件的 URL。

(2) 单击“下一步”按钮，打开“部署”对话框，如图 1-5-11 所示。有 5 个选项供用户选择：

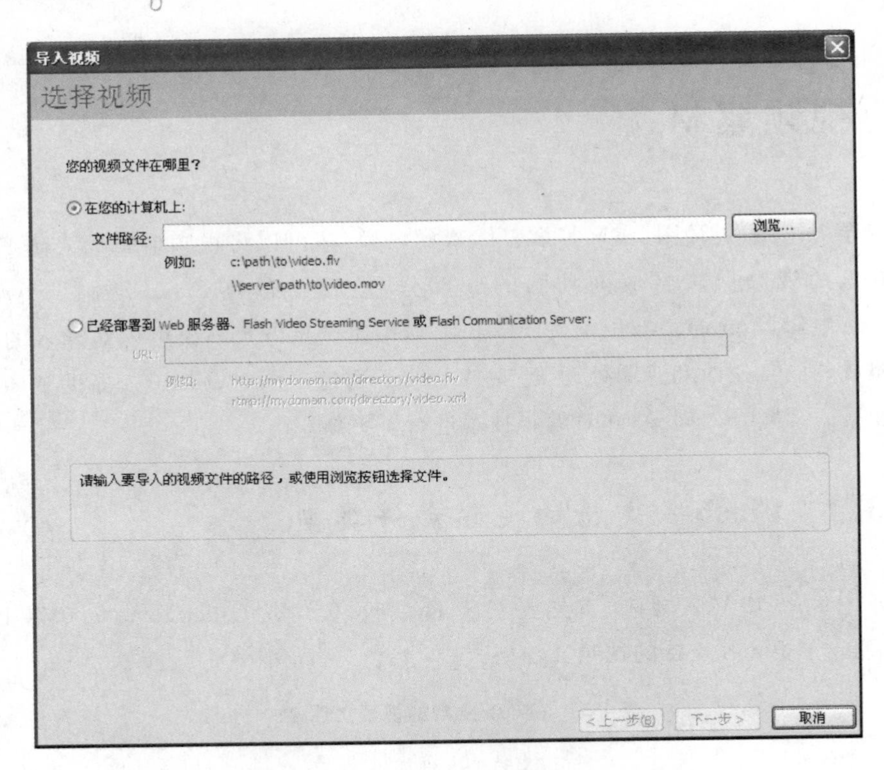

图 1-5-10 “导入视频”之“选择视频”对话框

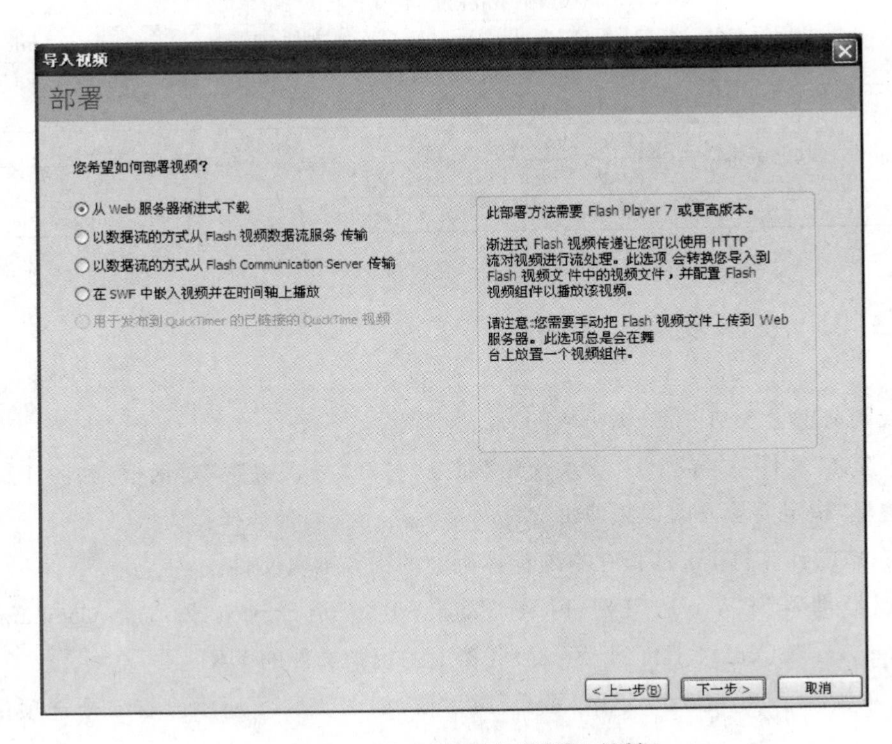

图 1-5-11 “导入视频”之“部署”对话框

- 从 Web 服务器渐进式下载。
- 以数据流的方式从 Flash 视频数据流服务传输。
- 以数据流的方式从 Flash Communication Server 传输。
- 在 SWF 中嵌入视频并在时间轴上播放。
- 用于发布到 QuickTime 的已链接的 QuickTime 视频。

前三个选项都采用链接的方式导入视频，在舞台上放置一个视频组件，并配置该组件，保存指向视频文件的链接。第四个选项采用直接嵌入视频的形式，将视频集成在时间轴上，该方式仅适用于没有声音的短小视频剪辑。如果导入的视频文件格式不是 QuickTime 影片，第五个单选项呈灰色显示，不可用。

(3) 选择“从 Web 服务器渐进式下载”，单击“下一步”按钮，打开“编码”对话框，系统提供了 7 种视频编码配置文件，如图 1-5-12 所示。单击“显示高级设置”按钮，可以对视频文件进行“编码”、“提示点”和“剪切和修剪”设置。

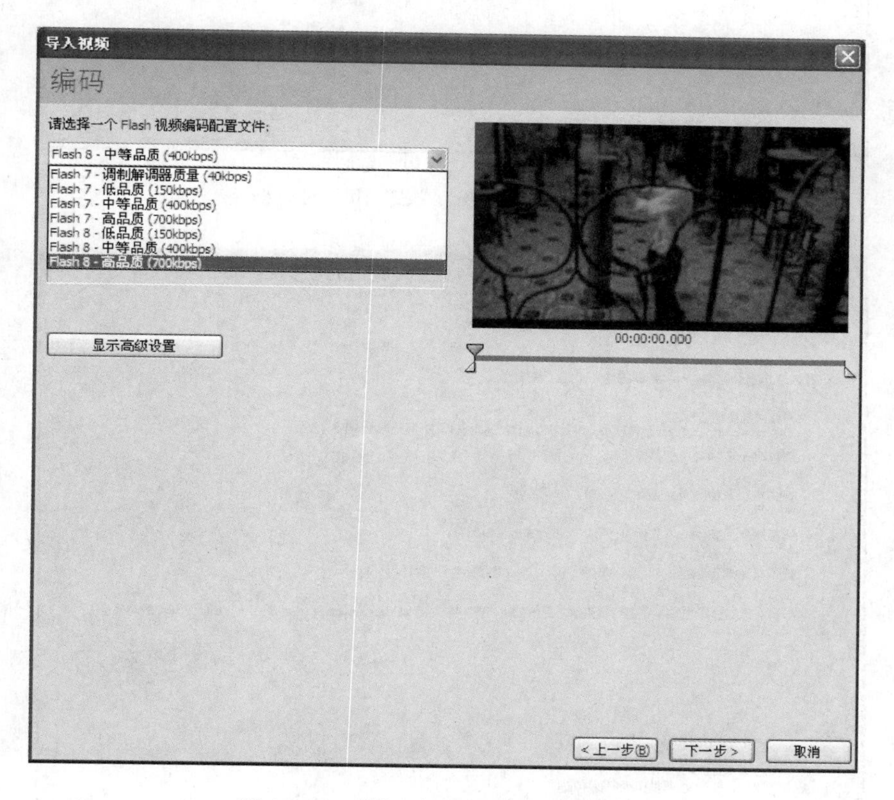

图 1-5-12 “导入视频”之“编码”对话框

(4) 单击“下一步”按钮，打开“外观”对话框，如图 1-5-13 所示。在这里可以选择播放器的外观。

(5) 单击“下一步”按钮，打开“完成视频导入”对话框，如图 1-5-14 所示。

图 1-5-13 "导入视频"之"外观"对话框

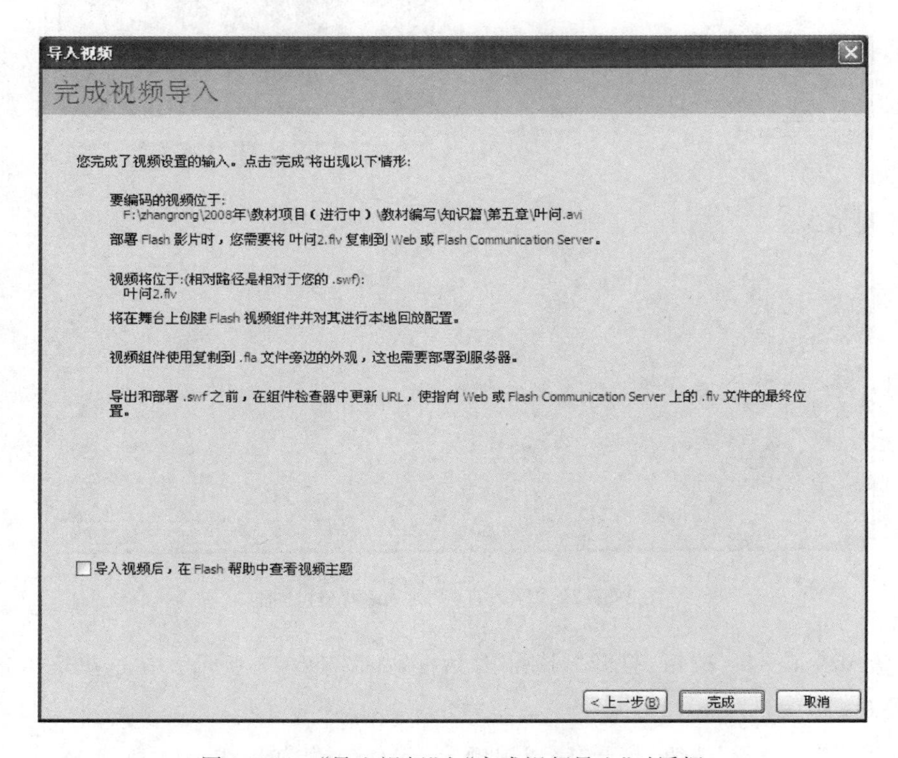

图 1-5-14 "导入视频"之"完成视频导入"对话框

(6) 单击“完成”按钮，进入编码状态。编码完成后，在舞台上显示一个播放器，在“库”中也会出现相应的视频对象，如图 1-5-15 所示。

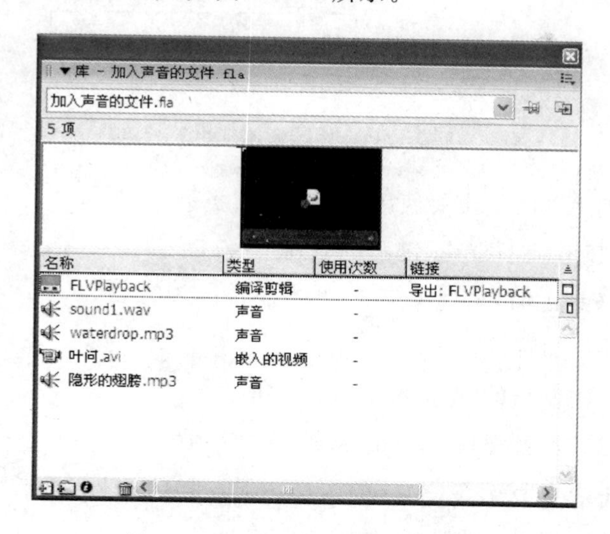

图 1-5-15 “库”中导入的视频文件

5.3.3 导出视频

依据视频文件的格式和导入方法，在 Flash MX 中导入的视频可以发布成包含视频的 Flash 动画(.swf)或 QuickTime 电影(.mov)。

5.4 教学范例

【例 1】 给按钮加上声效。

按钮是 Flash 动画中的重要元素，给按钮加上合适的声效，可以让作品增色不少。

(1) 打开我们在实验 4 中制作的“按钮元件.fla”文档。

(2) 导入所提供的声音文件 sound1.mp3 到“库”中。

(3) 双击“库”中“球形按钮”的图标，进入到这个按钮元件的编辑场景中。

(4) 在“图层 1”上插入一个新图层，重新命名为“声效”。选择这个图层的第 2 帧，插入一个空白关键帧，然后将“库”面板中的“按钮声效”声音拖放到场景中，这样，“声效”图层从第 2 帧开始出现了声音的声波线，如图 1-5-16 所示。

(5) 在“属性”面板上，将“同步”选项设置为“事件”，并且重复 1 次。

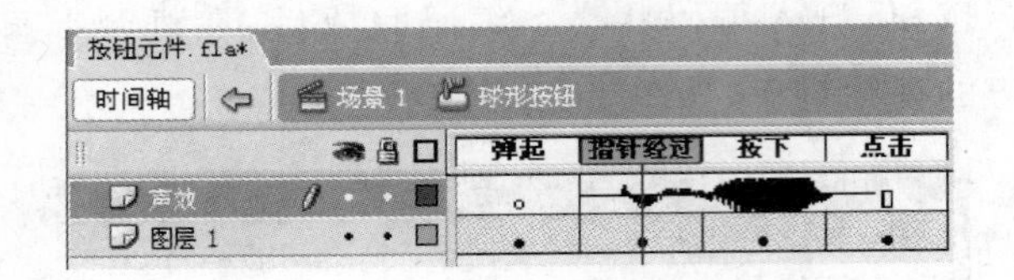

图 1-5-16　给按钮添加声效

注意：给按钮加声效时一定要使用“事件”同步类型。

(6) 保存文件，按 Ctrl+Enter 键测试动画。

当鼠标移动到按钮上时，出现了声效。

【例 2】　为影片添加背景音乐。

(1) 打开实验 4 中制作的“两只蝴蝶.fla”文档。

(2) 导入所提供的声音素材 sound2.wav 到“库”中。

(3) 双击“库”中声音 sound2.wav 的图标，打开“声音属性”对话框。在“压缩”选项下拉列表中选择 MP3，其他选项默认，如图 1-5-17 所示。

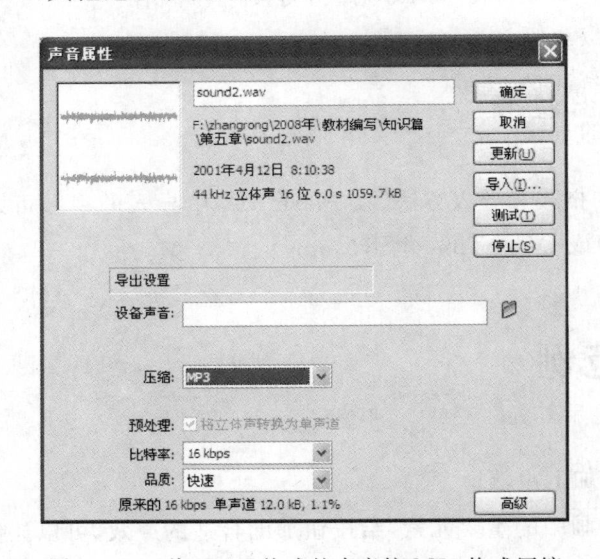

图 1-5-17　将 WAV 格式的声音按 MP3 格式压缩

(4) 选中“背景”图层单击“插入图层”按钮，在其上添加新图层，名称为“声音”。从“库”中将 sound2.wav 的声音文件拖入到舞台，在“声音”图层出现声音的波形图，如图 1-5-18 所示。

(5) 在“属性”面板上在“同步”列表中选择“数据流”选项。

(6) 保存文件，按 Ctrl+Enter 键测试动画效果。

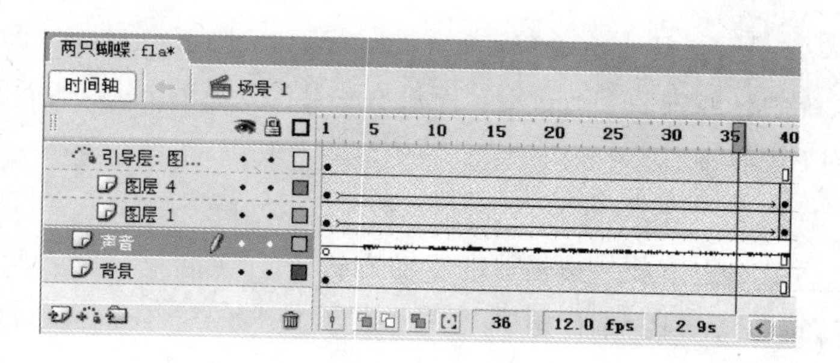

图 1-5-18 加入背景音乐的动画

习题 5

1. 判断题

(1) 事件声音是一边下载一边播放的播放方式。( )

(2) 一个层中可以放置多个声音,声音与其他对象不能放在同一层中。( )

(3) 一般说来,矢量图形比位图图形文件占用的字节数大。( )

(4) 在动画播放的过程中,不可以同时播放两个声音。( )

2. 选择题

(1) 将声音的同步方式设置为“事件”,那么意味着________。

A. 声音播放时将会触发相关联的事件

B. 该事件发生时会播放声音

C. 当播放影片时,事件声音一旦开始播放,其他声音就会停止,而不会混合在一起

D. 事件声音在显示其起始关键帧时开始播放,SWF 文件停止播放时,即使声音没有播放完也会停止

(2) 当 Flash 导出较短小的事件声音(例如按钮单击的声音)时,最适合的压缩选项是________。

A. ADPCM 压缩选项　　B. MP3 压缩选项

C. Speech 压缩选项　　D. Raw 压缩选项

(3) 下面________是 Flash 8 新增的功能。

A. 可以导入 mp3 格式的声音文件　　B. 可以导入视频

C. 运行时位图缓存　　D. 可以把声音设置成流方式

(4) 如果系统中已经安装了 QuickTime 4,而没有安装 DirectX 7,下面________视频格式不能被导入到 Flash 中。

A. .avi　　B. .mov　　C. .dv　　D. .asf

(5) 如果系统中已经安装 DirectX 7,而没有安装 QuickTime 4,则下面________视频格式不能导入到 Flash 中。

A. .dv　　B. .avi　　C. .mpg　　D. .asf

(6) ________是一边下载一边播放的驱动方式。

A. 流式声音　　B. 事件声音　　C. 开始　　D. 数据流

(7) 关于声音的事件驱动,下列描述错误的是________。

A. 事件驱动的声音如果比较长,即使整个动画播放完成,声音也会继续播放,直至声音播放结束

B. 只有某个指定的事件发生时,才会播放声音

C. 如果事件没有被触发,尽管声音被包含在文档中,仍然不被播放

D. 时间驱动的声音只能播放一次

(8) 简单地制作音效,在声音开始播放阶段,让声音逐渐变大,这种效果称为________。

A. 淡入　　B. 右声道　　C. 淡出　　D. 从左到右淡出

(9) 在声音同步类型中,不包括的是________。

A. 事件　　B. 数据流　　C. 循环　　D. 开始

本章实验内容
实践篇 实验8

第6章

ActionScript语言简介与应用

ActionScript 是 Flash 中内嵌的脚本程序，使用 ActionScript 可以实现对动画流程以及动画中的元件的控制，从而制作出非常丰富的交互效果以及动画特效。

6.1 ActionScript 基本语法

先来看一个例子：用一个实例名为 btn 的按钮来实现页面的跳转。写在时间轴上的语句为：

```
btn.onRelease = function() {
getURL("http://ecs.zstu.edu.cn";);
};
```

这个例子很简单，但麻雀虽小，五脏俱全，它包含了 ActionScript 常用的一些基本语法规则。

6.1.1 基本语法规则

1. 点语法

在 ActionScript 中，点(.)被用来指明与某个对象或电影剪辑相关的属性和方法。它也用标识指向电影剪辑或变量的目标路径。点语法表达式由对象或电影剪辑名开始，接着是一个点，最后是要指定的属性、方法或变量。也就是说"."的作用主要有二：一是用来定位影片剪辑的层次结构，如 _root.mc；二是用来设置影片剪辑的属性或方法。那么什么是属性呢？简单地说属性就是对象本身所具有的特征，如名称、大小、位置、方法等。如：

```
_root.mc._x = 100        //设置舞台上 mc(对象)的横坐标(属性)为 100(值)
```

方法则可以看做是对象所作的动作。如：

```
_root.mc.stop()          //设置舞台上的影片剪辑 mc(对象)停止(方法)
```

2. 大括号

ActionScript 语句用大括号({})分块,如上面的脚本所示,语句体写在一对大括号之间。

3. 分号

ActionScript 语句用分号(;)结束,但如果省略语句结尾的分号,Flash 仍然可以成功地编译脚本。

4. 圆括号

圆括号的用法主要有二:其一用来控制表达式中运算符的执行顺序,括号覆盖正常的优先级顺序,从而导致先计算括号内的表达式。如果括号是嵌套的,则先计算最里面括号中的内容,然后计算较靠外括号中的内容。

其二是括住一个或多个参数并将它们作为参数传递给括号外的函数。

定义一个函数时,要把参数放在圆括号中:

```
function myFunction (name, age, reader){
...
}
```

调用一个函数时,也要把要传递的参数放在圆括号中:

```
myFunction ("Mc_snow", 10, true);
```

5. 大小写字母

在 ActionScript 中,只有关键字区分大小写。对于其余的 ActionScript,可以使用大写或小写字母。如果在书写关键字时没有使用正确的大小写,脚本将会出现错误。比如本节开始的例中:

```
btn.onRelease = function()
```

如果写成

```
btn.onrelease = function()
```

就是错误的。在“动作”面板中启用彩色语法功能时，用正确的大小写书写的关键字用蓝色区别显示，因而很容易发现关键字的拼写错误。

6. 关键字

具有特殊含义且供 ActionScript 进行调用的特定单词被称为关键字。在 ActionScript 中较为重要的关键字有 Break、Continue、Delete、Else、For、Function、If、In、New、Return、This、Typeof、Var、Void、While、With 等。在编写 ActionScript 脚本时，不能使用系统保留的关键字作为变量、函数以及标签等的名称。

7. 注释

在 Actions 面板中选择 comment(注释)动作时，字符“//”被插入到脚本中。如果在用户创建脚本时加上注释，会使脚本易于理解：

```
_root.onEnterFrame = function(){
    myDate = new Date();                    //建立新的日期对象
    hour._rotation = myDate.getHours() * 30 + myDate.getMinutes()/2
    //确定时针的旋转角度
    minute._rotation = myDate.getMinutes() * 6 + (myDate.getSeconds()/10);
    //确定分针的旋转角度
    second._rotation = myDate.getSeconds() * 6;
    //确定秒针的旋转角度
}
```

注释的另一个用途是，当一段脚本不确定是否需要时，可以将它们转成注释，这些脚本就不会执行了，如果事后觉得这段脚本仍有用，可以把注释取消。在脚本窗口，注释内容用灰色显示。它们的长度不限，且不影响导出文件的大小。

6.1.2 使用帮助

学会使用帮助功能是学习软件的最有效的方法。最了解软件功能作用的莫过于开发者本人了，而软件帮助系统多数是由开发商提供的。Flash 同样提供了一整套功能强大的内置帮助系统，而且内容非常详尽。

6.2 ActionScript 的添加方法

从添加脚本的对象来分，ActionScript 主要有为时间轴中的关键帧添加的脚本、为影片剪辑元件实例添加的脚本和为按钮添加的脚本。

6.2.1 在关键帧上添加脚本

在时间轴中的关键帧上添加脚本的操作为：单击帧，按 F9 键打开动作面板，如图 1-6-1 所示，在该面板右侧空白窗格内写入脚本即可。

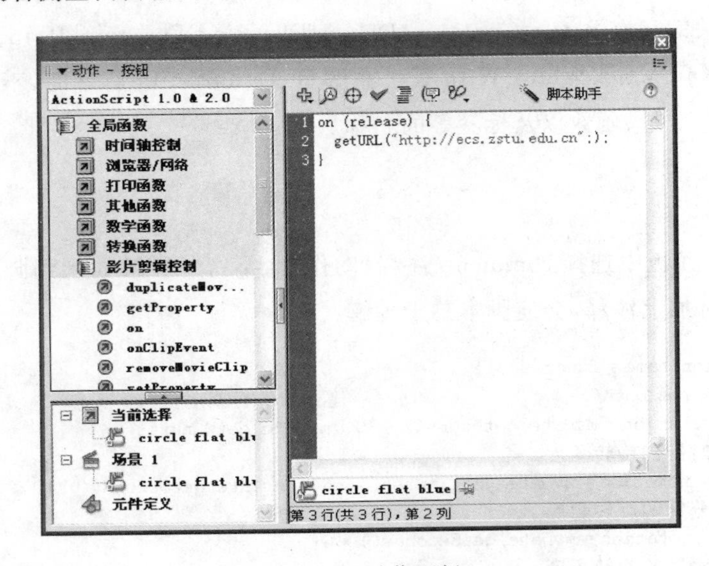

图 1-6-1　动作面板

帧上写的脚本即加入的动作。例如，在关键帧中加入脚本 stop()，则影片播放到该帧时便停在该帧：

```
stop();
```

又例如，在关键帧中加入如下脚本，则实例名为 btn 的按钮元件在鼠标释放时会转向地址 http://ecs.zstu.edu.cn。

```
btn.onRelease = function() {
getURL("http://ecs.zstu.edu.cn");
};
```

6.2.2 在元件实例上添加脚本

在影片剪辑元件或按钮对象的实例上添加脚本，必须有一个事件来触发它们。操作为：选中对象，打开动作面板，写入脚本。

上例的脚本如果写在 btn 按钮元件上，则为：

```
on (release) {
  getURL("http://ecs.zstu.edu.cn";);
}
```

在动作面板左上角有提示现在的动作是给元件加的还是给帧加的，左下方则可以看到当前文件中所有加了动作的帧或元件。

6.3 常用 ActionScript

使用频率最高的 ActionScript 控制语句并不多，了解它们的功能、语法和使用特点能够使大家很快走进 ActionScript 编程大门。首先来了解一些最常用的 ActionScript。

6.3.1 场景/帧控制语句

1. play

功能：从影片头开始播放电影。

语法：play();

解说：这个指令使用频率最高。例如，对于一个按钮事件，可以这样动作：

```
on (release){                    //当松开鼠标左键时
        play();                  //主时间轴上所有电影(动画)开始播放
}
```

2. stop

功能：停止播放电影。

语法：stop();

解说：使影片从当前帧停止播放。如果在舞台上有一个影片剪辑 snow 在播放，此影片剪辑在分支时间轴上有自身的动画，倘若要使 snow 不仅在舞台上停止运动，还要求它停止分支时间轴上的动画，可以通过一个按钮动作控制它：

```
on (release) {                   //当松开鼠标左键时
      snow.stop();               //主时间轴上的"snow"电影停止播放
      snow.d.stop();             //"snow"在分支时间轴上的电影"d"停止播放
}
```

3. gotoAndPlay

功能：播放头跳到某个特定的帧或标签后，开始播放。

语法：gotoAndPlay(scene, frame)；

解说：此动作指令由三个部分复合而成：goto(跳转)、And(和)和Play(播放)。顾名思义，这个动作指令是让指针跳转到(某帧或标签)开始播放动画。这里有两个参数：

- scene：播放头跳到场景的名称。如果你不设定此参数，系统会默认为场景1。
- frame：播放头跳到帧的帧数。

例如：

```
gotoAndPlay("scene2",32);                    //跳转到场景2的第32帧开始播放
```

如果影片只有一个场景或者只需要在场景1中跳转及播放，一般可以省略第一项参数scene，例如：

```
gotoAndPlay(32);                             //跳转到第32帧开始播放
gotoAndPlay("one");                          //跳转到标签号为"one"处开始播放
```

4. gotoAndStop

功能：播放头跳到某个特定的帧或标签后停止播放。

语法：gotoAndStop(scene, frame)；

解说：这个动作指令与gotoAndPlay的使用很相近，只是将Stop代替Play即可。例如：

```
gotoAndStop("scene2", "start");              //跳转到场景2的标签号为"start"处停止
```

6.3.2 属性设置语句

功能：设置对象的属性。

语法：对象.属性=值

解说：属性设置语句主要用于设置对象的各种属性，如大小、位置、透明度、缩放、旋转角度、可见性等等。例如：

```
apple._visible = false;    //设置apple的可见性为假，即隐藏apple
banana._alpha = 50;        //设置banana的透明度alpha为50(0表示完全透明，100表示不透明)
```

6.3.3 影片剪辑控制语句

1. loadMovie

功能：不关闭 Flash 播放程序的情况下，能够将额外的.swf 文件导入此电影文件中播放。可以使用 unloadMovie 指令来删除以 loadMovie 指令载入的电影。

语法：loadMovie(url[, location / target, variables]);

解说：通常情况下 Flash 播放器只显示单个电影(.swf 文件)，loadMovie 可以允许一次显示若干电影。

其中：

- url：指的是载入.swf 文件所在的相对路径或者是绝对路径，所有.swf 文件必须存放在相同的文件夹，并且文件名不能包含文件夹名或硬盘代号。
- target：指定由载入的电影取代目标电影实例。载入的电影继承目标电影实例的位置、旋转角度及尺寸属性。
- location：指定载入电影的层级。若要以载入的电影取代原电影并 unload 每个层级，则可以直接将新电影载入到 0 层。所有载入电影的帧频、背景颜色及电影长宽等设置都是以 0 层电影的设置为主。
- variables：指定电影载入的传送方法，这个参数必须是字符串“Get”或“Post”。

例如：

```
loadMovie ("rain.swf", 10);          //导入电影 rain.swf 到第 10 层
```

2. unloadMovie

功能：删除已载入的电影.swf 文件。

语法：unloadMovie(location);

解说：location 指定需要 unload 电影的层级数或目标电影。例如：

```
unloadMovie (8);                     //删除第 8 层上的电影
unloadMovie(_root);                  //删除位于第 0 层上的主电影，使得舞台上没有任何影片
```

3. duplicateMovieClip

功能：复制影片剪辑。

语法：duplicateMovieClip(target, newname, depth);

解说：targe：目标对象；newname：新目标对象的名字；depth：深度。深度级别是

复制的影片剪辑的层次顺序，有点类似图层，较高深度级别中的图形会遮挡较低深度级别中的图形。用 duplicateMovieClip 复制的对象可以用 removeMovieClip 移去。例如：

```
duplicateMovieClip ("bubble", "bubble2", 2)  //复制 bubble 一个新的动画，名字叫 bubble2
removeMovieClip ("bubble2")                  //删除目标对象 bubble2
```

4. attachMovie

功能：从库中取得一个元件并将其附加到影片剪辑中。

语法：attachMovie(id, name, depth)；

解说：id：库中要附加到舞台上某影片剪辑的影片剪辑元件的链接名称，这是在“链接属性”对话框中的“标识符”字段中输入的名称；name：附加到该影片剪辑的影片剪辑实例的名称；depth：指定 swf 文件所放位置的深度级别。

```
this.attachMovie("circle", "circle1_mc", this.getNextHighestDepth());
//将链接标识符为 circle 的元件附加到舞台上的当前影片剪辑实例中
```

5. startDrag

功能：拖动影片剪辑。执行时，被拖动的影片剪辑会跟着鼠标光标的位置移动。

语法：startDrag(target,[lock,left,top,right,bottom])；

解说：targe：要拖动的影片剪辑；lock：指定可拖动影片剪辑是锁定到鼠标位置中央（true），还是锁定到用户首次单击该影片剪辑的位置上（false）；left，top，right，bottom：相对于该影片剪辑的父级坐标的值，用以指定该影片剪辑的约束矩形；[]里的内容为可选项。

例如：

```
target_mc.onPress = function() {
 startDrag(this);                             //鼠标按下开始拖动
 };
 target_mc.onRelease = function() {
 stopDrag();                                  //鼠标释放停止拖动
 };
```

又例如：

```
Start Drag ("a", L=2, T=3, R=4, B=5)   //拖动目标对象 a，位置在 L=2, T=3, R=4, B=5
Start Drag ("a", lockcenter)           //拖动目标对象 a，位置在中心
```

6.3.4 时间获取语句

时间获取语句包括以下三个语句：

```
Date. getHours
Date. getMinutes
Date. getSeconds
```

功能：按照本地时间返回指定 Date 对象中时钟、分钟、秒钟数。

语法：Date. getHours()；

Date. getMinutes()；

Date. getSeconds()；

解说：使用这些语句，需要先定义一个 Date 对象。例如：

```
on (release) {
    myDate = new Date();                  //建立新的日期对象
    trace(myDate. getHours());            //在跟踪调试的输出面板里输出当前时间的时钟值
}
```

6.3.5 声音控制语句

1. stopAllSounds

功能：在不停止播放电影的情况下，停止当前电影中的所有声音。

语法：stopAllSounds ()；

解说：可以在设置一个声音控制按钮，在程序运行时单击此按钮，能够停止当前影片中所有的声音。例如：

```
on (release) {                            //当释放鼠标左键时
    stopAllSounds();                      //停止所有影片中的声音播放
}
```

2. Sound. start；Sound. stop；Sound. setVolume

功能：声音对象的播放、停止与音量大小的设定。

语法：Sound. start([secondOffset，loop])；

Sound. stop([“id”])；

Sound. setVolume(volume)；

解说：secondOffset：要播放声音的开始位置，以秒为单位；loop：重复播放的次数；id：库中声音的链接名；volume：音量大小值，0～100 取值。

使用这些语句，需要先定义一个 Sound 对象。例如：

```
on (release) {
```

```
    mySound = new Sound();                    //定义一个声音对象
    mySound.attachSound("sound1");            //从库中获得声音文件
    mySound.start();                          //开始播放声音
}
```

6.3.6 条件控制语句

1. if…else 条件语句

测试一个条件，如果该条件成立则执行一个代码块，否则执行另一个代码块。如果没有另一代码块，可以仅使用 if 语句，而不用 else 语句。

例如，以下代码测试 x 的值是否超过 20，超过时生成一条 trace() 语句，不超过时生成另一条 trace() 语句：

```
if (x > 20) {
    trace("x is > 20");
} else {
    trace("x is <= 20");
}
```

2. switch 语句

与 if 语句类似，switch 语句测试一个条件，并在条件返回 true 值时执行一些语句。

在使用 switch 语句时，break 语句指示 Flash 跳过此 case 块中其余的语句，并跳到位于包含它的 switch 语句后面的第一个语句。如果 case 块不包含 break 语句，就会出现一种被称为“落空”的情况。在这种情况下，接下来的 case 语句也会执行，直到遇到 break 语句或 switch 语句结束才停止。下面的示例中演示了这种行为，其中第一个 case 语句不包含 break 语句，因此前两个 case(A 和 B)的代码块都会执行。

所有 switch 语句都应包含一个 default case。default case 应该始终为 switch 语句中的最后一个 case，而且应包含一个 break 语句来避免添加其他 case 时出现落空错误。格式如下：

```
switch (condition) {
case A :
   //语句
   //落空
case B :
   //语句
   break;
case Z :
```

```
    //语句
    break;
  default :
    //语句
    break;
}
```

6.3.7 循环控制语句

ActionScript 可以按指定的次数重复一个动作，或者在特定的条件成立时重复动作。在 ActionScript 中有 4 种类型的循环：for 循环、for…in 循环、while 循环和 do…while 循环。不同类型的循环的方式互不相同，分别适合于不同的用途，如表 1-6-1 所示。

表 1-6-1 4 种循环控制语句及其说明

循环	说明
for 循环	使用内置计数器重复动作
for…in 循环	迭代影片剪辑或对象的子级
while 循环	在某个条件成立时重复动作
do…while 循环	类似于 while 循环，差别仅在于它在代码块结束时计算表达式的值，因此该循环总是至少执行一次

for 循环使用某种计数器，以控制循环执行的次数。可以声明一个变量并编写一条相应的语句；每执行一次循环，都让该语句对该变量递增或递减。在 for 动作中，计数器和递增计数器的语句都是该动作的一部分。

另一种有用的循环类型是 for…in 循环，适用于对一个对象中的每个名称执行循环。

如果要在特定的条件成立时循环一系列语句，但是不一定要知道需要循环的次数，则可以使用 while 和 do…while 语句。

下面举例说明 4 种循环。

1. 在条件成立时重复动作——while 语句和 do…while 语句

计算一个表达式的值，如果表达式为 true，则执行循环体中的代码。当循环体中的每个语句都执行完毕后，会再次计算该表达式。

```
var i:Number = 4;
while (i>0) {
    myClip.duplicateMovieClip("newMC" + i, i, {_x:i * 20, _y:i * 20});
    i-- ;
}
```

可以使用 do…while 语句创建与 while 循环同类的循环。do…while 循环总是在代码块结束时计算表达式的值，因此该循环总是至少执行一次。

```
var i:Number = 4;
do {
    myClip.duplicateMovieClip("newMC" + i, i, {_x:i*20, _y:i*20});
    i--;
} while (i>0);
```

2. 使用内置计数器重复动作——使用 for 语句

在下面的示例中，第一个表达式（var i: Number=4）是在第一次迭代之前计算的初始表达式。第二个表达式(i>0)是每次运行循环之前检查的条件。第三个表达式(i−−)称为后表达式，每次运行循环之后计算该表达式。

```
for (var i:Number = 4; i > 0; i--) {
    myClip.duplicateMovieClip("newMC" + i, i, {_x:i*20, _y:i*20});
}
```

3. 遍历影片剪辑或对象的子级——使用 for…in 语句

子级包括其他影片剪辑、函数、对象和变量。下面的示例使用 trace 语句在“输出”面板中显示其结果：

```
var myObject:Object = {name:'Joe', age:25, city:'San Francisco'};
var propertyName:String;
for (propertyName in myObject) {
    trace("myObject has the property: " + propertyName + ", with the value: " + myObject
[propertyName]);
}
```

此示例将在“输出”面板中生成如下结果：

```
myObject has the property: name, with the value: Joe
myObject has the property: age, with the value: 25
myObject has the property: city, with the value: San Francisco
```

6.3.8 其他常用语句

1. getURL

功能：getURL 的实际作用是给 Flash MX 元件定义超链接，利用绝对路径指定一个

URL,可以将此URL的网址载入设置的展示窗口中。

语法：getURL(url[,window]);

解说：url：准备连接的网址(可以是相对路径或者是绝对路径)；window：这是个选择性使用的参数。如果不设置上参数,Flash会将URL的内容自动载入包含着Flash影片本身的窗口。如果要指定载入的窗口,有以下几种选择：

- _self：目前窗口本身的帧。
- _blank：打开一个新的窗口。
- _parent：分割窗口帧的最上层。
- _top：目前窗口本身最顶层。

下面设置可以登录网站的按钮动作,代码如下：

```
on (release) {
        getURL("http://ecs.zstu.edu.cn",_blank);
}
```

2. fscommand

功能：此指令可以控制独立的Flash播放文件。当然,这个指令的设置要在FlashPlayer播放模式(.swf或.exe)下才能看到效果。

语法：fscommand (command, arguments);

解说：先了解基本参数。command：传递到应用程序的指令字符串；arguments：传递到应用程序的参数字符串,通常使用的参数有：

- fullscreen(true | false)：设置全屏幕播放电影。
- allowscale(true | false)：设置是(true)否(false)允许影片画面随着影片播放器放大和缩小,默认是false。
- showmenu(true | false)：设置是(true)否(false)允许显示鼠标右键的快捷菜单选项。
- exec(paramenter)：打开所指定的应用程序,Path为应用程序的路径。
- quit：结束Flash影片播放器播放程序.swf或.exe文件。

例如,可以在舞台上设置两个按钮“全屏幕播放”和“关闭影片”,用这两个按钮控制影片的全屏幕屏幕播放和关闭影片。

“全屏幕播放”按钮的Action指令,通常加在电影开始的第一帧：

```
fscommand("fullscreen", "true");    //开始执行.exe文件并以全屏幕的方式播放
```

“关闭影片”按钮的Action指令,通常加在电影的最后一帧：

```
fscommand("quit");                  //自动关闭程序退出执行
```

6.4 教学范例

【例 1】 属性设置,效果如图 1-6-2 所示。

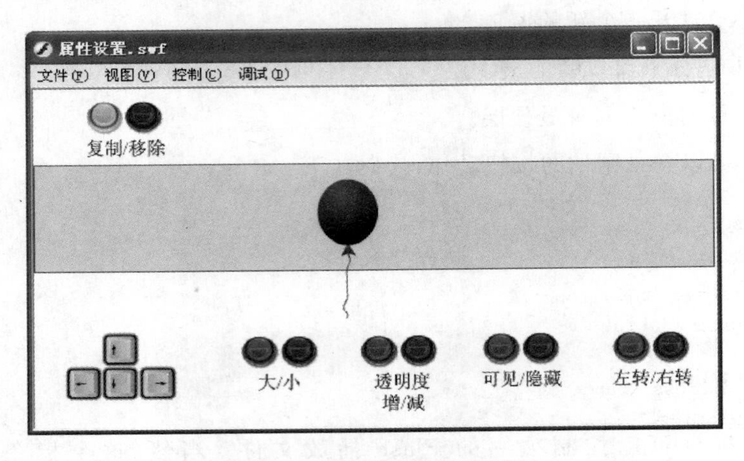

图 1-6-2 属性设置案例效果

案例思路:为按钮编写脚本以设置影片剪辑的属性。本案例动作是加在帧上。

制作步骤如下:

(1) 新建 Flash 文档。

(2) 新建影片剪辑"气球",在其中绘制一个气球。然后在主场景中拖入一个气球元件,在属性面板中,为该实例命名为 ball,如图 1-6-3 所示。

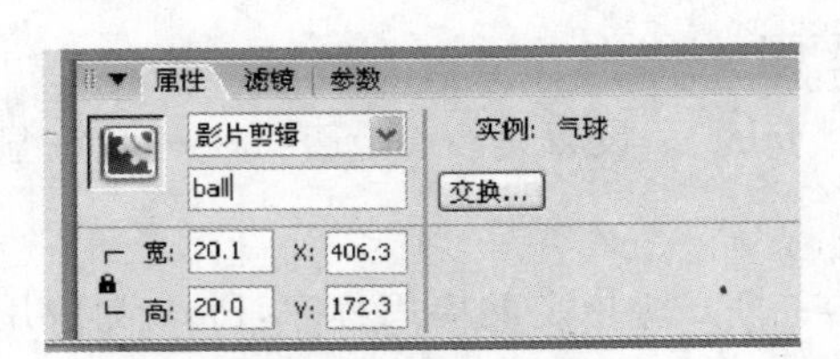

图 1-6-3 实例命名

(3) 单击"窗口"|"公用库"|"按钮"命令,打开"按钮库"面板,找到合适的按钮,拖入场景,再结合文字工具,完成布局。分别为每个按钮的实例取名,取名可参照(4)中的代码。

(4) 在时间轴的第 1 帧写代码:

```
i = 1;                                       //复制时用来给复制的影片剪辑取名和设深度值
btn_up.onPress = function(){                 //向上按钮
    ball._y -= 10;                           //影片剪辑的 y 坐标向上移动 10
    }
btn_down.onPress = function(){               //向下按钮
    ball._y += 10;
    }
btn_left.onPress = function(){               //向左按钮
    ball._x -= 10;
    }
btn_right.onPress = function(){              //向右按钮
    ball._x += 10;
    }
btn_big.onPress = function(){                //变大按钮
    ball._xscale += 10;
    ball._yscale += 10;
    }
btn_small.onPress = function(){              //变小按钮
    ball._xscale -= 10;
    ball._yscale -= 10;
    }
btn_alpha1.onPress = function(){             //透明度增加按钮
    ball._alpha -= 10;                       //趋向于透明
    }
btn_alpha2.onPress = function(){             //趋向于透明
    ball._alpha += 10;                       //趋向于不透明
    }
btn_visible_t.onPress = function(){          //可见按钮
    ball._visible = true;
    }
btn_visible_f.onPress = function(){          //隐藏按钮
    ball._visible = false;
    }
btn_rot_l.onPress = function(){              //向左旋转按钮
    ball._rotation -= 10;
    }
btn_rot_r.onPress = function(){              //向右旋转按钮
    ball._rotation += 10;
    }
btn_dup.onPress = function(){                //复制按钮
    ball.duplicateMovieClip("ball" + i,i * 5);
    _root["ball" + i]._x = i * 50;
    _root["ball" + i]._alpha = 100 - i * 10;
    i ++ ;
    }
btn_rem.onPress = function(){                //移去按钮
    eval("ball" + i).removeMovieClip();
    i -- ;
    }
```

(5) 保存文件为“属性设置.fla”,运行测试影片。

【例 2】 缩略图相册,效果如图 1-6-4 所示。

图 1-6-4 “缩略图相册”效果图

案例思路:开始呈现缩略图,每个缩略图开始呈灰色,鼠标滑过变亮。接着是每张图片的大图。每张图片的大图都有个从小到大放大的过程。在下方有向前向后翻的按钮,能实现向前向后翻页的效果。

制作步骤如下:

(1) 新建文档。

(2) 将图层改名为“背景”。

(3) 在舞台上绘制出相册背景,如图 1-6-5 所示。

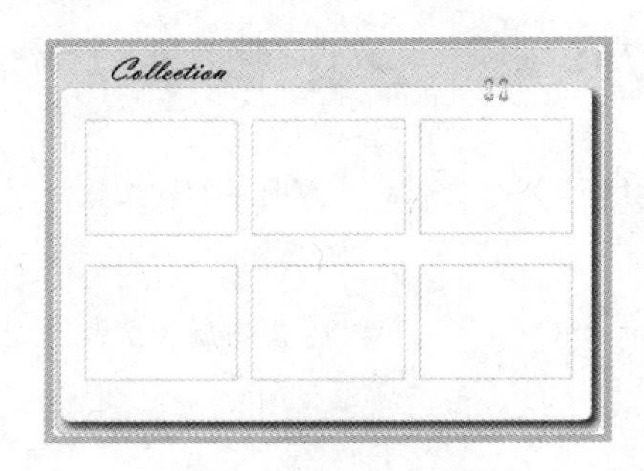

图 1-6-5 相册背景

(4) 新建图层:照片。

(5) 将素材中的 6 张图片导入库中。

(6) 将库中第 1 张图拖动到舞台左上角第一个相片框中,调整其大小和位置。

(7) 选中该图片和相片框,转换为按钮元件 Btn1(按 F8 键)。

(8) 双击该按钮元件,进入该按钮的编辑窗口,在“点击”帧插入普通帧(按 F5 键)。

新建一个图层，复制图片，并在新图层中“粘贴到当前位置”（按 Ctrl＋Shift＋V 键）。将其打散（按 Ctrl＋B 键），设置颜色为白色，Alpha 为 30%。删除该图层中的其他帧（按 Shift＋F5 键），如图 1-6-6 所示，这样就完成了一个小图按钮。

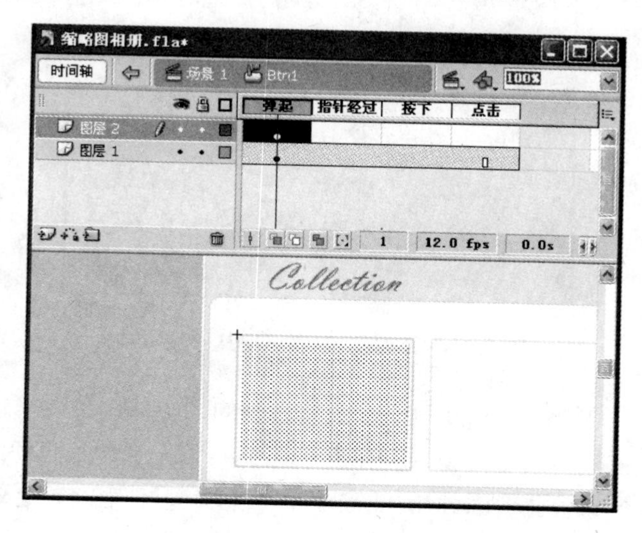

图 1-6-6 Btn1 按钮的图层和帧

（9）同样的方法制作其他 5 个按钮：Btn2～Btn6，效果如图 1-6-7 所示。

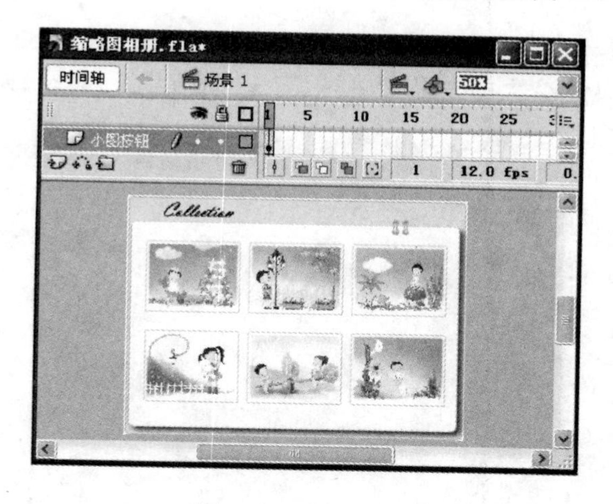

图 1-6-7 图片按钮

（10）将小图按钮和背景图层延伸到第 10 帧。在小图按钮层第 10 帧添加一个关键帧（按 F6 键），添加代码：

```
stop();
```

时间轴如图 1-6-8 所示。

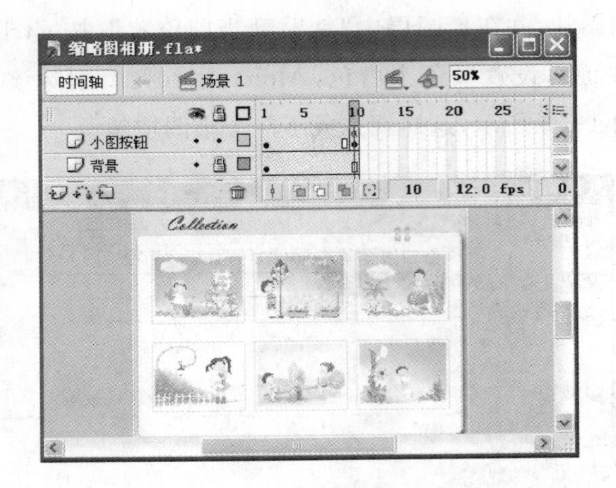

图 1-6-8　小图按钮和背景图层的时间轴

(11) 新建一个图层：入场，绘制一个与舞台相同大小的白色无框矩形。在第 9 帧添加一个关键帧，在该帧中设置矩形 Alpha 为 0%，然后创建形状补间动画。

(12) 新建一个图层：大图，在第 11 帧添加一个关键帧(按 F7 键)，将库中第 1 张图拖入舞台，调整大小位置。将其打散，在第 15 帧添加一个关键帧，创建形状补间动画，然后将第 10 帧中打散的图像缩小到合适尺寸。在第 15 帧上添加代码：

```
stop();
```

这样，一个大图从小变大的效果就做好了。时间轴与舞台效果如图 1-6-9 所示。

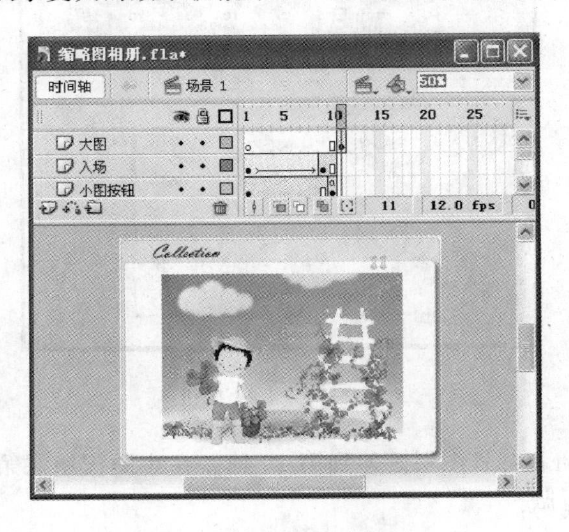

图 1-6-9　入场和大图图层的时间轴

(13) 同样的方法，完成其他 5 张图的动画。

(14) 新建图层：翻页按钮。在该层第 10 帧插入向前和向后的按钮。

这时的时间轴如图 1-6-10 所示。

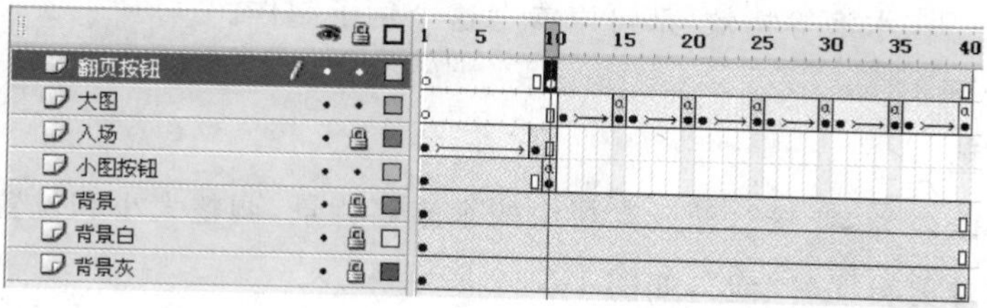

图 1-6-10 图层和帧示意

观察时间轴，向后翻页即跳转到当前帧的下一帧开始播放，所以该按钮的代码为：

```
on (press) {
   gotoAndPlay(_root._currentFrame + 1);
}
```

向前翻页是向前跳转 9 帧开始播放，对应按钮的代码为：

```
on (press) {
   gotoAndPlay(_root._currentFrame - 9);
}
```

(15) 保存文件为“缩略图相册.fla”，运行测试影片。

【例 3】 水族馆，效果如图 1-6-11 所示。

图 1-6-11 水族馆效果图

案例思路：本案例中制作 1 个个气泡从下向上的动画元件，然后在主场景中对该元件编写代码，用 duplicateMovieClip 命令复制多个气泡动画，再设置这些气泡动画的大小、位置、透明度等属性，实现在画面指定位置出现很多大小、透明度各不相同的气泡的效果。烟、气、雨、雪、水泡等特效，都可以参考这个例子制作。

制作步骤如下：

(1) 新建文档。

(2) 将图层改名为“背景”，导入素材中的水族箱背景，调整大小和位置。

(3) 新建影片剪辑元件“泡”，如图 1-6-12 所示。

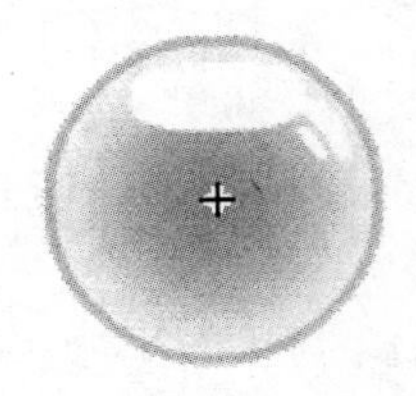

图 1-6-12 “泡”元件

(4) 新建影片剪辑元件“气泡”，将元件“泡”拖入到舞台上，调整大小和位置，如图 1-6-13 所示。

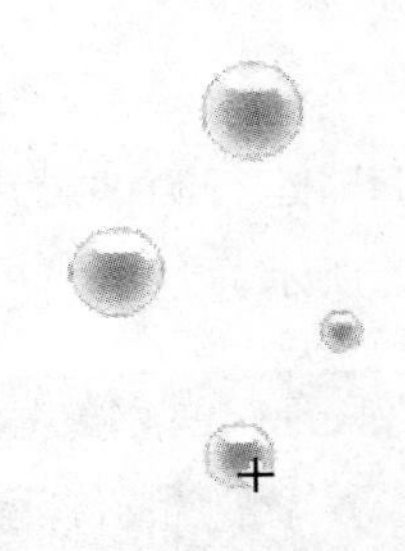

图 1-6-13 “气泡”元件

(5) 新建影片剪辑元件“气泡动画”，拖入“气泡”，加入引导层，制作气泡慢慢上升的过程。

(6) 回到主场景，将“气泡动画”拖入舞台，设置实例名为 bubbleup，如图 1-6-14 所示。

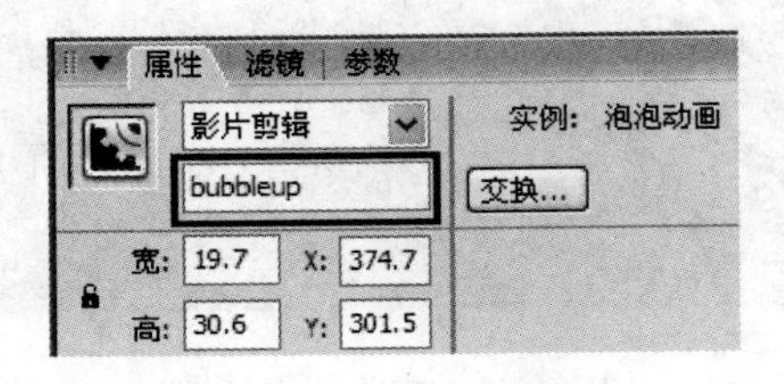

图 1-6-14 给元件实例取名

在帧上添加如下代码：

```
i = 1;
onEnterFrame = function(){
if(i<= 50){
    duplicateMovieClip(bubbleup,"bubbles" + i,i);
    with(eval("bubbles" + i)){
        _xscale = random(30);
        _yscale = _xscale;
        _alpha = random(100);
        _x = 100 + random(400);
        _y = 120 + random(100)
        }
    i ++ ;}
else{
    i = 1;
    }
bubbleup_visible = false;
}
```

(7) 保存文件为“冒气泡的水族馆.fla”,运行测试影片。

【例 4】 声音控制,效果如图 1-6-15 所示。

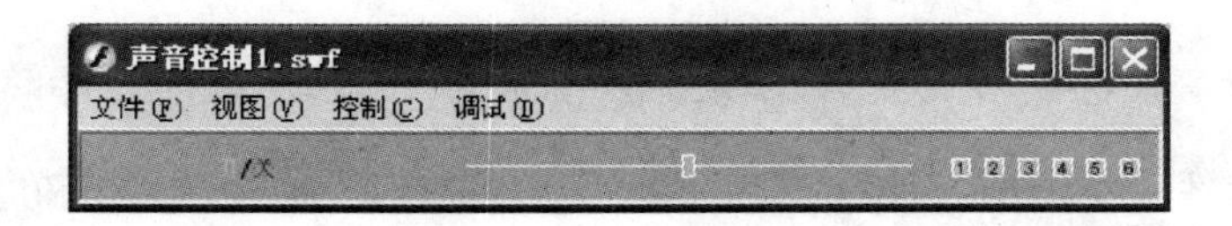

图 1-6-15 声音控制效果图

案例思路:在用 as 来控制声音之前,一定要先使用构造函数 newSound 创建声音对象。只有先创建声音对象以后,Flash 才可以调用声音对象的方法。

```
mySound = newSound();                    //新建一个声音对象,对象的名称是 mySound
```

声音对象的方法如下:

(1) 播放与停止

```
mySound.start();                         //开始播放声音
```

如想在声音的某一秒钟播放,可输入 Sound.start(2),即从声音的第二秒开始播放(这里的单位只能是秒)。

```
mySound.stop();                          //停止声音的播放
```

(2) 音量控制(范围从 0～100)

```
mySound.getVolume();                     //获取当前的音量大小
mySound.setVolume();                     //设置当前音乐的音量
```

(3) 左/右均衡(范围从－100～100)

```
mySound.getPan();                              //获取左右均衡的值
mySound.setPan();                              //设置左右均衡的值
```

制作步骤如下：

(1) 新建文档,设置舞台的大小为480像素×30像素。

(2) 导入素材中的6段mp3音乐到“库”中。分别设置其链接属性,如图1-6-16所示。

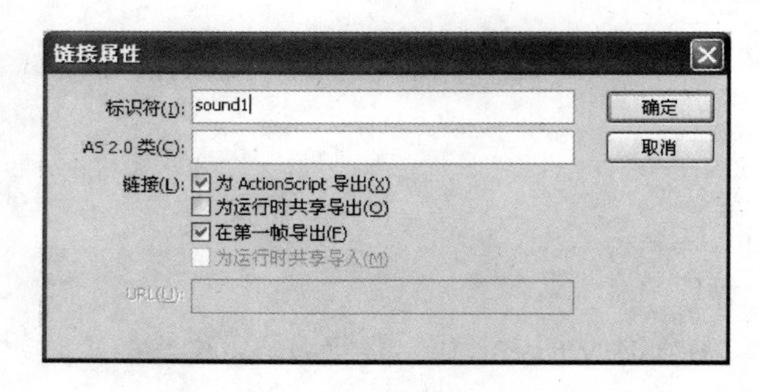

图1-6-16 设置链接属性

(3) 制作以下素材:“矩形1”图形元件；“直线”图形元件；“矩形2”图形元件；图形元件“1”～“6”；图形元件“开”和“关”。

(4) 制作音乐播放与暂停“开关”影片剪辑元件,该元件的“时间轴”如图1-6-17所示。此元件中有三层,“图层1”是一个与开关大小相仿的底色矩形,是用来响应用户鼠标单击区域的。“图层2”有两帧,分别是开关的两个状态,第一帧中是表示“开”状态的图形元件,第二帧中是表示“关”状态的图形元件。“图层3”也有2帧。每个帧里都添加代码:

```
stop();
```

将此开关放置在主场景合适位置,实例名设为control_sound。

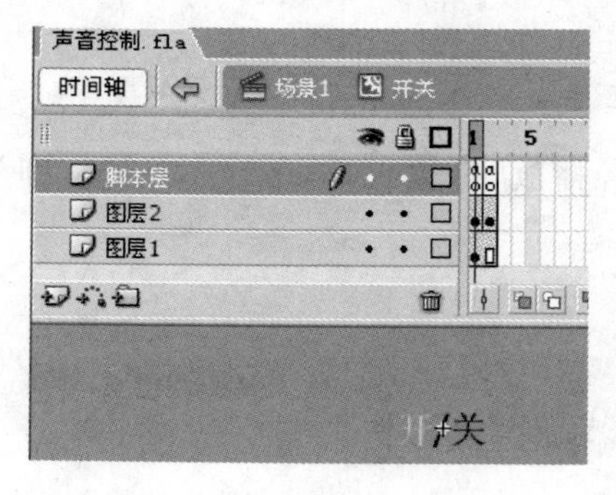

图1-6-17 “开关”影片剪辑元件

（5）在主场景中放置“音乐 1”～“音乐 6”共 6 个影片剪辑，实例名分别为 btn_music1～btn_music6。这 6 个按钮用来切换不同的音乐。在第 1 帧添加代码：

```
mySound = new Sound();                       //新建声音对象 mySound
mySound.attachSound("sound1");               //mySound 获得库中声音 sound1
mySound.start();                             //开始播放 mySound
mySound.onSoundComplete = function ()        //声音循环播放
{
    mySound.start();
};
onEnterFrame = function ()
{
    pausedTime = math.floor(mySound.position / 1000);
    //每次进入帧时计算 pausedTime，即当前播放到第几秒
};
control_sound.onPress = function ()          //按下播放暂停开关，根据开关当前状态执行代码
{
    if (this._currentFrame == 1)             //如果当前是“播放”
    {
        this.gotoAndStop(2);                 //则转到“暂停”帧
        _root.mySound.stop();                //停止所有声音
    }
    else                                     //如果当前是“暂停”
    {
        this.gotoAndStop(1);                 //则转到“播放”帧
        _root.mySound.start(pausedTime);     //从 pausedTime 处继续播放
    }                                        // end else if
};
//以下是 6 个按钮分别按下时，停止当前声音，重新获得库中指定声音，再开始播放
btn_music1.onPress = function()
{
    mySound.stop();
    mySound.attachSound("sound1");
    mySound.start();
};
btn_music2.onPress = function ()
{
    mySound.stop();
    mySound.attachSound("sound2");
    mySound.start();
};
btn_music3.onPress = function ()
{
    mySound.stop();
    mySound.attachSound("sound3");
    mySound.start();
};
btn_music4.onPress = function ()
{
```

```
    mySound.stop();
    mySound.attachSound("sound4");
    mySound.start();
};
btn_music5.onPress = function ()
{
    mySound.stop();
    mySound.attachSound("sound5");
    mySound.start();
};
btn_music6.onPress = function ()
{
    mySound.stop();
    mySound.attachSound("sound6");
    mySound.start();
}
```

(6) 制作“音量控制”元件。在该元件中,有3层,第1层为“直线”图形元件,第2层为“滑块”影片剪辑元件,如图1-6-18所示。

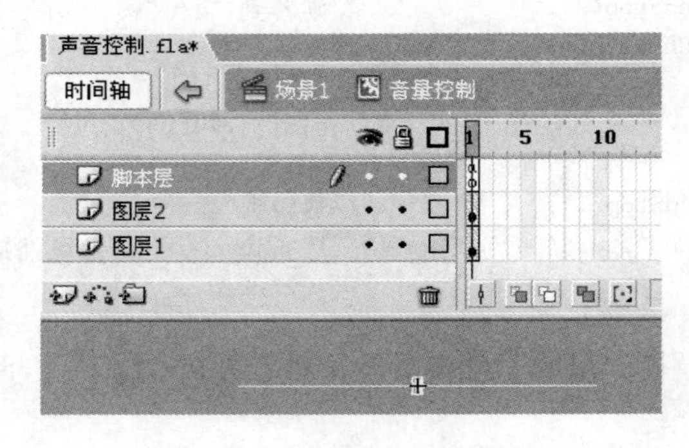

图 1-6-18 “音量控制”影片剪辑元件

在第3层中添加代码:

```
btn_control.onPress = function ()         //滑块被按下时
{
    startDrag (this, true, -100, 0, 100, 0);  //在(-100,0)~(100,0)的范围内跟随鼠标移动
};
btn_control.onRelease = btn_control.onReleaseOutside = function ()  //滑块被释放时
{
    stopDrag ();                            //停止移动
};
onEnterFrame = function ()       //每次进入帧,根据当前滑块的位置设置 mySound 的音量
{
    _root.mySound.setVolume((btn_control._x + 100) / 2);
};
```

(7) 保存文件为“声音控制.fla”,运行测试影片。

习题 6

1. 判断题

(1) ActionScript 语句结尾可以忽略分号。(   )

(2) 动作脚本 2.0 完全兼容动作脚本 1.0,使用 FlashPlayer 7 为目标播放器发布不需要任何更改。(   )

(3) Flash 中的横排文本可以设置超链接,跳转到指定的 URL 地址。(   )

(4) 以下语句在 ActionScript 中是等价的：cat. hilite=true；CAT. hilite=true；。(   )

(5) 影片剪辑元件响应"单击"事件,应该使用语句：on(Press)。(   )

2. 选择题

(1) 按钮可以响应多种事件,如果希望让按钮响应"鼠标滑出"事件,那么应该使用的语句是________。

A. on(release)　B. on(rollOver)　C. on(dragOut)　D. on(rollOut)

(2) 当需要让影片在播放过程中自动停止,可以________。

A. 将 ActionScript 语句 stop();添加到关键帧

B. 将 ActionScript 语句 gotoAndStop();添加到图形

C. 将 ActionScript 语句 gotoAndPlay();添加到按钮

D. 将 ActionScript 语句 play();添加到影片剪辑

(3) 下列选项中可以使声音停止的是________。

A. Sound. getVolume();　B. Sound. setVolume(100)

C. Sound. stop();　D. Sound. setVolume(0);

(4) 使用动作脚本进行编程的时候,在使用 trace 函数显示一个未定义值的数据,结果将显示为________。

A. Nan　B. undefined　C. null　D. 空字符串

(5) 如果希望单击舞台上的一个按钮后产生的结果是,在浏览器中打开 http://www. domain. com 的网页,那么需要编写的 ActionScript 语句是________。

A. on(press){getURL("http://www. domain. com");}

B. on(press){gotoURL("http://www. domain. com");}

C. on(press){goto("http://www. domain. com");}

D. on(press){getAndPlay("http://www. domain. com");}

(6) 下列选项中，不是 Flash 的时间轴控制函数的是________。

A. goto()　　B. gotoAndPlay()

C. stop()　　D. nextFrame()

(7) 舞台上有两个影片剪辑实例，分别命名为 mc1 和 mc2，此外还有一个按钮，为此按钮添加如下 ActionScript 代码如下：

```
on(press)
{
var t;
t = mc1._x;
mc1._x = mc2._x;
mc2._x = t;
t = mc1._y;
mc1._y = mc2._y;
mc2._y = t;
}
```

则该动画的效果是________。

A. 单击按钮后，mc1 和 mc2 叠加到一起

B. 单击按钮后，mc1 和 mc2 变成同样宽度

C. 单击按钮后，mc1 和 mc2 旋转 90°

D. 单击按钮后，mc1 和 mc2 交换位置

(8) 下面________方法不属于 Date(日期)对象。

A. getDate()　　B. getDay()

C. getMinute()　　D. getMonth()

(9) 若要加载外部 SWF 或 JPEG 文件，使用的函数是________。

A. loadJpeg()　　B. loadSwf()

C. loadSound()　　D. loadMovie()

(10) 影片剪辑在库中，可以使用动作脚本将影片剪辑从库中动态取出，然后将其放置在舞台上，但必须为库中的影片剪辑赋予一个特殊的名称，这个名称是________。

A. 舞台名称　　B. 链接标识符　　C. 实例名称　　D. 影片名称

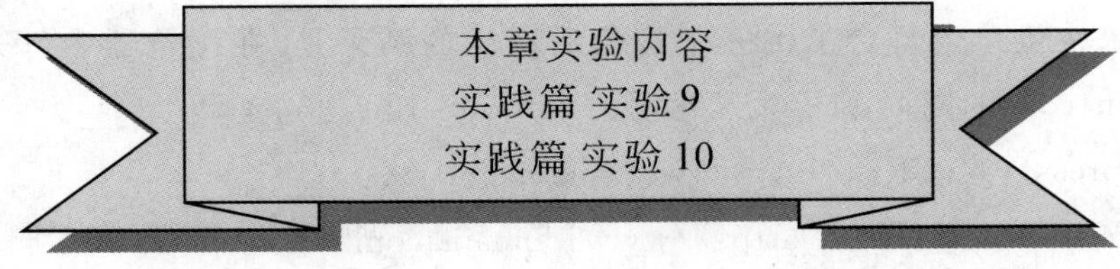

第7章

组　件

7.1 组件的基本概念

在使用 Flash 制作的很多网站中，常常需要与用户进行交流，要求用户在相应的页面中填写信息，然后提交。这些与用户交流的页面中包含有文本框、复选框、下拉列表、按钮等元素，这些元素一般是利用 Flash 中的组件来完成的。本章将展示如何利用 Flash 提供的组件构建 Flash 应用程序，如何在 Flash 创作环境中使用这些组件，以及如何使这些组件与 ActionScript 代码交互。

7.2 使用组件

Flash 组件是由 Flash 提供给用户的预先构建好的 Flash 元素。实际上，组件就是带参数的影片剪辑，只不过它们是预先设计好的。使用组件时，只要将需要的组件从“组件”面板拖到舞台中即可为动画或网页添加功能。用户还可以按照设计需要修改组件的外观属性和行为。

1. 打开“组件”面板

选择“窗口”|“组件”命令，或者按 Ctrl+F7 键。

“组件”面板如图 1-7-1 所示，组件包括用户界面组件(User Interface)、数据组件(Data)以及媒体组件(FLV Playback-Player、FLV Playback Custom UI 和 Media-Player 6-7)。对于初学者来说，常用的是用户界面组件。

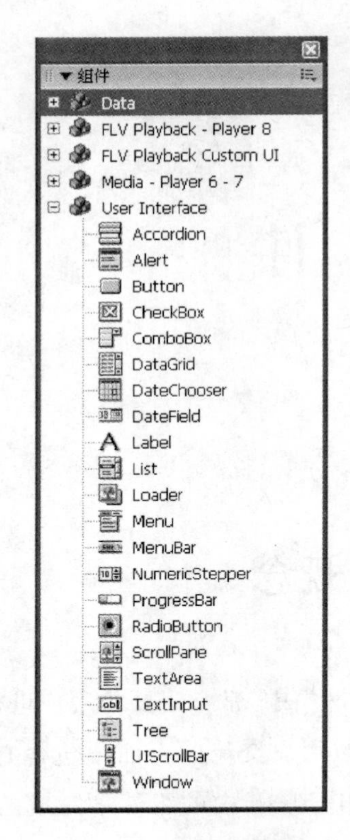

图 1-7-1 "组件"面板

2. 添加组件

方法一 使用组件时,可以把"组件"面板中所需要的组件直接拖到舞台。

方法二 双击"组件"面板上的组件即可在舞台上添加组件。

方法三 使用脚本可以动态的创建组件实例,运行时创建组件可以有三个方法:createObject()、creatClassObject()和 attachMovie()。attachMovie()是 MovieClip 类的方法,createObject()和 creatClassObject()是 UIObject 类方法,但事实上它们都是对 attachMovie()的直接或间接调用。例如:

```
_root.createObject("Button", "button1", 1);
//建一个 button 组件,button1 为 button 组件的实例名
```

3. 设置组件的属性

每个组件都有预定义的参数,也有一套独特的 ActionScript 方法、属性和事件。修改组件属性的方法有:

方法一 可以在"属性"或"参数"面板中直接设置组件的属性。例如,在"属性"面

板修改组件实例的名称，如图 1-7-2 所示。

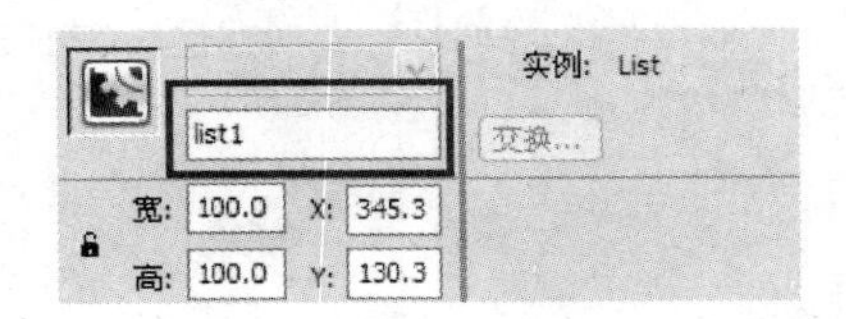

图 1-7-2　在"属性"面板修改组件实例的名称

方法二　选中舞台上的组件实例，选择"窗口"|"组件检查器"命令，即可在"组件检查器"面板上修改组件的属性，如图 1-7-3 所示。

图 1-7-3　"组件检查器"面板

方法三　可以直接在脚本中利用代码设置组件的属性。

例如：

```
lstresult._visible = false;        //使列表框不可见，lstresult 为实例名，visible 为属性
```

需要指出的是，有些组件的属性不能在面板上设置，必须使用动作脚本来设置。

7.3　教学范例

【例 1】　信息登记表，效果如图 1-7-4 所示。

案例思路：本案例中利用多种组件，构建信息登记表。在表中填入信息后单击"提交"按钮，可立即在右侧看到填写的详细内容。

制作步骤如下：

(1) 新建文档。

(2) 打开"组件"面板，参照图 1-7-5 所示选用相应的组件设计舞台布局。还要使用文字工具设计界面上相应的提示信息，使用直线工具做垂直分隔条。

(3) 按照表 1-7-1 所示设置各组件的实例名称。

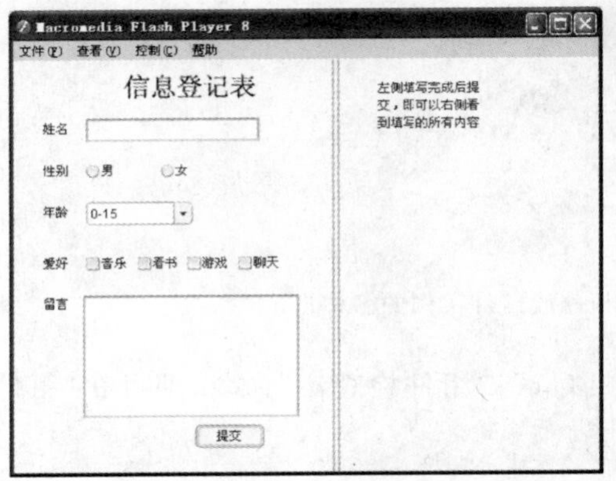

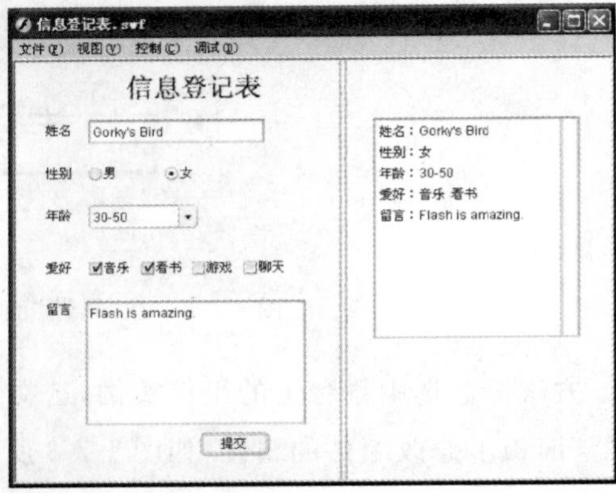

图 1-7-4 “信息登记表”效果图

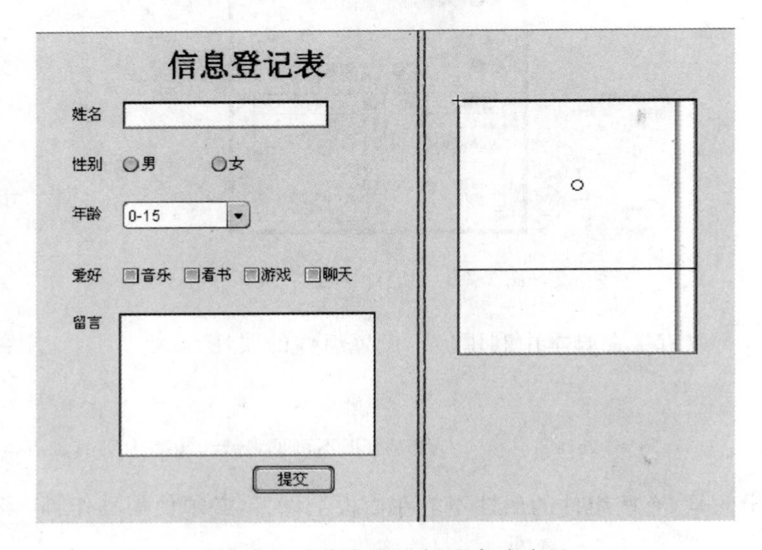

图 1-7-5 “信息登记表”的舞台布局

表 1-7-1 “信息登记表”的组件

实例名称	说　明
txtName	输入姓名的文本框 TextInput
radSex	性别的两个 RadioButton 的 groupName 必须相同，设为 radSex
comAge	年龄阶段组合框 ComboBox。添加列表项可双击参数 Labels，在弹出的对话框中单击加号（＋），再修改值即可
chkMusic	爱好中音乐复选框 CheckBox
chkReading	爱好中看书复选框 CheckBox
chkGame	爱好中游戏复选框 CheckBox
chkChat	爱好中聊天复选框 CheckBox
txtMsg	留言的文本域 txtArea，可支持自动换行
submit_btn	提交按钮 Button
lblPrompt	右侧的提示文字标签 Label。其中的文字在代码中写入
lstresult	右侧放置反馈内容的列表框 List，其中的内容也在代码中写入

(4) 设置年龄阶段组合框：选中舞台上的年龄阶段组合框，打开"参数"面板，在Labels(标签)里输入各选项的值，如图 1-7-6 所示。

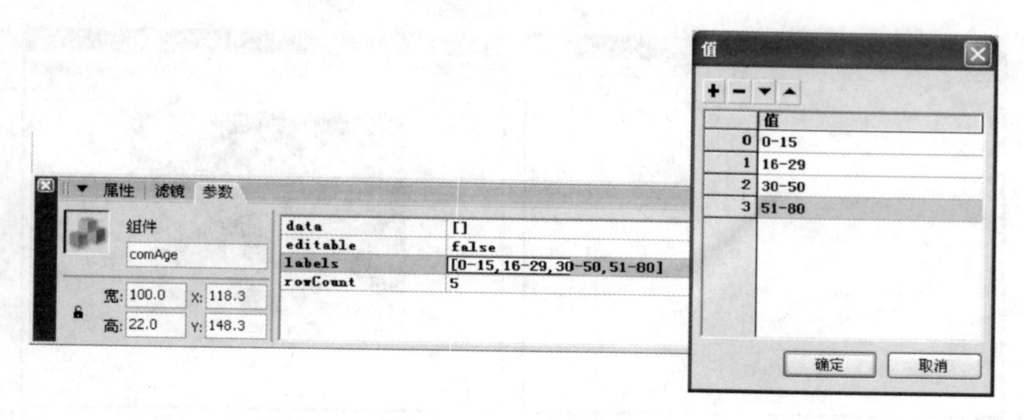

图 1-7-6 组件属性设置

(5) 在"图层 1"上新建一个"图层 2"，在帧上添加代码：

```
lstresult._visible = false;                 //开始时显示填写内容的列表框不可见
lblPrompt.labelField.wordWrap = true;       //允许换行
lblPrompt.labelField.multiline = true;      //允许多行显示
lblPrompt.text = "左侧填写完成后提交，即可以右侧看到填写的所有内容清单。";
```

(6) 选中提交按钮，为其添加代码：

```
on (click) {
    _parent.lblPrompt._visible = false;     //使提示标签不可见
    _parent.lstresult._visible = true;      //使列表框可见
name_result = "姓名：" + _parent.txtName.text;
sex_result = "性别：" + _parent.radSex.selectedData;
age_result = "年龄：" + _parent.comAge.getSelectedItem().label;
hobby_result = "爱好：";
if (_parent.chkMusic.selected)
hobby_result += _parent.chkMusic.label + "   ";
if (_parent.chkReading.selected)
hobby_result += _parent.chkReading.label + "   ";
if (_parent.chkGame.selected)
hobby_result += _parent.chkGame.label + "   ";
if (_parent.chkChat.selected)
hobby_result += _parent.chkChat.label;
msg_result = "留言：" + _parent.txtMsg.text;
_parent.lstresult.addItem(name_result);     //向列表框中追加项目
_parent.lstresult.addItem(sex_result);
_parent.lstresult.addItem(age_result);
_parent.lstresult.addItem(hobby_result);
_parent.lstresult.addItem(msg_result);
}
```

(7) 保存文件为“信息登记表”,运行测试影片。

【例 2】 加载动画,效果如图 1-7-7 所示。

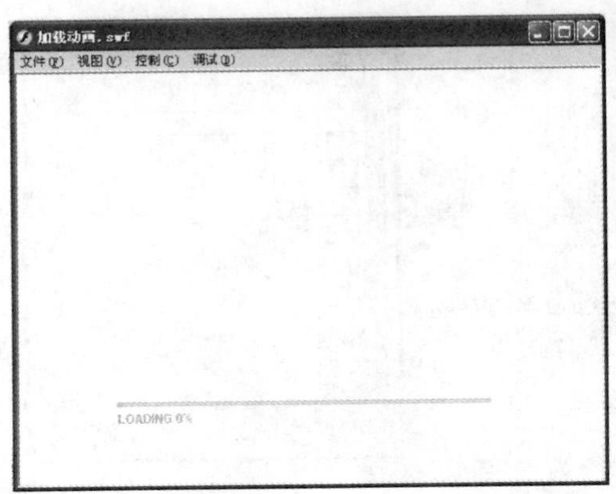

图 1-7-7 “加载动画”的效果图

案例思路:本案例中用 Loader 和 ProgressBar 组件实现图片或动画的加载效果。

Loader 组件是一个容器,可以显示 SWF 或 JPEG 文件(但不能显示渐进式 JPEG 文件)。可以缩放加载器的内容,或者调整加载器自身的大小来匹配内容的大小。默认情况下,会调整内容的大小以适应加载器。在运行时也可以加载内容,并监控加载进度(不过内容加载一次后会被缓存,所以进度会快速跳进到 100%)。

ProgressBar 组件显示加载内容的进度,可用于显示加载图像和部分应用程序的状态。

制作步骤如下:

(1) 新建文档。

(2) 打开组件面板,将 Loader 和 ProgressBar 组件拖入场景,调整其大小和位置。

(3) 对组件 Loader 设置其参数 contentPath 为 coffee.jpg,设置组件的实例名为 cf,如图 1-7-8 所示。

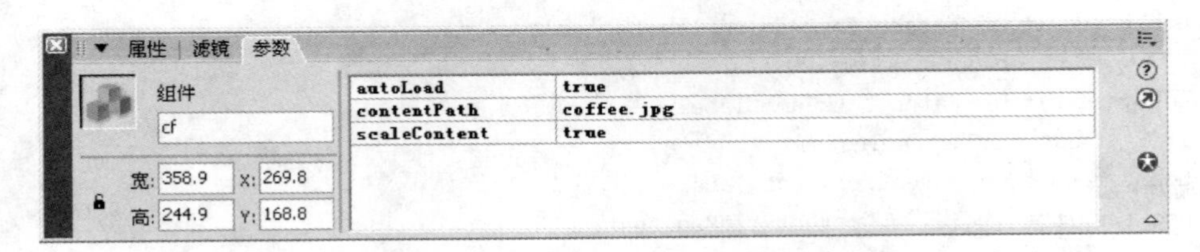

图 1-7-8 Loader 组件的属性设置

(4) 对组件 ProgressBar 设置其参数 source 为 cf,如图 1-7-9 所示。

(5) 保存文件为“加载动画”,运行测试影片。

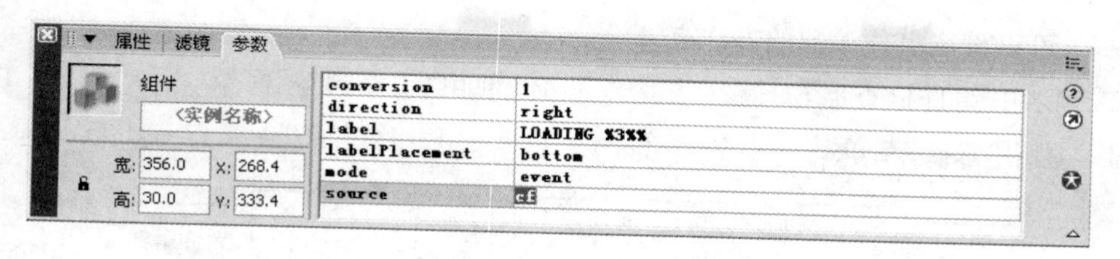

图 1-7-9　ProgressBar 组件的属性设置

习题 7

1. 判断题

(1) 允许用户与应用程序进行交互操作的组件属于 UI 组件。(　　)

(2) Flash 中包含的组件不是 FLA 文件,而是 SWC 文件。(　　)

(3) ScrollPane 既能放置文字内容,又能放置图片。(　　)

(4) 组件中的 Button 也由 4 帧构成。(　　)

(5) Label 的文字大小、颜色在属性面板里可以重新设定。(　　)

2. 选择题

(1) 在 Flash 影片中添加可滚动的单选和多选下拉列表菜单的是________。

A. ComboBox　　B. ListBox

C. ScrollBar　　D. ScrollPane

(2) 同时具有水平和垂直滚动条的窗口是________。

A. 两个 ScrollBar　　B. ListBox

C. ComboBox　　D. ScrollPane

(3) FListBox. addItem 有________作用。

A. 添加列表框　　B. 在列表框的结尾添加新项

C. 添加下拉菜单框　　D. 给组合框添加项目

(4) 允许用户在相互排斥的选项之间进行选择的组件是________。

A. RadioButton 组件　　B. ScrollPane 组件

C. TextArea 组件　　D. TextInput 组件

(5) ScrollPane 中不能放置的内容是________。

A. 影片剪辑　　B. JPEG 文件

C. TXT 文件　　D. SWF 文件

（6）可以设定组件参数的方法有________。

A. 使用“组件检查器”面板

B. 使用“动作脚本”面板

C. 使用“修改”菜单

D. 使用“组件”面板

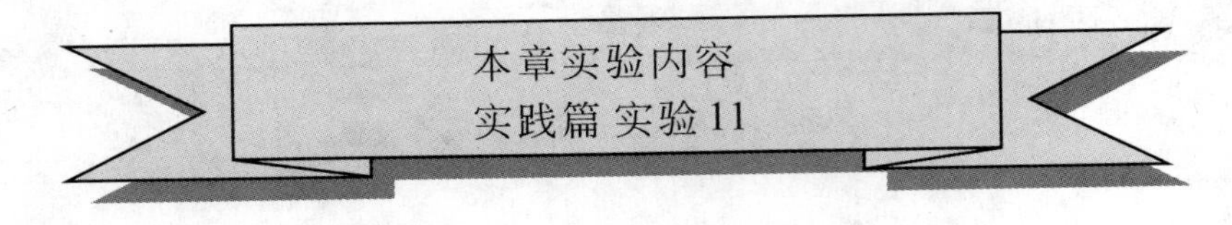

第 8 章

Flash动画的发布与应用

8.1 Flash 作品的测试与优化

当动画制作完成后，最后一步就是动画的发布了。可以将动画发布为 SWF 格式文件，也可以发布为 QuickTime 或其他格式文件，以满足不同系统平台的需要。

在前面的章节中用 Ctrl＋Enter 键就可以生成一个 SWF 影片文件，这个文件可以直接用在网页中。但对于要发布到网络上的作品而言，文件应该尽可能的小，使动画能够更快速地下载和播放，因此对作品进行测试和优化相当重要。

8.1.1 Flash 作品的测试

若需要将作品输出后应用于网页，可以在预览测试时全真模拟网络下载速度，测试是否有延迟现象，找出影响传输速率的原因，以便尽早发现问题，解决问题。并可以通过合理的参数调整，尽量减小文件量，更加适合各种传输条件，让浏览者感到满意。

(1) 选择“控制”|“测试影片”命令，或者按 Ctrl＋Enter 键测试预览作品。此时，Flash 自动生成一个 swf 文件并在 Flash Player 播放器中进行播放。

(2) 在 Flash Player 播放器中，选择“视图”|“带宽设置”|“视图”|“帧数图表”命令，预览窗口会打开“带宽设置”面板，如图 1-8-1 所示。

“带宽设置”的左侧子窗口中显示当前动画的信息、设置、状态等；右侧子窗口中的标尺显示下载的情况；每个矩形代表相应帧中信息量的大小。

红线是当前选定的下载速度最高值，当矩形方块超过此线时，说明在当前带宽情况下，该帧可能会出现停滞现象。由于 Flash 采用流式播放，当播放到某一帧时，如果其后所需数据尚未下载，就会出现停顿。

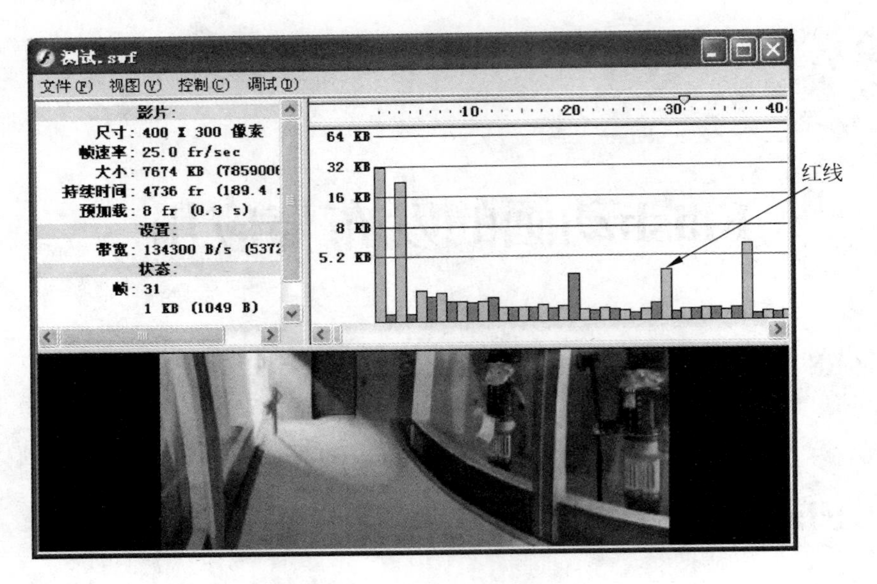

图 1-8-1 “带宽设置”面板

(3) 单击“视图”|“数据流图表”命令，则可以查看动画在一定网络带宽条件下，哪一帧会出现停顿，如图 1-8-2 所示。

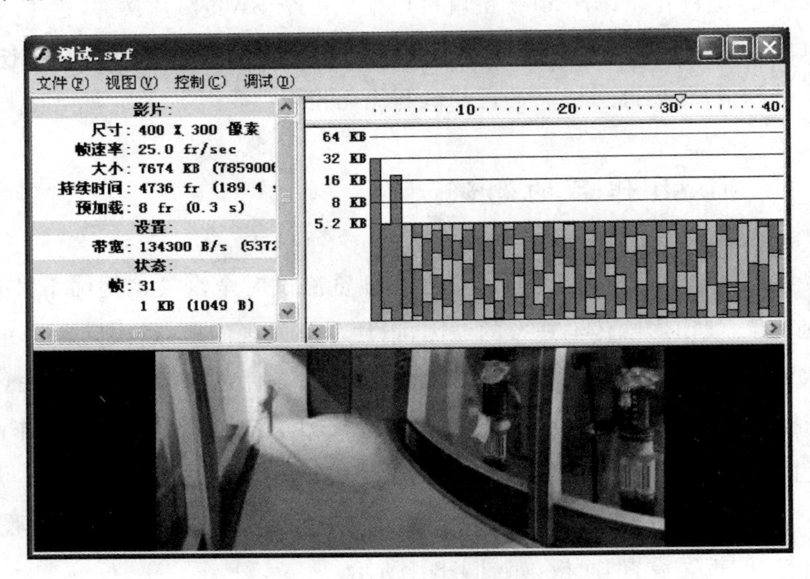

图 1-8-2 “数据流图表”面板

注意：应尽可能使每一帧的文件量控制在红线以下，以免用户在浏览时发生过多的停顿。

(4) 选择“视图”|“下载设置”命令，可以选择所需的下载速度。默认为 56K(4.7KB/s)。目前家庭宽带可选 DSL 或 T1。然后就可以真实体验一下在这种带宽情况下整个影片运

行的速度如何。

(5) 选择“视图”|“模拟下载”命令，此时 Flash 并没有立即播放作品，在右侧子窗口上方出现一个不断延伸的绿色矩形，当该矩形延伸速度超过 Flash 播放速度，画面是流畅的，否则就会出现停顿现象。

8.1.2 Flash 作品的优化

对作品的测试，最终目的是为了发现作品的缺点，进行必要的优化，使作品更完美。

影片的下载时间和回放时间与影片文件的大小成正比，要减少影片的下载和回放时间，在导出影片之前也最好对影片进行必要的优化。

一般来说，在发布影片时，Flash 会自动对影片进行优化处理。但是，有经验的动画设计人员也有一些优化原则，来尽量减小文件的尺寸。

1. 总体优化影片

要总体优化影片，有以下 6 种方法。

(1) 对于重复使用的元素，应尽量使用元件、动画或者其他对象。

(2) 在制作动画时，应尽量使用补间动画。

(3) 对于动画序列，最好使用影片剪辑而不是使用图形元件。

(4) 限制每个关键帧中的改变区域，在尽可能小的区域中执行动作。

(5) 避免使用动画位图元素、位图图像作为背景或静态元素。

(6) 尽可能使用 MP3 格式的声音。

2. 优化元素和线条

要优化元素和线条，有以下 4 种方法。

(1) 尽量将元素组合在一起。

(2) 对于随动画过程改变的元素和不随动画过程改变的元素，可以使用不同的图层分开。

(3) 使用“优化”命令，减少线条中分隔线段的数量。

(4) 尽可能少地使用诸如虚线、点状线、锯齿状线之类的特殊线条。

3. 优化文本和字体

要优化文本和字体，有以下 2 种方法。

(1) 尽可能使用同一种字体和字形，减少嵌入字体的使用。

(2) 对于“嵌入字体”选项只选中需要的字符,无需包括所有字体。

4. 优化颜色

要优化颜色,有以下 2 种方法。

(1) 减少渐变色的使用。

(2) 减少 Alpha 透明度的使用,以免减慢影片回放的速度。

5. 优化动作脚本

要优化动作脚本,有以下 3 种方法。

(1) 在“发布设置”对话框的 Flash 选项卡中,启用“省略跟踪动作”复选框,这样在发布影片时就不使用 trace 动作。

(2) 定义经常重复使用的代码为函数。

(3) 尽量使用本地变量。

8.2 动画的导出与发布

Flash 可以将文件以多种文件格式输出,比如:Flash(.swf)文件、HTML(.html)文件、GIF 图像(.gif)文件、JPEG 图像(.jpg)文件、Windows 放映文件(.exe)及 QuickTime(.mov)文件等,以满足不同的需要。

默认情况下,使用“发布”命令可以创建 *.SWF 格式文件,也可以将 Flash 影片插入 HTML 文档,还可以创建 GIF、JPEG、PNG 和 QuickTime 等文件格式。可以根据需要选择发布格式以及设置相关的发布参数。

8.2.1 设置发布格式

在发布 Flash 文档前,根据需要,首先确定发布的文件格式并设置相关的发布参数,然后进行发布操作。

发布 Flash 文档时,需要先创建一个文件夹,保存所要发布的 Flash 文档至该文件夹中,然后选择“文件”|“发布设置”命令,打开如图 1-8-3 所示的“发布设置”对话框。在默认情况下,Flash 和 HTML 复选框处于选中状态。

在“发布设置”对话框中,可以选择多种发布格式。单击所需发布的“格式”选项卡,即可打开选项卡对话框,在对话框中显示了相应格式的详细设置以及发布格式的参数。

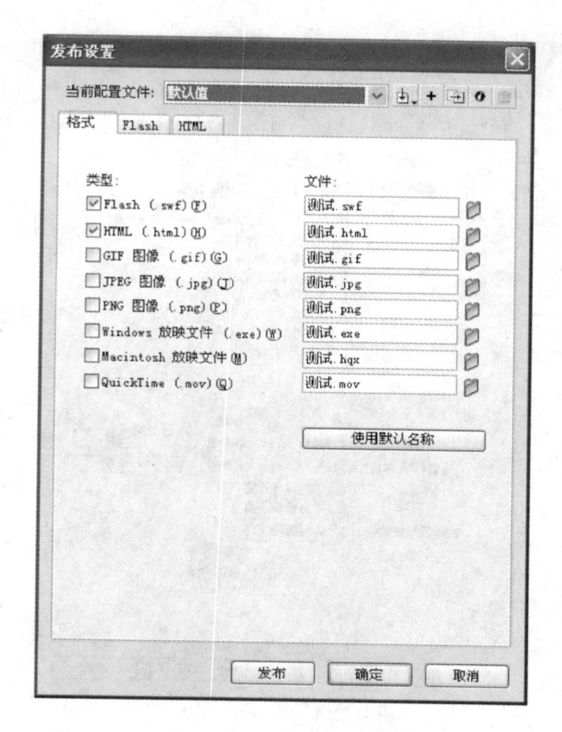

图 1-8-3　“发布设置”对话框之“格式”选项卡

默认情况下，在发布影片时使用的是文档原有名称，如果要重新命名，单击“使用默认名称”按钮，然后在“文件名”文本框中重新输入新的文件名即可。

设置完成后，单击“发布”按钮，即可按照设定的文件格式及参数选项进行发布。单击“确定”按钮，可以保存设置的参数选项而不进行影片的发布。

8.2.2　设置 Flash 发布格式

Flash 格式是默认的发布格式。选择“文件”|“发布设置”命令，打开“发布设置”对话框，单击 Flash 标签，打开 Flash 选项卡，如图 1-8-4 所示。该对话框中各参数选项作用如下。

- 版本：选择 Flash 播放器的版本。可以选择 Flash Player1 到 Flash Player9 播放器，如果影片中的某些功能播放器不支持，将不会显示。
- 加载顺序：选择影片的加载顺序，可以选择“自下而上”或“自上而下”选项。
- ActionScript 版本：选择 ActionScript 脚本语言的版本。单击右侧的“设置”按钮，可以针对不同版本的语言进行设置。
- 选项：选中“生成大小报告”复选框，可以生成最终 Flash 影片的数据量报告；选中“防止导入”复选框，可以防止导入其他 Flash 影片；选中“省略 trace 动作”复

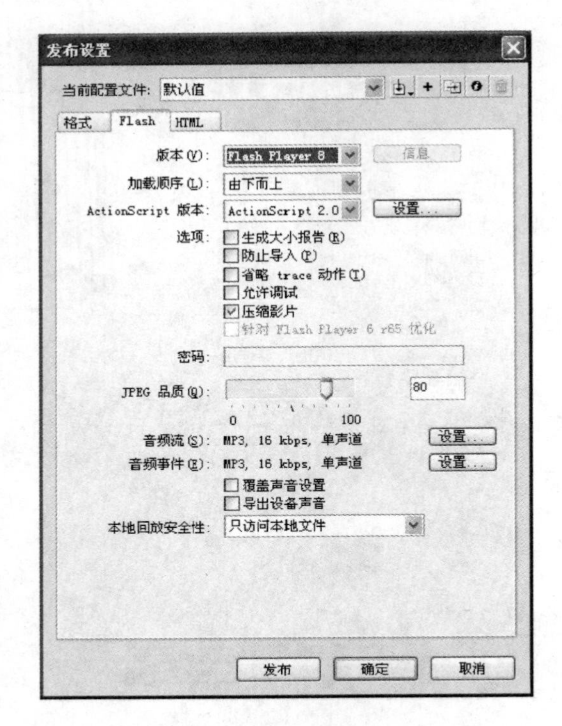

图 1-8-4 “发布设置”对话框之 Flash 选项卡

选框，可以使 Flash 忽略当前影片中的跟踪(trace)动作，在“输出”面板中不显示跟踪动作信息；选中“允许调试”复选框，可以激活调试器并允许远程调试 Flash 影片；选中“压缩影片”复选框，可以压缩 Flash 影片，减小文件大小。

- 密码：选中“允许调试”复选框，可以在“密码”文本框中输入密码，防止未授权的用户调试影片。
- JPEG 品质：可以控制位图压缩。移动滑块或在文本框中输入数值，数值范围为 0～100，数值越小，则影片图像的品质越低，生成的文件也越小；选项数值越大，则影片图像品质越高，生成的文件越大。
- 音频流和音频设置：以设置影片中所有的音频流或事件声音的采样率和压缩。单击“音频流”或“音频事件”选项右侧“设置”按钮，打开“声音设置”对话框，如图 1-8-5 所示。在该对话框中设置声音的压缩、比特率和品质，然后单击“确定”按钮即可。
- 覆盖声音设置：设置声音属性并覆盖“属性”面板中的设置。
- 导出设备声音：将声音以设备声音的形式导出。
- 本地回放安全性：设置本地文件的回放方式，可以选择“只访问本地文件”和“只访问网络”两种选项。

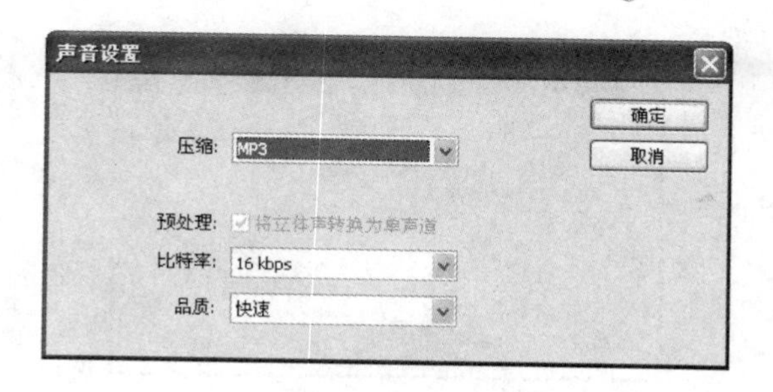

图 1-8-5　“声音设置”对话框

8.2.3　设置 HTML 发布格式

在默认情况下，HTML 文档格式是随 Flash 文档格式一同发布的。这是由于在网页浏览器中，播放 Flash 影片需要一个能够激活该影片并指定浏览器设置的 HTML 文档。单击“发布设置”对话框中的 HTML 标签，打开 HTML 选项卡，如图 1-8-6 所示。该对话框中各参数选项作用如下：

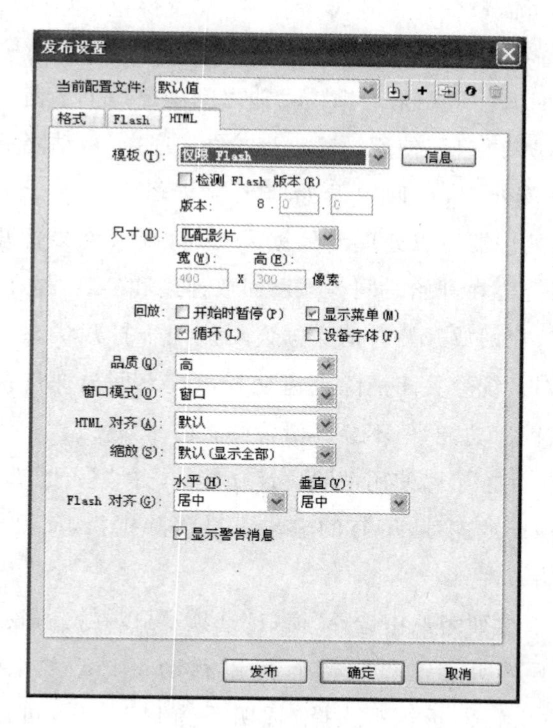

图 1-8-6　“发布设置”对话框之 HTML 选项卡

- 模板：选择已经安装的模板。单击“信息”按钮，打开“HTML 模板信息”对话框，如图 1-8-7 所示，显示所选模板的说明信息。

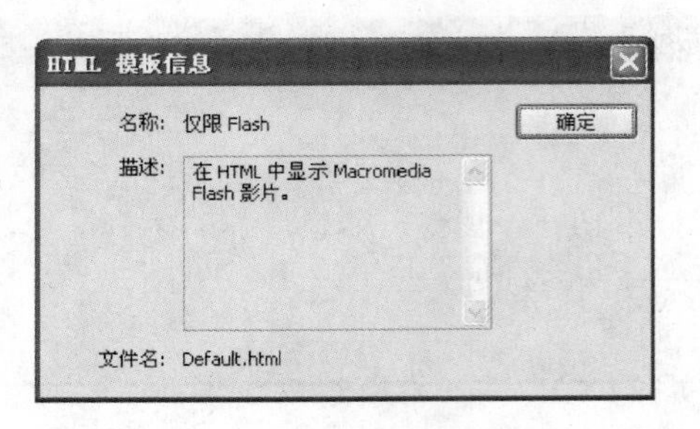

图 1-8-7 “HTML 模板信息”对话框

- 尺寸：在下拉列表框中选择“匹配影片”选项，应用影片的大小；选择“像素”选项，会以像素为单位，在“宽”和“高”文本框中设置影片的宽度和高度数值；选择“百分比”选项，在“宽”和“高”文本框中设置影片相对于浏览器窗口的显示百分比。
- 回放：选中“开始时暂停”复选框，影片在开始时暂停播放，可以单击影片中的按钮或从快捷菜单中选择“播放”命令，再次开始播放；选中“循环”复选框，可以重复播放影片；选中“显示菜单”复选框，可以使用户通过在影片上右击打开快捷菜单的方式选择所需命令；选中“设备字体”复选框，可以在打开文档缺失字体的情况下，使用设备字体替换用户系统中没有的字体。
- 品质：在处理时间与应用消除锯齿功能之间确定一个平衡。选择“低”选项，将强调速度忽略外观，并且不使用消除锯齿功能；选择“自动降低”选项，将强调速度，但会尽可能改善外观，在回放开始时消除锯齿功能处于关闭状态，如果 Flash Player 检测到处理器可以处理消除锯齿功能，则系统会打开该功能；选择“自动升高”选项，系统会在开始时同等强调回放速度和外观，但在必要时会牺牲外观来保证回放速度，在回放开始时消除锯齿功能处于打开状态，如果实际帧频降到指定帧频之下，则系统会关闭消除锯齿功能以提高回放速度；选择“中”选项，可以运用一些消除锯齿功能，但不会平滑位图；选择“高”选项，将主要考虑外观，而不考虑回放速度，并且始终使用消除锯齿功能；选择“最佳”选项可提供最佳的显示品质，但不考虑回放速度，所有的输出都已消除锯齿，而且始终对位图进行平滑处理。
- 窗口模式：在下拉列表框中选择“窗口”选项，可以在网页窗口中以最快速度播放动画；选择“不透明无窗口”选项，可以移动 Flash 影片后面的元素（如动态 HTML），以防止它们透视；选择“透明无窗口”选项，可以显示该影片所在的 HTML 页面的背景，透过影片的所有透明区域都可以看到该背景，但是这样会减慢动画的播放速度。
- HTML 对齐：确定 Flash 影片在浏览器窗口中的位置。在下拉列表框中选择“默认”选项，可以使影片在浏览器窗口内居中显示，如果浏览器窗口小于影片，则会裁剪影片的边缘；选择“左对齐”、“右对齐”、“顶部”或“底部”选项，可以使影片与浏览器窗口的相应边缘对齐，并会根据需要裁剪其余的3条边。

- 缩放：设置影片放置至指定边界内。在下拉列表框中选择“默认（显示全部）”选项，可以在指定区域内显示整个影片，而且不会发生扭曲，同时保持影片的原始宽高比；选择“无边框”选项，可以对影片进行缩放，使其填充指定的区域，并保持影片的原始宽高比；选择“精确匹配”选项，可以在指定区域显示整个影片，但不保持影片的原始宽高比，这时影片可能会发生扭曲；选择“无缩放”选项，可以禁止影片在调整Flash Player窗口大小时同时跟随其缩放。
- Flash对齐：设置如何在影片窗口内放置影片，以及在必要时如何裁剪影片边缘。
- 显示警告消息：在发生冲突时显示提示错误的消息。

8.2.4　设置GIF发布格式

在目前网页中大部分的动态图标都是GIF动画，它是由连续的GIF图形文件组成的动画。常用于保存供网页使用的简单绘画和简单动画。标准GIF文件是一种简单的压缩位图。在“发布设置”对话框的“类型”选项卡中，选中“GIF图像”复选框后，即可显示GIF选项卡，以进行GIF格式的发布设置。

打开“发布设置”对话框，在“格式”选项卡中选中“GIF图像”选项，则会出现GIF标签。单击GIF标签，打开GIF选项卡，如图1-8-8所示，该对话框中各参数选项作用如下。

- 尺寸：在文本框中可以输入导出的位图图像宽度和高度大小数值。选中右侧的“匹配影片”复选框，可以使GIF图像与Flash影片大小相同并保持原始图像的宽高比。
- 回放：选中“静态”单选按钮，只能发布第一帧的GIF图像。选中“动画”单选按钮和右侧的“不断循环”单选按钮，可以循环播放GIF图像的所有帧；选中“重复”单选按钮，在“循环计数”文本框中可以输入要循环播放GIF图像所有帧的次数。
- 选项：选中“优化颜色”复选框，可以从GIF文件的颜色表中删除所有不使用的颜色，并且不会影响图像品质；选中“交错”复选框，发布的GIF文件在下载时，可以在浏览器中逐步显示；选中“平滑”复选框，可以消除发布的图像锯齿，提高图像品质，但会增加GIF文件大小；选中“抖动纯色”复选框，抖动纯色和渐变色；选中“删除渐变”复选框，图像将使用渐变色中的第1种颜色将图像中的所有渐变填充转换为纯色。

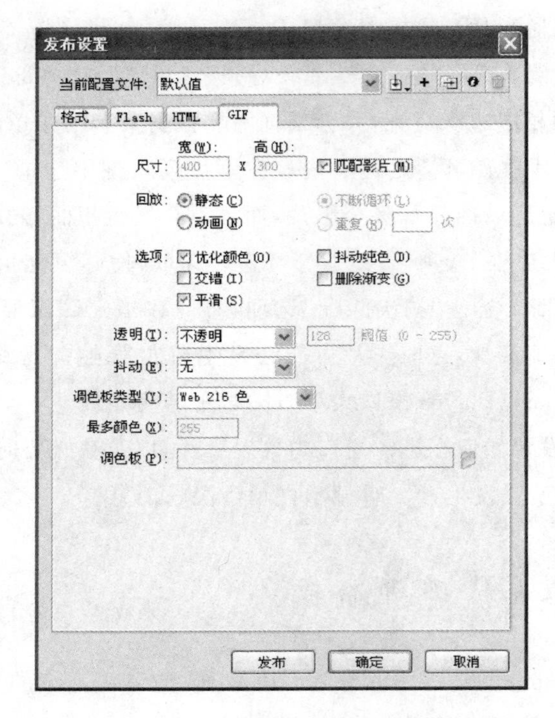

图 1-8-8 “发布设置”对话框之 GIF 选项卡

- 透明：设置影片背景的透明度以及将 Alpha 透明度数值设置为 GIF 图像的方式。
- 抖动：设置可用颜色的像素来模拟当前调色板中不可用的颜色，可以改善颜色品质，但会增加文件大小。
- 调色板类型：设置图像的调色板。选择“Web 216 色”选项，使用标准的 216 色浏览器调色板来创建 GIF 图像，可以获得较好的图像品质；选择“最合适”选项，可以分析图像中的颜色，并为选定的 GIF 图像创建一个唯一的颜色表，可以创建最精确的图像颜色，但生成的文件较大；选择“接近 Web 最合适”选项，将相近的颜色转换为 Web 216 色调色板中的颜色；选择“自定义”选项，可以指定已经优化的调色板作为图像颜色。
- 最多颜色：设置 GIF 图像中使用的颜色数量，选择的颜色数量越少，生成文件的大小越小，但会降低图像的颜色品质。

8.2.5 设置其他发布格式

在 Flash 的“发布设置”对话框中，除了以上几种发布格式外，还可以设置 JPEG 图像、PNG 图像、Windows 放映文件、Macintosh 放映文件和 QuickTime 发布格式。

(1) JPEG 格式：用于保存图像为高压缩比的24位位图。通常GIF格式对线条绘制的图像表现效果较好，而JPEG格式则更适合显示包含连续色调（如相片、渐变色或嵌入位图）的图像。在“发布设置”对话框的“类型”选项卡中，选中“JPEG 图像”复选框后，即可显示JPEG选项卡，以进行JPEG格式的发布设置。

(2) PNG 格式：支持透明度（Alpha 通道）的跨平台位图文件格式，也是 Macromedia Fireworks 的默认文件格式。在“发布设置”对话框的“类型”选项卡中，选中“PNG 图像”复选框后，即可显示PNG选项卡，以进行PNG格式的发布设置。

(3) Windows 放映文件：用于创建 Windows 独立放映文件。需要注意的是，在“发布设置”对话框中不会显示与其相应的选项卡。

(4) Macintosh 放映文件：用于创建 Macintosh 独立放映文件。需要注意的是，在“发布设置”对话框中不会显示与其相应的选项卡。

(5) QuickTime：用于创建 QuickTime 格式的影片，并将 Flash 影片复制到单独的 QuickTime 轨道上。在 QuickTime 影片中播放 Flash 影片与在 Flash Player 中完全相同，并且可保留影片本身所有的交互功能。

8.3 Flash 动画在网页中的应用

Flash 发布的各种格式的文件在网页中都有应用，这里详细介绍一下最常用的 swf 文件在网页中的一些技术处理。

Flash 在网页中的应用主要有网页装饰、广告、按钮、导航、视频播放、游戏（小的和网游），也有用 Flash 做整个网站的（主要是一些图文展示性的）等。

Flash 进入 Adobe 公司不久，Flash CS3 版本便面世，从这个版本起 Flash 的脚本语言 ActionScript 被改造为真正意义的 OOP（面向对象的程序设计）语言，随后 Adobe Air 计划启动，Flash 升级到 CS 4 版本，如今已经可以使用 Flash 开发强大的桌面程序，依赖于 Flash 构建的 Web 应用程序更是层出不穷。

8.4 教学范例

【例 1】 动静合一的网页 Banner，效果如图 1-8-9 所示。

案例思路：Flash 动画除了单独使用，在作为网页装饰时还可以“悬浮”在背景图上

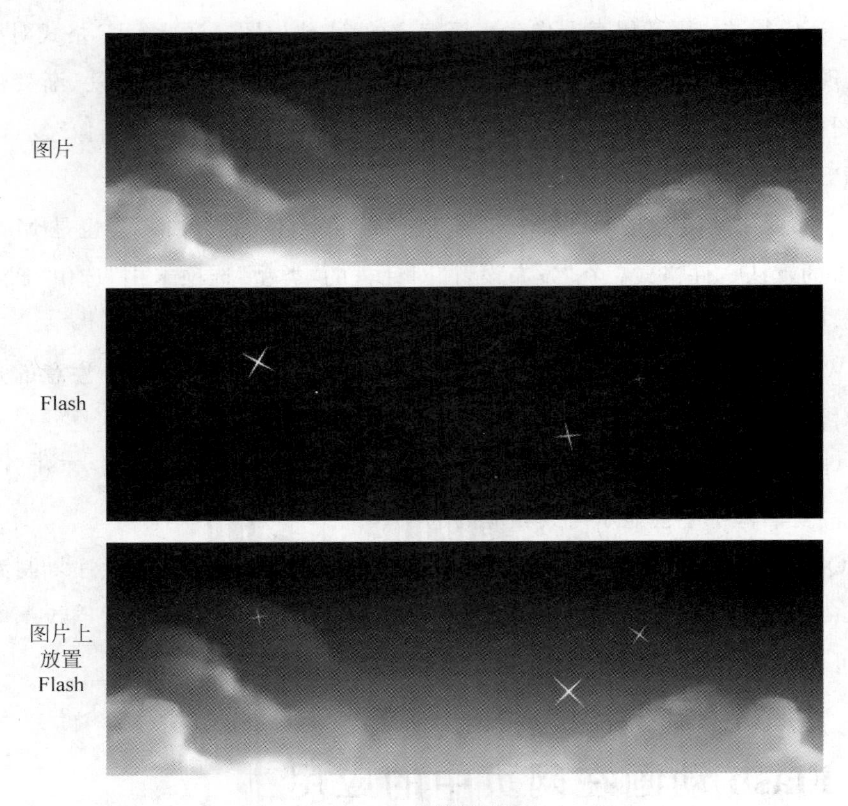

图 1-8-9　网页效果图

方，经常可以在网页的 Banner 中看到这种效果：有大画面作为背景，有些文字渐变效果、线条移动等动态效果浮于其上。这样做的好处是把不动的背景图片置于 Flash 文件之外，有效地减小 Flash 文件的尺寸，另外，如果浏览者的浏览器不支持 Flash 插件，至少还能看到图片，对浏览效果影响较少。

在图 1-8-9 中看到单纯图片、单纯 Flash 以及 Flash 与图片相结合的三种效果。下面简单介绍一下制作步骤。

制作步骤如下：

(1) 素材准备。准备一张做背景的图片(backgroud.jpg)，以及发布成 swf 文件的动画(如 star.swf)。

(2) 新建网页(可以用任何制作网页的工具软件，如 FrontPage 或 Dreamweaver 等)，插入表格进行布局。插入 5 行 2 列的表格，表格在网页中居中对齐，无边框。注意表格宽度设定与图片大小的关系。例如，图片大小为 620×209，则表格宽度设为 680，文字列宽度设为 60，参照图 1-8-10 写入文字信息。

(3) 在"图片"后的单元格内插入图片 backgroud.jpg。

图片	
Flash	
图片上放置Flash	

图 1-8-10　表格的设计

(4) 在“Flash”后的单元格内插入动画 star.swf。注意调整动画的宽度和高度。对应单元格的 HTML 代码如下(其中,clsid 用来标识浏览器的 ActiveX 控件。输入的值必须与上面的显示完全一致。如果是用 FrontPage 或 Dreamweaver 等网页制作工具插入 Flash,则以上代码会自动生成):

```
<td>
<object classid = "clsid:D27CDB6E - AE6D - 11cf - 96B8 - 444553540000" codebase = "http://
download.macromedia.com/pub/shockwave/cabs/flash/swflash.cab # version = 9,0,28,0" width =
"620" height = "209">
        <param name = "movie" value = "star.swf" />
        <param name = "quality" value = "high" />
        <embed src = "star.swf" quality = "high"
pluginspage = "http://www.adobe.com/shockwave/download/download.cgi? P1_Prod_Version =
ShockwaveFlash" type = "application/x - shockwave - flash" width = "620" height = "209">
</embed>
</object>
</td>
```

(5) 对“图片上放置 Flash”后的单元格,首先将单元格的背景设为 backgroud.jpg,然后,插入动画 star.swf。注意要插入代码“<param name="wmode" value="transparent" />”,该代码即实现 Flash 动画透明效果。

该单元格代码如下:

```
<td background = "background.jpg">
<object classid = "clsid:D27CDB6E - AE6D - 11cf - 96B8 - 444553540000" codebase = "http://
download.macromedia.com/pub/shockwave/cabs/flash/swflash.cab # version = 9,0,28,0" width =
"620" height = "209">
        <param name = "movie" value = "star.swf" />
        <param name = "quality" value = "high" />
        <param name = "wmode" value = "transparent" />
        <embed src = "star.swf" quality = "high" pluginspage = "http://www.adobe.com/
shockwave/download/download.cgi? P1_Prod_Version = ShockwaveFlash" type = "application/
x - shockwave - flash" width = "620" height = "209"></embed>
</object>
</td>
```

(6) 保存网页,并在浏览器中观看效果。

【例 2】 制作 Flash 导航,效果如图 1-8-11 所示。

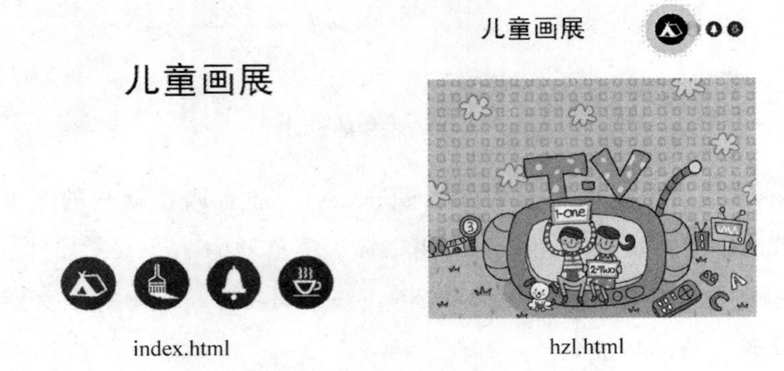

图 1-8-11 网页导航的效果图

案例思路：Flash 导航菜单有很眩的动画效果,在网页中加入 Flash 导航,能使整个页面增色不少。制作时,页面跳转的语句都需在 fla 源文件中制作完成,发布成 swf 文件,再将 swf 文件嵌入到网页中。例如下面这个网站中,有 index. html、hz1. html、hz2. html 和 hz3. html,单击 Flash 导航能实现页面的跳转。

制作步骤如下：

(1) 在 Flash 中,制作 nav. fla 导航动画：在舞台上加入 4 个按钮,为每个按钮加入页面跳转的脚本语句,如第 1 个按钮回主页,语句为：

```
on (release) {
   getURL("index.html");
}
```

(2) 发布动画为 nav. swf 动画。

(3) 在 FrontPage 中制作 4 个网页,参照图 1-8-11 左图在 index. html 网页中插入 nav. swf,参照图 1-8-11 右图制作 hz1. html、hz2. html 和 hz3. html 3 个网页。

(4) 保存网页 hz1. html、hz2. html 和 hz3. html。

(5) 在浏览器中测试网页。

【例 3】 数字游戏,效果如图 1-8-12 所示。

案例思路：Flash 游戏在网络上也是非常流行的。该例中让用户连续猜 5 个数,大于 7 或小于 7。中途猜错提示“you lost”,可以“再来”；全都猜对,可“欣赏”图片动画。

制作步骤如下：

(1) 新建文档,背景设为深灰色。

(2) 首先绘制背景层。在第 1 帧,绘制如下图形：上方 5 个矩形框,下方中间一个“7”。第 6、7 帧插入关键帧,并作修改,如图 1-8-13 所示。

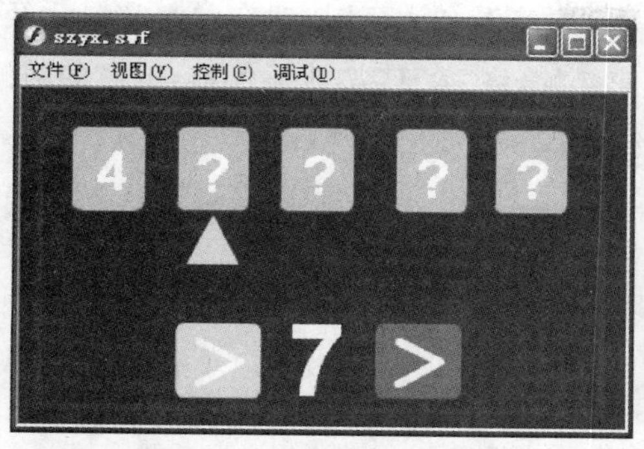

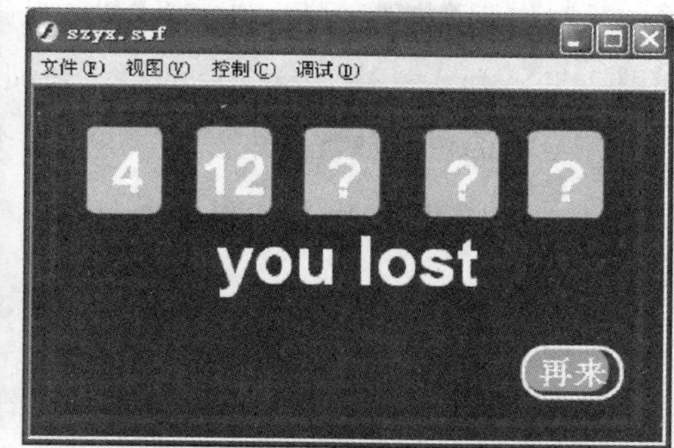

图 1-8-12 数字游戏的效果图

图 1-8-13 第 1、6、7 帧

(3) 新建一层 arrow，插入 5 个关键帧。新建一个三角的图形元件，在 5 个关键帧中将三角放置在对应的矩形框下面，如图 1-8-14 所示。

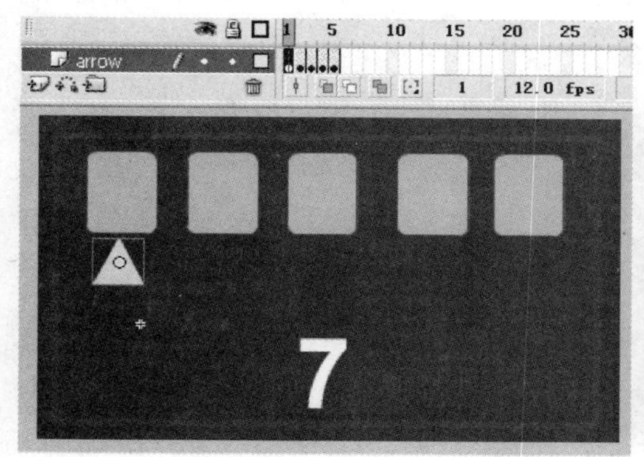

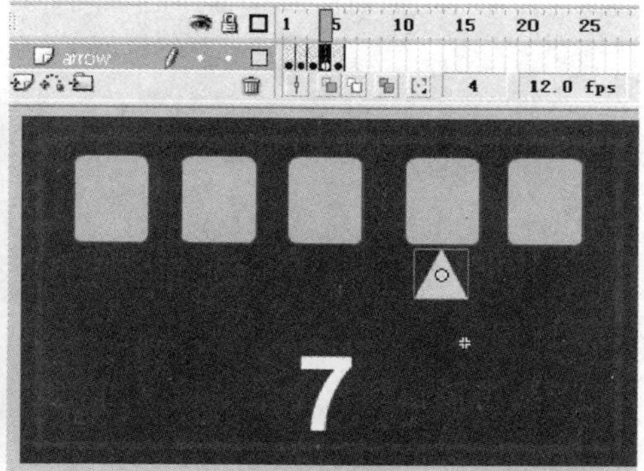

图 1-8-14 arrow 图层

（4）制作3个按钮元件："大于"、"欣赏"和"再来"。"大于"按钮在弹起和鼠标经过时如图1-8-15所示。在背景图层的第1帧和第6帧，将"大于"按钮元件拖至"7"的两侧，在第7帧合适的位置放置"欣赏"和"再来"2个按钮，如图1-8-15所示。

图1-8-15 "大于"按钮的2个状态

（5）新建图层Number，在5个矩形框的位置放置5个动态文本框，变量分别为a1～a5。在第7帧插入关键帧，加入代码stop()；。

（6）新增一层，从第8帧开始呈现一段图片展示动画。

（7）添加代码：

第1帧：

```
a1 = "?";
a2 = "?";
a3 = "?";
a4 = "?";
a5 = "?";
i = "0";
stop();
```

7右边的按钮">"：

```
on(press){
    x = Number(random(13) + 1);
    i = Number(i) + 1;
    set("a" add i,x);
    if(Number(x)<= 7){
        nextFrame();
    }else if(Number(x)>7){
        gotoAndStop(7);
    }
}
```

7左边的按钮">"：

```
on(press){
    x = Number(random(13)) + 1;
    i = Number(i) + 1;
    set("a" add i,x);
    if(Number(x)> = 7){
```

```
        nextFrame();
    }else if(Number(x)<7){
        gotoAndStop(7);
    }
}
```

“再来”按钮：

```
on(press){
    gotoAndPlay(1);
}
```

“欣赏”按钮：

```
on(release){
    gotoAndPlay(8);
}
```

(8) 保存并测试文件。

习题 8

1. 判断题

(1) 影片的下载时间和回放时间与影片文件的大小成正比，要减少影片的下载和回放时间，在导出影片之前最好对影片进行优化。(　　)

(2) 在 Flash 文档中使用元件可以显著减小文件的大小。(　　)

(3) 在优化影片时，对于声音，尽可能使用 WAV 格式的声音，因为 WAV 格式的声音文件占用空间较小。(　　)

(4) 使用“发布”命令可以创建 *.SWF 格式文件，也可以将 Flash 影片插入 HTML 文档。(　　)

(5) 作为发布过程的一部分，Flash 将自动执行某些电影优化操作。(　　)

(6) 最好不要循环流式声音，因为在设置流式声音的循环之后，电影中将添加多帧，文件量将按声音的循环次数而增加。(　　)

(7) 在导出电影时，采样率和压缩比将显著影响声音的质量和大小。压缩比越高，采样率越低，则文件越小而音质越差。(　　)

(8) 要将电影中的所有声音导出为 WAV 文件，可选择 File|Export Movie 命令。(　　)

(9) 如果要增强某段声音的音质,可在用 Flash 导出时选择较高的采样率。( )

2. 选择题

(1) 在下载性能图表中,如果某个帧超出图表中水平的红色线条,说明________。

A. 该帧将被跳过　　B. 影片必须等待该帧的加载
C. 该帧可顺利播放　　D. 该帧中包含错误

(2) 尽量使用________工具绘制线条,可以减少所需的磁盘空间。

A. 铅笔　　B. 线条　　C. 钢笔　　D. 墨水瓶

(3) 在优化颜色时,应尽量少的使用________。

A. 渐变色　　B. 透明色　　C. 纯色　　D. Web 256 色

(4) 发布 Flash 文档时,其默认的发布格式是________。

A. SWF 和 HTML　　B. GIF 和 PNG
C. PNG 和 HTML　　D. SWF 和 MOV

(5) 要优化形状和线条,提高动画的播放性能,以下描述正确的是________。

A. 尽量使用图层,使动画过程中发生变化的对象和保持不变的对象分开
B. 尽量多使用特殊线条类型(如虚线、点线、锯齿状线等)的数量
C. 使用"修改">"曲线">"优化"命令将用于描述形状的矢量的数量减少
D. 用铅笔工具产生的线条比刷子笔触产生的线条所需的资源更少

(6) 要优化颜色,提高动画的播放效果和性能,以下描述正确的是________(多选)。

A. 尽量把重复的内容制作为元件,并通过属性为实例产生不同颜色
B. 尽量减少颜色的种类数量,可以使动画播放更流畅
C. 尽量少使用纯色,因为纯色比渐变色占用更多计算机资源
D. 尽量少用 Alpha 透明度,因为它会减慢播放速度

(7) 下面________操作不可以使电影优化(多选)。

A. 如果电影中的元素有使用一次以上者,则可以考虑将其转换为元件
B. 只要有可能,请尽量使用渐变动画
C. 限制每个关键帧中发生变化的区域
D. 要尽量使用位图图像元素的动画

(8) 如果系统安装了 DirectX 7 或更高版本(仅限 Windows),则在导入嵌入视频时仍然不支持的视频文件格式是________。

A. avi　　B. wmv　　C. dv　　D. mpeg

(9) 要优化 Flash 文档,下列说法正确的有(多选)________。

A. 对于每个多次出现的元素,使用元件、动画或者其他对象

B. 在创建动画序列时，请尽可能使用补间动画，因为与一系列的关键帧相比，它占用的文件空间更小

C. 尽可能使用一种字体和字形，减少嵌入字体的使用

D. 对于声音，尽可能使用 MP3 这种占用空间最小的声音格式

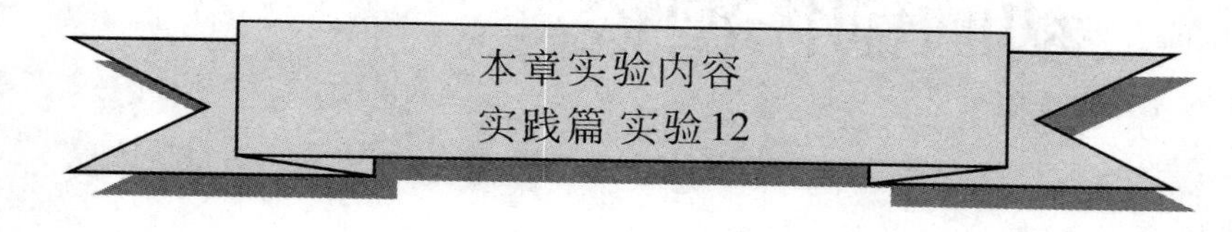

第9章

动画创作漫谈

人们常常会被网页上的一些精彩的广告横幅所吸引，会心动于朋友从网上发来的电子贺卡，也会被电视上滑稽的动画片搞得捧腹大笑。对于没有认识 Flash 的人来说，亲手制作这些简直是不可思议的事情。而事实上，对于任何人，这都可以成为现实——因为有 Flash！一旦了解了 Flash，人人都会对它爱不释手。

本书介绍的内容接近了尾声，最后，谈谈动画创作与学习的一些问题。

1. Flash 动画影片制作的过程

一般的 Flash 动画影片制作的过程可分为五个步骤：

(1) 编写动画的文字剧本

文字剧本是一个动画影片的基础，它勾画出故事的框架和主要走向。包括开端、发展、一些起伏、高潮直至收尾。

故事的整体框架要构思完美，在大的框架下要有许多有趣、有创意的细节来配合，如《猫和老鼠》中猫一次次被老鼠捉弄的情节，《喜羊羊和灰太狼》中狼的发明和羊的对策，等等，不得不让人佩服导演们丰富的想象力和创意。

在文字剧本中，除了故事情节，还应有场景的一些描述。以后的所有工作都是在它的框架内进行。所以文字剧本也许字数不多，但是却至关重要。

(2) 设计动画角色造型

造型设计在动画片中的重要性毋庸置疑，看过的动画片，多年以后也许其中的情节都忘记了，但里面的角色造型我们却能记住。比如米老鼠、唐老鸭、懒羊羊、灰太狼等，很多人都记不住他们在故事中的情节，但他们的形象我们一闭眼就能想象得出来。不管他们在什么场合出现，穿什么服装做什么动作，我们都能一眼认出他们，这就是一个成功造型的魅力所在。因此，有一个好的造型，是动画片成功的前提和基础。

设计好的造型要注意下面几个方面：简洁、易动、性格。

简洁：动画片的造型，要适合用动画来表现。用Flash做动画片不同于用3D软件制作动画，后者在软件中建立角色的三维数据后，可以在软件中架起摄影机、调整镜头、设置照明装置、打上各种照明灯光，进行拍摄，而且一次建模可以反复地使用并多角度输出图像；Flash制作的动画片，不是摄影机实拍的，任何一个画面、造型都是美工一笔一笔画出来的，所以简洁好画是很重要的。《喜羊羊和灰太狼》的成功就是一个很好的例证，它的成功得益于"重创作、轻制作"的经营理念，该片在前期创意环节融入了大量的流行元素，而制作上的相对"粗糙"，缩短了制作周期，减轻了成本压力。一个动画系列片成功的90%永远是创意艺术，而不是制作技术。

易动：就是容易使造型作动画。动画片是"动"的画面，造型的设计也要符合这一要点，造型设计得呆板、僵硬，不利于动画表现。用Flash制作动画更要注意这一点，因为在计算机上绘画不如在纸上绘画好控制，所以尽量多地使用元件，可以把角色的头、手、脚、眼、嘴、常使用的道具、场景的常用布置等各个内容都制作成元件，在很多的画面、造型中都可以重复利用，这样可以大大节省时间和减低复杂性。

性格：为每个角色刻画自己独特的性格，是角色成功的关键因素。例如《喜羊羊和灰太狼》中的头顶一堆大便的懒羊羊造型，好吃懒做，让人忍俊不禁；灰太狼怕老婆，又很会搞发明、想办法，屡战屡败，又屡败屡战，也是一个很可爱的形象。形象要深入人心，一定要性格鲜明。

(3) 场景设计

为剧本中的每个场景造型。在Flash中要学会利用元件，在不同场景中可多次利用，比如《喜羊羊和灰太狼》剧中的羊村、狼堡等。而且Flash中绘制的是矢量图，可以任意放大、缩小尺寸，都不会影响画面质量。

(4) 分镜头画面脚本

分镜头画面脚本是动画以及后期制作等所有工作的参照物，文字剧本是个框架，分镜头画面脚本就是实施细则了。绘制分镜头脚本应该考虑到镜头切换、旋转，视角变化、透视变化等要点，不让观众眼睛产生疲倦，时时刺激观众的视觉。另外有一点要注意，在绘制分镜头的同时，就要把音乐、音效的因素考虑进去。音乐、音效在一部动画片里占有举足轻重的作用，没有音乐是难以想象的。

文字剧本是用文字讲故事，绘制分镜头是用画面来讲故事。文字剧本的内容是固定的，但分镜头的时候可以发挥想象力，将文字的意境通过画面展现出来，文字剧本中的一句话可以分几个镜头呈现，只要不脱离文字剧本的原意，镜头怎么分都可以。

在Flash中绘制分镜头的步骤如下：

步骤1：在Flash里建一个场景。

步骤 2：新建一层，插入若干空白关键帧，一帧帧进行绘制。

步骤 3：全部画完后调整帧与帧之间的间隔，也就是每个镜头的长度。

在一部作品中，会用到各种“镜头”，按镜头大小分有全景、中景、特写等，从视角分有仰视、俯视、平视等，从处理分有推镜头、拉镜头、抖动镜头、移镜头、旋转镜头等，如何在正确的时间、正确的地点，使用正确的镜头，需要不断学习与实践，才能把故事讲得引人入胜。

(5) 剪辑配音

动画中的音乐和对白可以分为先期录音和后期录音两种。先期录音是指先录制音乐和对白，然后根据录音来绘制动画。后期录音是指先有动画，再根据动画来配音、配对白。许多动画片制作为了达到好的艺术效果，往往采用全部先期录音或部分先期录音的方法。

先期音乐可以使画面动作与音乐旋律协调、合拍，这样动作的节奏感、韵律感就会很突出。而一些优秀作品中的角色说话时，口型与说的内容搭配得精准，就是采用先期对白制作的。

我们也可以借鉴这种方法，先找好要用的音乐，导入 Flash 时间轴，然后根据音乐调整分镜头中关键帧的位置，或者结合音乐重新构思创作分镜头画面。不同的故事情节、气氛、人物情绪都应有对应音乐来烘托、呈现，这样可以使作品更有表现力。另外，很多动作配上合适的音效，如走路、摔跤、爆炸、吃惊等，可以事半功倍地表现一些效果。音效素材网上较多，平时要注意收集与积累。

一部好的动画作品在艺术构思、剧本创作、音乐创作、后期合成等方面都要有上佳的表现，并追求内容与形式的完美统一。

2. Flash 动作设计的技巧

(1) 动作的时间与节奏

对动画时间的基本考虑是放映速度：电影和电视的放映速度是 24 帧/秒，而动画片一般有 12 帧就可以了，然后录制或拍摄时进行双格处理。如果绘制动作较快的动画最好进行单格处理，即每秒要绘制 24 个画面。

一个急速跑步动作需 4 帧画面，快跑动作需 8 帧画面，慢跑动作则需 12 帧，超过 16 帧，画面就失去冲刺感觉；大象需要 1～1.5 秒完成一个完整的步子；小动物如猫的一个动作只需 0.5 秒或更少；鹰的翅膀一个循环需要 8 帧；小麻雀的翅膀循环动作有 2 帧画面就可以了。这些时间的计算与把握能力需要在长期的工作中慢慢摸索。

在动作节奏处理上，有较平缓类和较急剧类，恰当运用，能增加作品的观赏性和感染力：

比较柔和平缓类：静止——慢——快，快——慢——静止。

动作急剧，有突然性，引人注意：快——停；快——停——快，慢——快——突然静止。

(2) 力学原理的应用

在动作中要注意重力、磨擦力、阻力、作用力与反作用力、惯性等对动作的影响，用加速、减速、变形等效果将这些动作表现完美。

如小球从窗口往下扔，在空中是个抛物线，而且速度越来越快，落地瞬间有个被压扁变形的状态，然后弹起，不断减速，弹至空中最高点时静止，然后再下落。有速度、形状的变化，可以使整个动画看上去更有生气。

(3) 夸张手法的应用

动画片中最出彩的往往是夸张手法的恰当应用，特别是卡通、漫画风格的作品，大幅度的夸张往往使作品充满乐趣。

在动画世界中，没有做不到，只有想不到，《哆啦A梦》中哆啦A梦的口袋里道具、《喜羊羊和灰太狼》中灰太狼研发出的各种抓羊工具，《猫和老鼠》中猫永远被老鼠用各种方法捉弄等。

在形态变化上也可以大行夸张，如动画角色可以被压扁成一张薄薄的纸，吹口气就复原；可以被打气或灌水，使整个身体鼓得像一个球等。

速度是体现夸张常见的对象之一，常有画面中一动画角色在原地"发动"跑步，然后"一溜烟"就跑没了。

另外表情、情绪的夸张也是很常用的，如懒羊羊哭时眼泪就跟两注喷泉一样，而灰太狼吃惊时常常下巴会掉下来等。

夸张吗？很夸张。不能接受吗？观众一个个都很乐于接受，而且还很期待呢，这就是动画的魅力。如果没有这些表现形式，动画片也就没那么好看了。

3. 结束语

Flash简单易用，掌握Flash并不是难事。初学Flash的难点在于Flash的动画设计技术，随着学习的深入，难点就是你有没有创作力和想象力了！对于初学者来说，要舍得花时间去研究别人的作品，这是学习动画设计的捷径。现在网上各类视频教程也很多，广泛涉猎能使自己的知识不断得到更新。在学习中，养成记笔记的良好习惯，不断地整理、总结。另外，将自己制作的动画作品保存起来，逐渐积累，形成庞大的素材库，不仅可以巩固学习成果，而且可以提高创作效率。

动画设计与制作是一门导演的艺术，技术重要，创意更重要。仅有好的制作技术没有好的创意充其量只能成为一个熟练工。因此，在钻研技术的同时，要注意对艺术想象力的培养。要读一些有关编剧、导演、表演、美学、摄影、绘画、建筑等方面的书籍，为培养自己的艺术功底下工夫。

实践篇

实验 1

Flash 8的基本操作

一、实验训练

1. 实验目的

(1) 认识 Flash 的工作环境。

(2) 掌握 Flash 动画文档的创建、保存等操作。

(3) 熟悉和掌握 Flash 的文档"属性"面板及设置。

(4) 通过"矩形工具"、"文本工具"等,练习 Flash 的基本操作。

(5) 通过简单的动画设计,了解"时间轴"、"帧"的基本概念。

2. 实验内容及步骤

【任务 1】 通过简单的复制形成文字的阴影效果。

(1) 启动 Flash 8,新建一个 Flash 文档。

(2) 观察 Flash 8 的主界面,找到如工具箱、时间轴、属性面板等关键区域。

(3) 选择工具箱中的"文本工具",设置文本颜色为#009900,字号为 83,宋体,在舞台上输入文本:我爱 Flash,如图 2-1-1(a)所示。

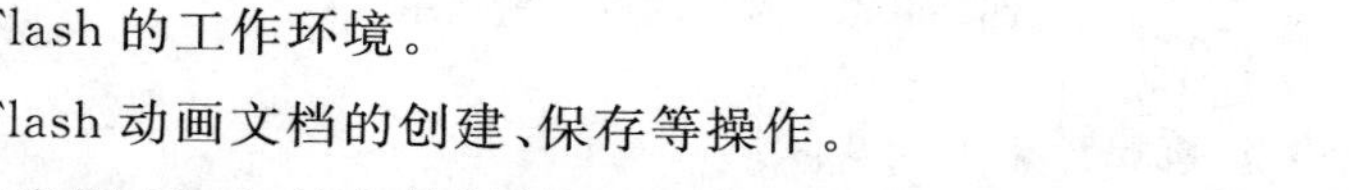

我爱Flash

(a) 原文本

我爱Flash

(b) 复制后

图 2-1-1 文本的复制操作

(4) 选择工具箱中的“选择工具”,单击舞台上的文本可以选中整个文本。按住 Ctrl 键,再用鼠标向旁边拖动文本,在舞台上复制了一个新文本,如图 2-1-1(b)所示。

(5) 设置新的文本颜色为 #00FF00,其他属性不变。拖动该文本到合适位置,形成阴影效果,如图 2-1-2 所示。

我爱Flash

图 2-1-2 阴影效果

(6) 保存该文件到自己的文件夹中,文件名为“阴影效果”。

【任务 2】 通过“时间轴特效”实现文字的阴影效果,效果图如图 2-1-3 所示。

图 2-1-3 “时间轴特效”效果图

(1) 启动 Flash 8,新建一个 Flash 文档。

(2) 在新建的 Flash 文档中,选择“修改”|“文档”命令,打开“文档属性”对话框,如图 2-1-4 所示。设置其大小为 400 像素×300 像素,背景颜色为白色。

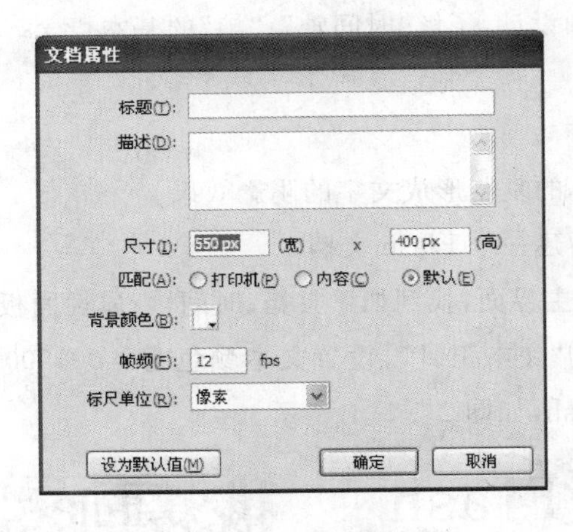

图 2-1-4 “文档属性”对话框

(3) 选择“文件”|“导入”|“导入到库”命令,将提供的 flower.jpg 图片文件导入到“库”中。这时在右面的“库”面板上会看到 flower.jpg 对象(如果没有“库”面板,则选择“窗口”|“库”命令打开“库”面板或者按 Ctrl+L 键)。

（4）再从"库"中将 flower.jpg 拖入到舞台上。选中加入的位图，打开"对齐"面板，选中"相对于舞台"、"水平中齐"和"垂直中齐"，如图 2-1-5 所示，使位图位于舞台中央，正好覆盖在舞台上。

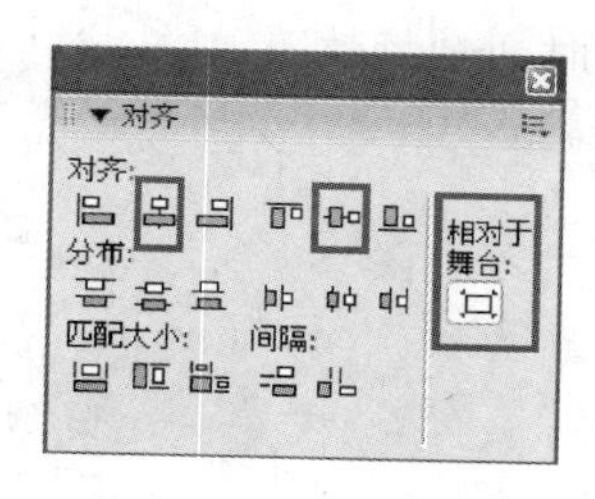

图 2-1-5 利用"对齐"面板调整对象的位置

（5）单击"时间轴"面板上图层编辑区下方的"插入图层"按钮，在"图层 1"的上方添加一个"图层 2"。

（6）选择"文本工具"，在"图层 2"的第 1 帧输入文本"花语"。接着，在"属性"面板上自行设置文本的各参数，包括字体、大小、文本填充颜色等，其中，改变文本方向为"垂直，从左向右"，并通过拖动调整文本在舞台上的位置，见图 2-1-6 所示。

图 2-1-6 文本的"属性"设置

(7) 用“选择工具”选中文本框，然后选择“插入”|“时间轴特效”|“效果”|“投影”命令，弹出“投影”对话框。在该对话框中自行设置阴影的颜色、透明度及阴影的距离，单击“确定”按钮。

(8) 保存该文件，文件名为“时间轴特效”。

(9) 按 Ctrl＋Enter 键测试效果。

二、分析与提高

1. 分析实例

“初识工具箱 2. fla”(见 1. 4 节例 2)。

2. 提出问题

怎样加如图 2-1-7 所示的影子?

图 2-1-7　在文字下加倒影

3. 解决方法

(1) 在文本所在的图层上面增加一个新图层。

(2) 选中原文本图形，执行“复制”命令。

(3) 在新图层的第 1 帧，执行“粘贴”命令，再选择“修改”|“变形”|“垂直翻转”命令。

(4) 最后设置下面文字图形的颜色。

三、自我演练

【任务描述 1】 在 Flash 的“窗口”菜单中，打开/关闭 Flash 的各种面板。

【任务描述 2】 练习“工具箱”中“文本工具”、“矩形工具”、“变形工具”、“钢笔工具”等的使用方法。

【任务描述 3】 创建一个新文档，在舞台上绘制一个笔触颜色为黑色，笔触高度为1，填充颜色为#CC0000的正圆。再删除圆的边框，使用“任意变形工具”将圆变成椭圆。

【任务描述 4】 创建一个新文档，文档命名为“混合模式”。首先将舞台背景颜色改为#1A50B8，在舞台上导入所给的图片car01.jpg，将该图片转换为影片剪辑元件，选中舞台上的影片剪辑，在属性面板上选择“混合”列表中的不同选项，观察舞台上影片剪辑的变化。

实验 2

绘图工具及滤镜

一、实验训练

1. 实验目的

(1) 熟练掌握各种绘图工具的使用方法。

(2) 能够绘制矢量图形,能完成图形的编辑操作、颜色设置。

(3) 掌握“混色器”、“变形”、“对齐”、“滤镜”等面板的使用。

(4) 掌握外部位图的导入及加工操作。

2. 实验内容及步骤

【任务 1】 利用提供的“波浪线.fla”,制作“翻动的波浪线.fla”。

(1) 打开“波浪线.fla”,另存为“翻动的波浪线.fla”。

(2) 在“图层 1”的第 20 帧插入一关键帧。

(3) 在第 10 帧处右击,选择“转换为关键帧”命令。

(4) 在第 10 帧,选中舞台上的波浪线,然后选择“修改”|“变形”|“垂直翻转”命令。

(5) 选中第 1 帧,在“属性”面板上选择“补间”列表中“形状”选项,创建一个形状补间动画。

(6) 同样,选中第 10 帧,在第 10 帧和第 20 帧之间创建形状补间动画。“时间轴”面板如图 2-2-1 所示。

(7) 保存文件,按 Ctrl+Enter 键测试效果。

【任务 2】 在舞台上导入一张图像,使用“魔术棒”抠出卡通人物,然后利用“变形”操作产生倒影。

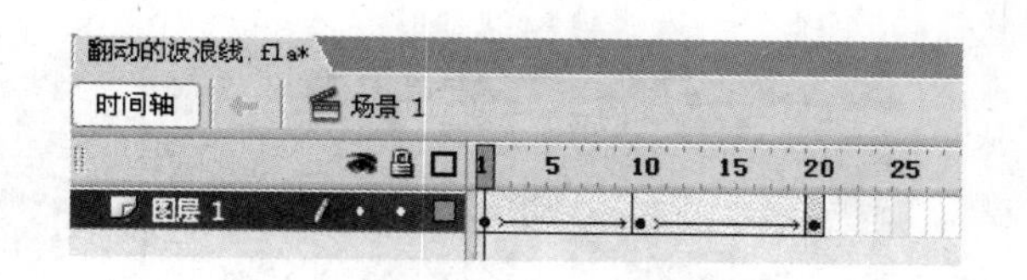

图 2-2-1　“翻动的波浪线.fla”时间轴

(1) 启动 Flash 8，新建一个 Flash 空白文档，将文档的“背景”颜色设置为绿色(#00FF00)。

(2) 选择“文件”|“导入”|“导入到舞台”命令，将提供的 xiyangyang.bmp 图片文件导入到舞台上。

(3) 选中导入的图像，选择“修改”|“分离”命令，将导入的图像打散。

(4) 选择“工具箱”中的“套索工具”，在“选项”中选择魔术棒，单击“魔术棒设置”按钮，在弹出的“魔术棒设置”对话框中设置“阈值”为 50。

(5) 将鼠标移到位图上，用魔术棒在图片的背景上单击，选中背景，如图 2-2-2(a)所示。

(6) 按 Delete 键删除背景，最后得到想要的卡通人物的图像，如图 2-2-2(b)所示。

(a) 使用魔术棒选中背景　(b) 删除背景后

图 2-2-2　删除图像的背景

(7) 用“选择工具”选中卡通人物，选择“修改”|“转换为元件”命令，在“转换为元件”对话框中设置名称为“卡通 1”，“行为”为“图形”。

(8) 在舞台上使用“铅笔工具”绘制水面的轮廓(注意：要封闭)，笔触颜色可以设置为#99FFCC，再用“颜料桶工具”填充颜色，填充颜色可以设置为#00CCFF。调整水面和人物在舞台上的位置，见图 2-2-3。

(9) 打开“库”面板，从库中将刚刚创建的“卡通 1”元件拖到舞台上，这时舞台上有两个“卡通 1”图形元件的实例。

(10) 选中第二个元件实例，完成对该元件的编辑操作：选择“修改”|“变形”|“垂直翻转”命令；再打开“变形”面板，不要勾选“约束”，在“宽度”和“高度”两个文本框中各输入 50%，按 Enter 键表示确认；在“属性”面板上选择“颜色”列表框中的 Alpha 选项，并将其颜色透明度设置为 30%；最后拖动该元件实例，使其位于第一个元件的正下方，在水

图 2-2-3 “倒影”效果图

中形成倒影。

(11) 最后完成效果图如图 2-2-3 所示。

(12) 保存该文件,文件名为“倒影”。

(13) 按 Ctrl+Enter 键测试效果。

【任务 3】 利用滤镜制作具有视觉冲击效果的动画。

(1) 新建一个 Flash 空白文档。设置舞台大小为 446 像素×286 像素,背景颜色为白色。

(2) 导入提供的 car01.jpg 文件到库中。

(3) 选择“插入”|“新建元件”命令,新建一个“影片剪辑”元件,名称为“汽车”。“创建新元件”对话框如图 2-2-4 所示。

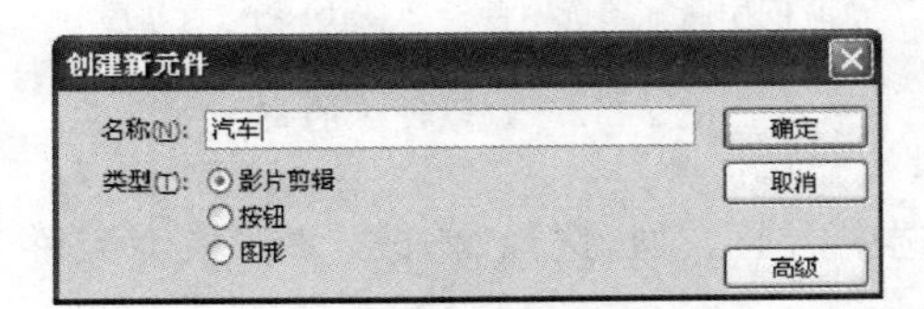

图 2-2-4 创建“影片剪辑”元件:“汽车”

(4) 将“汽车”元件从“库”面板拖入到舞台上。

(5) 利用“对齐”面板使其位于舞台中央。方法如下:选中舞台上的“汽车”元件,打开“对齐”面板,选择面板中的“相对于舞台分布”选项,再单击“水平居中”和“垂直居中”两个按钮,这时元件正好覆盖舞台。

(6) 在“图层 1”的第 40 帧插入一关键帧。

(7) 选中“时间轴”上第 40 帧,再单击舞台上的“汽车”元件,在“滤镜”面板上增加“调整颜色”效果,设置如图 2-2-5 所示。

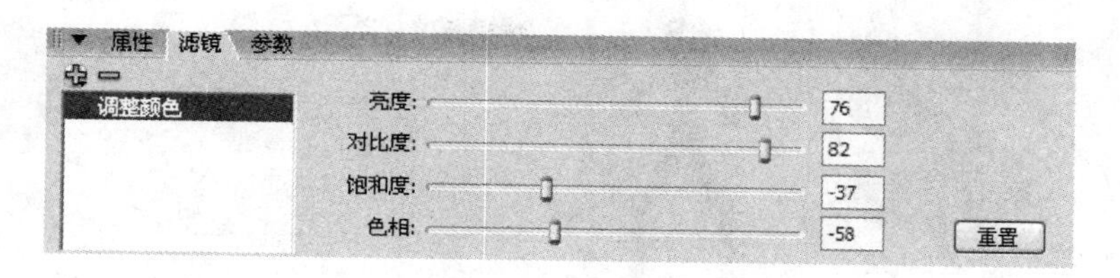

图 2-2-5 “调整颜色”设置

(8) 在第 1 帧右击，在快捷菜单中选择“创建补间动画”命令。

(9) 保存文件，文件名为“视觉冲击效果 1. fla”。

(10) 按 Ctrl＋Enter 键测试动画效果。

二、分析与提高

1. 分析实例

视觉冲击效果 1. fla。

2. 提出问题

在现有的效果基础上，怎样增加一个相反的过程，如示例“视觉冲击效果 2. swf”?

3. 解决方法

复制第 1 帧，在第 80 帧粘贴该帧，接着在第 40 帧到第 80 帧创建补间动画。

三、自我演练

【任务描述 1】 怎样将图 2-2-6(a)所示的一条直线转变成图 2-2-6(b)所示的曲线?

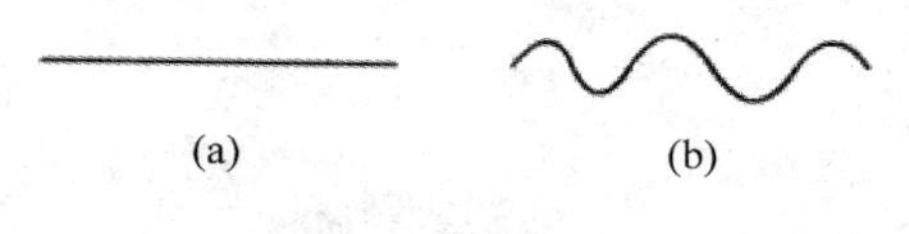

图 2-2-6

【任务描述 2】 选择不同的绘图工具完成下面图形的绘制:

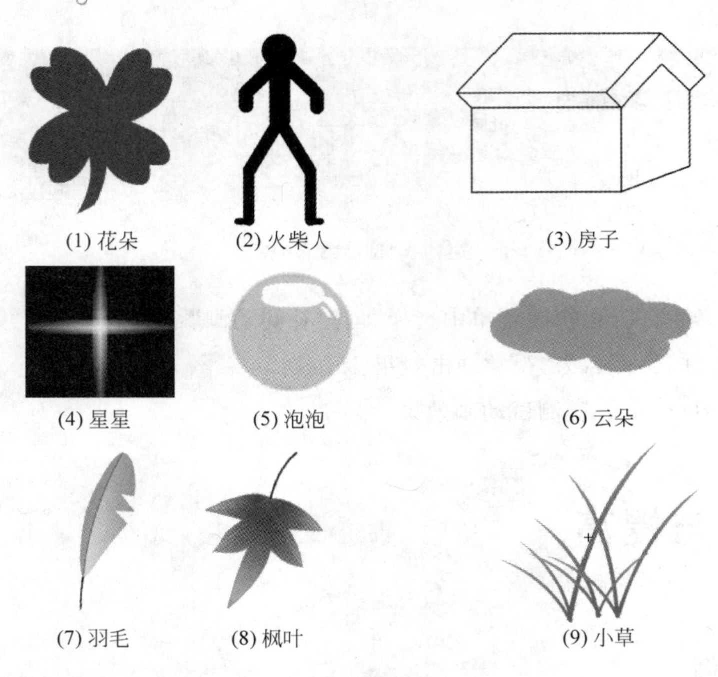

【任务描述 3】 在 Flash 中鼠绘以下卡通形象：

【任务描述 4】 继续修改"场景设计 1. fla"，增加喜羊羊和倒影，如图 2-2-7 所示。

图 2-2-7

实验 3

文本设计

一、实验训练

1. 实验目的

(1) 熟练掌握文本工具的使用方法。

(2) 进一步掌握"混色器"、"变形"、"滤镜"等面板的使用。

(3) 利用矢量图形的编辑操作完成多种艺术字的设计。

2. 实验内容及步骤

【任务 1】 设计空心字。

(1) 新建一个 Flash 空白文档。设置背景颜色为＃990000。

(2) 选择"文本工具",在舞台中输入文字"恰同学少年",设置文字颜色为白色,字号为 87。

(3) 按两次 Ctrl＋B 键,将文字转换为矢量图形。

(4) 在舞台空白处单击鼠标,取消对文字的选中状态。

(5) 选择"墨水瓶工具",设置"笔触颜色"为＃FFFF00,设置"笔触高度"为 2,"笔触样式"为实线。将鼠标移到文字的边框上单击,对所有文字进行描边,注意不要漏掉文字中间的边框,如图 2-3-1 所示。

(6) 用鼠标单击文字的实心部分,然后按 Delete 键把文字的实心部分删除,如图 2-3-2 所示。

图 2-3-1 用“墨水瓶工具”为文字描边

图 2-3-2 去掉文字的实心部分

(7) 保存文件为“空心文字”，按 Ctrl+Enter 键查看效果。

【任务 2】 利用“滤镜”设计文字特效。

(1) 新建一个空白的 Flash 文档。在“文档属性”对话框中设置舞台尺寸为 400 像素×100 像素，背景颜色为#009999。

(2) 在舞台上输入文字“恰同学少年”，字体为“华文行楷”，字号为 60，颜色为白色，使之位于舞台中央。

(3) 选中舞台上的文本，在“滤镜”面板上增加投影滤镜效果，设置模糊为 11，强度为 280%，品质为低，颜色为#CCFF00，角度为 45，距离为 5，如图 2-3-3 所示。

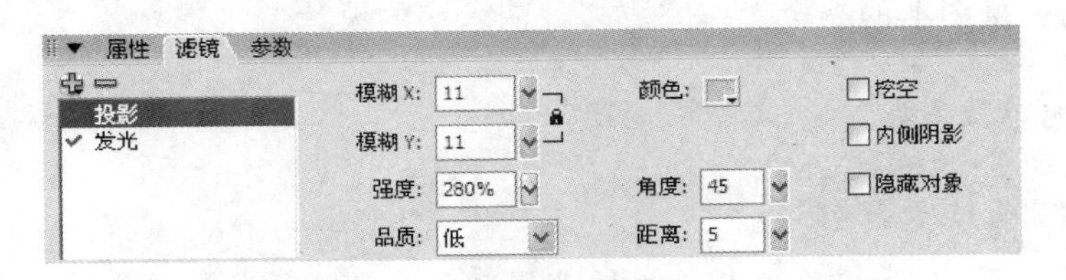

图 2-3-3 投影滤镜的设置

(4) 增加发光滤镜效果，设置模糊为 5，强度为 100%，品质为低，颜色为#00FFCC，如图 2-3-4 所示。

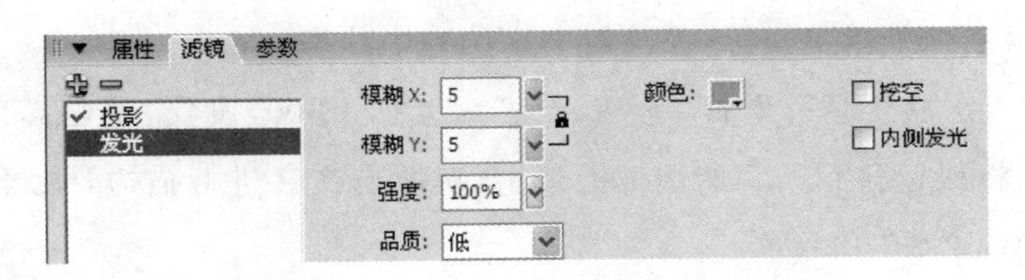

图 2-3-4 发光滤镜的设置

(5) 设置后的文本效果如图 2-3-5 所示。

(6) 保存文件为“滤镜设计文字.fla”。

图 2-3-5　滤镜设置后的效果图

【任务 3】 制作旋转的文字，并为文字填充渐变颜色，如图 2-3-6 所示。

图 2-3-6　任务 3 效果图

(1) 新建一个 Flash 空白文档，所有属性默认。

(2) 选择“文本工具”，在舞台中输入文本“北”，属性自定。

(3) 选择“工具箱”中的“任意变形工具”，然后用鼠标单击文本，如图 2-3-7(a)所示。

(4) 用鼠标拖动文本的中心点到椭圆的下方，如图 2-3-7(b)所示。

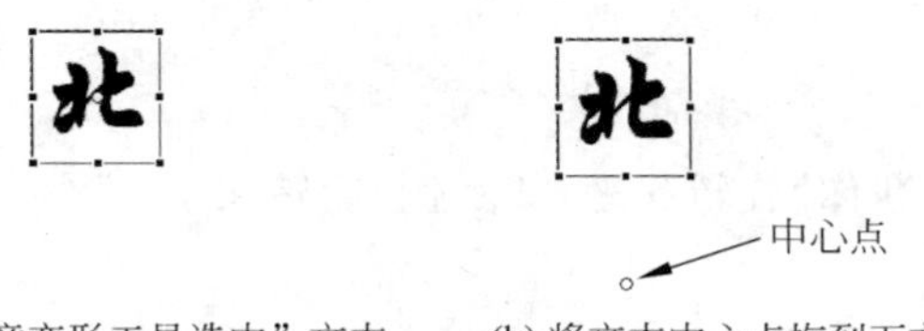

(a) 用“任意变形工具选中”文本　　(b) 将文本中心点拖到下方

图 2-3-7　修改文本的中心点

(5) 打开“变形”面板，在“旋转”后的文本框中输入“72°”；

(6) 单击“变形”面板上的“复制并应用变形”按钮 4 次，舞台上就会出现旋转的文字，如图 2-3-8(a)所示。

(a) 应用“旋转”、“复制”后的文本　　(b) 修改文字

图 2-3-8　复制文本后，修改文字

(7) 选中复制的文字，分别改为“京”、“欢”、“迎”、“你”，如图 2-3-8(b)所示。

(8) 选中所有文字，执行“分离”，将文字打散，转换为矢量图形。

(9) 然后使用“墨水瓶工具”为文字图形描边(颜色自定)；再使用“颜料桶工具”为文字填充线性渐变颜色，见图 2-3-9。在填充颜色时，要选择“锁定填充”模式，这样可以使所有文字整体填充为渐变色。

图 2-3-9 可参考的渐变颜色设置

(10) 保存文件为“旋转文字 1”，按 Ctrl＋Enter 键查看效果。

二、分析与提高

1. 分析实例

旋转文字 1. fla。

2. 提出问题

怎样让“北京欢迎你”旋转起来，如示例“旋转文字 2”?

3. 解决方法

在“旋转文字 1. fla”中，选中所有的文字图形，将它们转换成图形元件，然后在第 50 帧插入关键帧，接着在第 1 帧到第 50 帧间创建补间动画，并在“属性”面板上设置“旋转”选项为“逆时针”、“1 次”。如果文字不是以文字的中心为轴旋转，还要利用“任意变形工具”设置元件的中心点。

三、自我演练

【任务描述】 制作各种艺术字，可参考图 2-3-10。

(1) 白鹭林

(2)

(3)

(4) 江南

(提示：利用位图填充获得的效果)

图 2-3-10

实验 4

建立简单动画

一、实验训练

1. 试验目的

（1）掌握帧、元件、图层等基本概念，掌握在时间轴上的帧的基本操作。

（2）掌握 Flash 动画设计的基本操作方法和技巧。

（3）掌握逐帧动画、形状补间动画、运动补间动画的制作方法。

2. 试验内容及步骤

【任务 1】 掌握逐帧动画的设计。

（1）新建一个 Flash 文档。设置舞台大小为 300 像素×80 像素，背景颜色为白色。

（2）选择工具箱中的“文本工具”选项，在舞台上输入文字“Flash 欢迎你！”，并将其颜色设置为蓝色，文本的其他属性自定。

（3）使用“选择工具”选中“Flash 欢迎你！”文本，按两次 Ctrl＋B 键，打散文本，如图 2-4-1 所示。

Flash欢迎你！

图 2-4-1 文本打散后

（4）在第 3 帧插入关键帧，并使用“颜料桶工具”将“F”填充为红色。在第 5 帧插入关键帧，使用“颜料桶工具”将“1”填充为红色。继续下去，分别在第 7 帧，第 9 帧……插入关键帧，依次将“a”、“s”……填充为红色。

(5) 保存文件,文件名为"Flash欢迎你.fla"。

(6) 按Ctrl+Enter键测试动画效果。

【任务2】 掌握补间动画的制作——形状补间。

(1) 新建一个Flash文档,文档属性自定。

(2) 在舞台上使用"文本工具"输入"1"。

(3) 在第20帧处插入关键帧,将文本框中的"1"改为"2"。

(4) 在第40帧处插入普通帧。

(5) 返回第1帧,选中文本框,按Ctrl+B键打散文本。

(6) 在第20帧,将文本打散。

(7) 选中第1帧与第20帧之间的任意一帧,在属性面板的"补间"下拉列表框中选择"形状"选项。

(8) 保存该文件为"1变2.fla"。

(9) 按Ctrl+Enter键测试效果。

下面使用形状提示修改过渡效果。

(10) 选中第1帧,使用"修改"|"形状"|"添加形状提示"命令,加入两个形状提示ⓐ和ⓑ。将第1帧中两个提示圆圈拖到如图2-4-2(a)所示位置。

(11) 在第20帧中,用鼠标拖动提示圆圈到如图2-4-2(b)所示位置。

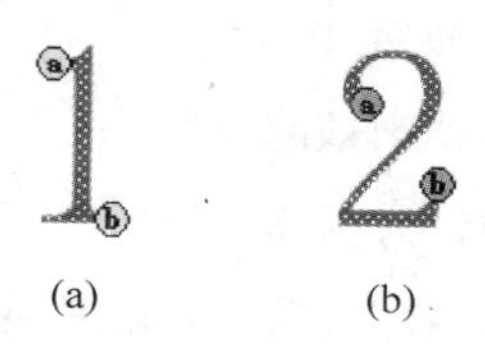

(a) (b)

图2-4-2 形状提示的设置

(12) 保存该文件,按Ctrl+Enter键测试动画效果。

【任务3】 掌握补间动画的制作——运动补间。本例通过运动补间制作出喜羊羊慢慢出现又慢慢消失的动画。

(1) 打开"场景设计1.fla"文档,另存为"喜羊羊的出场.fla"。

(2) 在"草地"图层的上面添加新图层,命名为"喜羊羊"。

(3) 再打开"倒影.fla"文档,打开"库"面板,选中"卡通1"图形元件,右击,选择"复制"命令,再返回到"喜羊羊的出场.fla"文档中,在其"库"面板中执行"粘贴"命令。现在可以关闭"倒影.fla"文档了。

(4) 单击"草地"图层的第60帧,按住Shift键,再单击"天空"图层的第60帧,这时同时选中了下面4个图层的第60帧,右击,执行"插入帧"命令,然后将这四层锁定。

(5) 选中"喜羊羊"图层的第一帧。将"卡通1"图形元件从"库"中拖到舞台上。

(6) 打开“变形”面板,调整元件实例的宽度、高度为原来的10%,并拖动到舞台的右边靠外(不要离草地太远)。

(7) 在第20帧处插入一个关键帧。在“变形”面板上调整元件实例的宽度、高度为50%,并将实例向左拖动一段距离。

(8) 返回第1帧,在“属性”面板中选择“动画”补间选项。

(9) 在第30帧处插入关键帧。

(10) 在第50帧处插入关键帧。调整实例的宽度和高度为100%。将实例拖动到草地中央。返回第50帧,在“属性”面板中选择“动画”补间选项。

(11) 在第60帧处,右击,执行“插入帧”命令,这时的时间轴如图2-4-3所示。

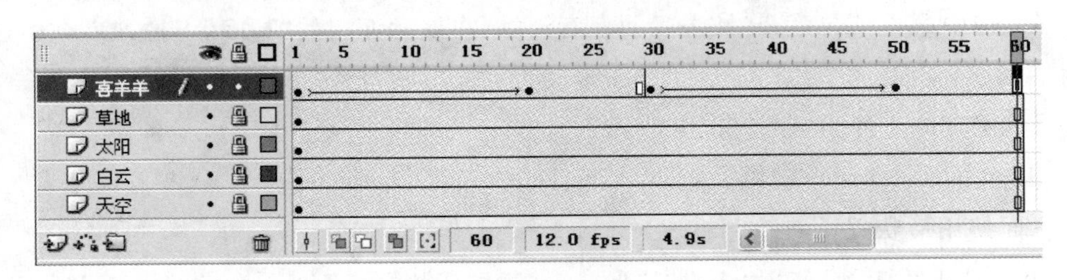

图2-4-3 “喜羊羊的出场”的时间轴

(12) 保存该文件。

(13) 按Ctrl+Enter键测试动画效果。

【任务4】 制作影片名出现的动画效果。

(1) 打开“场景设计1.fla”文档,另存为“片头.fla”。

(2) 在“草地”图层的上面添加新图层。在该图层中,使用“文本工具”文本框输入:喜羊羊与灰太狼,文字的字体、字号、颜色等属性自定。

(3) 选中舞台上的文字,按Ctrl+B键打散为独立的文字对象,如图2-4-4所示。右击,选择“分散到图层”命令,此时的“时间轴”面板如图2-4-5所示。

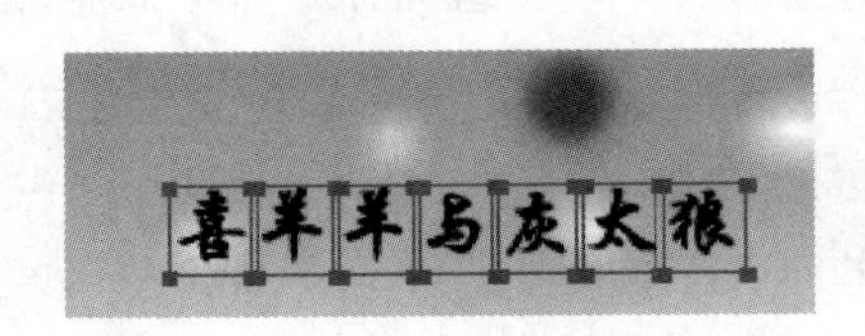

图2-4-4 打散的文字

(4) 原文字所在图层已经变空,删除该图层。将两个“羊”图层分别改名为“羊1”和“羊2”。

(5) 选中舞台上的每个文字,分别转换为图形元件,名称依次是:喜,羊1,羊2,与,灰,太,狼。

图 2-4-5　将文字分散到图层后

以下步骤实现文字从舞台右侧旋转进入的设计。

(6) 在“喜”图层的第 20 帧，插入一关键帧。选中第 1 帧上的“喜”字，将其拖到舞台右侧外边。在第 1 帧到第 20 帧之间创建运动补间，并设置“顺时针”旋转 3 次。

(7) 按照步骤(6)依次完成其他 6 层上文字的设计。

(8) 选中“羊 1”图层的第 1 帧，按住 Shift 键单击该图层的第 20 帧，就同时选中了第 1 帧～第 20 帧，用鼠标拖动选中的帧向右移动到第 11 帧，释放鼠标。

(9) 按照步骤(8)，同时选中“羊 2”图层的第 1 帧～第 20 帧，拖动选中的帧向右移动到第 21 帧。

(10) 以此类推，最后同时选中所有图层的第 90 帧，插入普通帧，时间轴如图 2-4-6 所示。

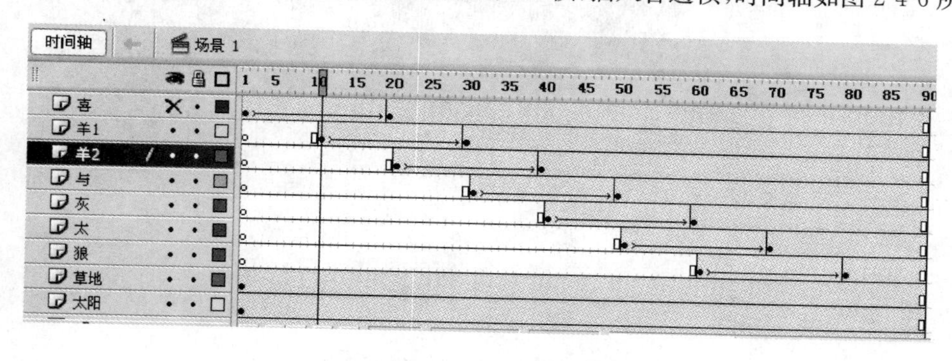

图 2-4-6　“片头”的时间轴

(11) 保存文件，按 Ctrl+Enter 键测试，观察效果。

二、分析与提高

1. 分析实例

“蝴蝶飞舞 1. fla”(3. 6 节例 3)。

2. 提出问题

在“图层 1”的下面添加一个图层，将图层的名称改为“背景”。选中“背景”图层的第1帧，导入一张背景图片（提供的 hehua. jpg）到舞台上，调整图片与舞台大小相同，且正好覆盖在舞台上，如图 2-4-7 所示。

图 2-4-7　增加背景后的“蝴蝶飞舞 1”

另存该文件为“蝴蝶飞舞 2. fla”，按 Ctrl＋Enter 键运行。发现问题了吗？如何消除蝴蝶位图的背景呢？

3. 解决方法

使用“套索工具”的魔术棒选项。前面已经制作了两个元件：“蝴蝶 1”和“蝴蝶 2”，只要修改这两个元件就可以了。

以“蝴蝶 1”为例，操作方法如下：

(1) 在“库”面板上双击“蝴蝶 1”的图标，进入元件编辑状态。

(2) 选中舞台上的位图，按 Ctrl＋B 键将位图打散。为了更好地观察效果，可以将背景设置为其他颜色(如绿色)。

(3) 选择“套索工具”,在“选项”面板单击“魔术棒设置”选项,在打开的“魔术棒设置”对话框中,设置“阈值”为100。

(4) 将鼠标移到位图上,用魔术棒在图片的白色背景上单击,选中背景,按 Delete 键删除背景。

用同样的方法修改“蝴蝶 2”元件。

三、自我演练

【任务1描述】 利用“时间轴特效”制作如示例“分离效果”的动画。

【任务2描述】 模仿示例“眨眼睛”,制作一个眨眼睛的小动画(建议将动画元素做成元件留下来,以后可以放到自己的作品中)。

【任务3描述】 模仿示例“风吹草动”,制作一个草儿摇动的动画。

【任务4描述】 模仿示例“运动的小球”,制作一个小球跳动的动画。要求:小球上升时速度应渐慢,小球下降时速度应渐快。

【任务5描述】 利用逐帧动画制作一个走或跑的动画角色。

要求:

(1) 可利用提供的素材 cartoon2.jpg,也可以使用自己的素材。

(2) 将走或跑的动画角色作成影片剪辑元件。

(3) 再利用前面内容(如“喜羊羊的出场.fla”、“片头.fla”以及该动画)制作一个较完整的动画短片。

实验 5

自制按钮元件

一、实验训练

1. 实验目的

(1) 利用特殊的元件——按钮进一步理解元件、实例等基本概念。

(2) 掌握按钮元件的设计和应用。

2. 实验内容及步骤

【任务 1】 制作一个球形按钮元件。

(1) 新建一个 Flash 文档,文档属性自定。

(2) 创建一个名称为“球 1”,类型为“影片剪辑”的元件。在该元件的舞台中央,使用从蓝色(#0000FF)到黑色(#000000)的放射状渐变色,绘制一个无边框的正圆,如图 2-5-1 所示。

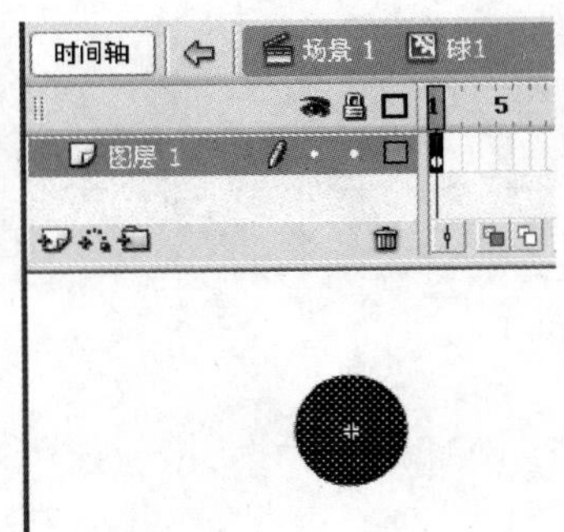

图 2-5-1 “球 1”元件

(3) 创建名称为"球 2",类型为"影片剪辑"的元件。将"球 1"拖入舞台,置于舞台中央。

(4) 在"球 2"元件的编辑状态,选中舞台上的元件,添加模糊滤镜效果,设置模糊 X、Y 为 10,如图 2-5-2 所示。

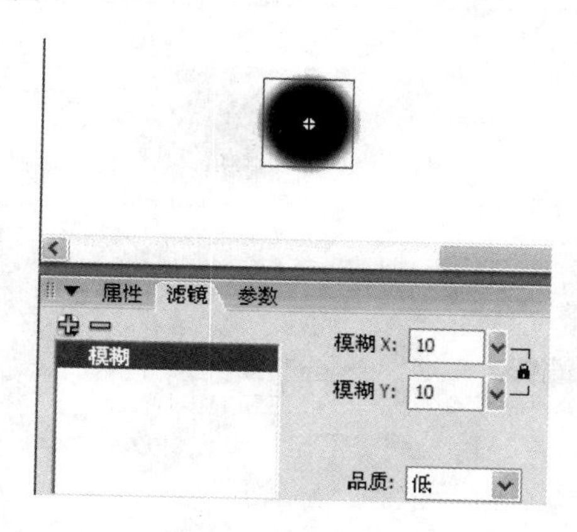

图 2-5-2 "球 2"元件的滤镜设置

(5) 创建名称为"球形按钮",类型为"按钮"的元件。

(6) 选中"弹起"帧,将"球 1"元件拖入舞台中央。

(7) 在"指针经过"帧插入一空白关键帧,将"球 2"元件拖入舞台中央。

(8) 在"点击"帧插入一关键帧,使用"椭圆工具"在舞台上绘制一个圆正好覆盖在元件上(绘制的圆用来确定对鼠标做出反应的区域)。

(9) 将"按下"帧转换为关键帧,选中舞台上的元件,添加发光滤镜效果,设置模糊 X、Y 为 100,颜色为蓝色,如图 2-5-3 所示。

(10) 返回主场景,将"球形按钮"元件从"库"面板拖入到舞台上。

(11) 保存该文件为"按钮元件. fla"。

(12) 按 Ctrl+Enter 键运行,将鼠标移到按钮,单击鼠标测试效果。

【任务 2】 利用"按钮库"中的按钮定制自己的按钮。

(1) 打开文件"按钮元件. fla"。

(2) 选择"窗口"|"公用库"|"按钮",打开"公共按钮"库,在列表中选择 classic buttons 文件夹,将 arcade button-green 按钮拖入到舞台的合适位置上。

(3) 在"库"面板中,将 arcade button-green 按钮元件改名为"自制按钮"。

(4) 双击舞台上的"自制按钮"按钮实例,进入该元件的编辑状态。

(5) 选中图层 hazy ring,在该图层的"弹起"帧和"按下"帧分别加入文本 play。效果如图 2-5-4 所示。

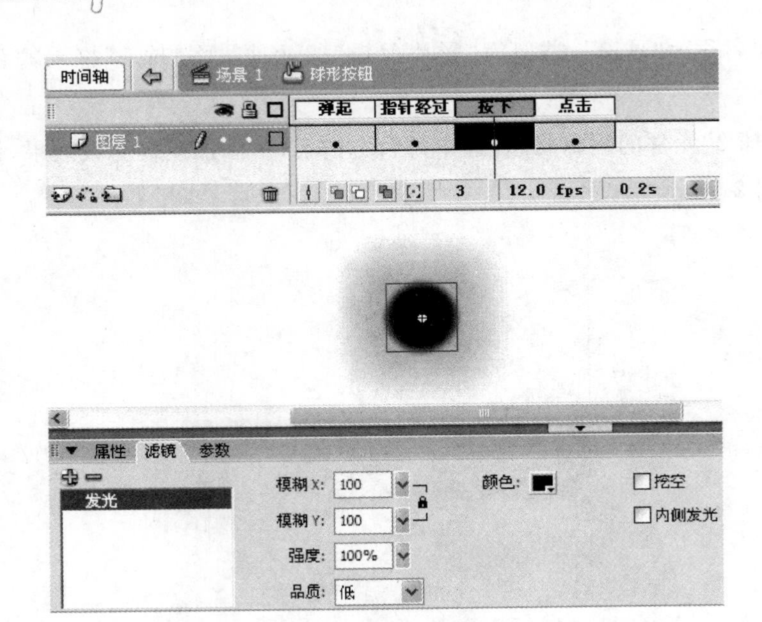

图 2-5-3 “按下”帧的滤镜设置及“球形按钮.fla”的时间轴

图 2-5-4 利用“按钮库”中的按钮定制的按钮

为了有更好的效果，“按下”帧的文本要比“弹起”帧的文本略靠下，请运行后观察效果自行调整。

(6) 返回主场景，将“自制按钮”元件从“库”面板拖入到舞台上。

(7) 保存该文件。

(8) 按 Ctrl+Enter 键运行，用鼠标单击按钮测试效果。

【任务 3】 制作一个文字按钮：创建一个文字按钮，使得当鼠标移动到文字按钮上方的时候，文字变色；当单击文字按钮的时候，文字出现阴影效果。

(1) 打开文件“按钮元件.fla”。

(2) 选择“插入”|“新建元件”命令，创建一个名称为“文字按钮”，类型为“按钮”的元件。

(3) 进入按钮元件的编辑窗口，时间轴中将显示按钮的 4 个连续帧：“弹起”、“指针经过”、“按下”和“点击”。

(4) 在“弹起”帧使用文字工具输入“返回首页”，设置文字的字体(如宋体)，字号(如 18)，颜色(如 #0000FF)。将文字置于舞台的中心。

（5）选中“指针经过”帧，按 F6 键插入一个关键帧，然后修改文字“返回首页”的颜色（如＃00CCFF）。

（6）选中“按下”帧，按 F6 键插入一个关键帧。使用选择工具选中文字“返回首页”，按住 Alt 键，然后按住鼠标左键向左拖动，移动并复制出一组文字，并修改复制后的文字的颜色（如＃99FF33），再用“←”键或“→”键移动文字形成阴影效果。

（7）选中“点击”帧，按 F7 键插入一个空白帧，绘制一个矩形。

“点击”帧在将来影片中并不可见，因此该矩形可以用任何颜色进行填充。同时，该矩形区域定义了按钮相应鼠标点击的区域，因此使其至少要包容住文字“返回首页”。

（8）返回主场景，将“文字按钮”元件从元件库中用鼠标拖入到舞台上，即创建一个按钮的实例。

（9）保存文件。

（10）按 Ctrl＋Enter 键测试动画效果。

二、分析与提高

1. 分析实例

“按钮元件.fla”（实验五）。

2. 提出问题

如何让按钮执行相应的动作？

3. 解决方法

在按钮的“动作”中加入代码。例如，在“按钮元件.fla”中，选中舞台上的按钮，右击，在弹出的快捷菜单中选择“动作”选项，打开“动作”面板。在“动作”面板上选择“全局函数”|“影片剪辑控制”|on 命令，在脚本编辑窗口自动插入 on 函数，再从弹出的快捷菜单中选择 release 事件。在其后的大括号中输入如下命令：

```
on (release) {
    getURL("http://www.nbu.edu.cn","_blank");
}
```

保存文件，运行观察效果。当用鼠标单击该按钮时，则打开 IE 浏览器，并进入宁波大学的主页。

三、自我演练

【任务1描述】 前面制作了"眨眼睛"动画，现将该动画加入到按钮中：按钮是一个小孩睁大眼睛的形象，当鼠标经过按钮时，开始眨眼睛。

【任务2描述】 利用前面制作的"旋转文字1"和"旋转文字2"两个动画，制作按钮：按钮是静止的"北京欢迎你"，当鼠标经过该按钮时，"北京欢迎你"开始旋转。

实验 6

高级动画设计

一、实验训练

1. 实验目的

(1) 进一步理解图层、场景等基本概念。

(2) 进一步掌握 Flash 动画设计的技巧。

(3) 掌握 Flash 中的引导层动画的基本设计技巧，利用引导层制作特殊的动画效果。

(4) 掌握 Flash 中的遮罩动画的基本设计技巧，利用遮罩层制作特殊的动画效果。

2. 实验内容及步骤

【任务 1】 在“蝴蝶飞舞 2”的基础上制作一个蝴蝶沿曲线路径飞舞的动画。

(1) 打开文档“蝴蝶飞舞 2. fla”。

(2) 在“图层 1”的名称上右击，选择“添加引导层”命令。

(3) 在引导层上用“铅笔工具”或“钢笔工具”模拟蝴蝶的飞行路线，画出一条曲线——引导线。

(4) 选择“图层 1”的第 1 帧，使影片剪辑元件“扇动翅膀的蝴蝶”的中心点与引导线的一个端点重合。

(5) 选择“图层 1”的第 40 帧，使影片剪辑元件“扇动翅膀的蝴蝶”的中心点与引导线的另一个端点重合。

(6) 另存文件为“蝴蝶飞舞 3. fla”。

(7) 按 Ctrl＋Enter 键测试动画效果。

【任务 2】 制作转动的地球仪动画。

(1) 打开提供的“转动的地球仪.fla”文档,“库”已提供了 earth 图形元件。

(2) 在“图层 1”中绘制一个宽和高都是 260 的无边框、填充颜色任意的正圆(该圆将用于做遮罩)。

(3) 插入“图层 2”位于“图层 1”的下面。

(4) 在“图层 2”中拖入 earth 元件。

(5) 为了下面的操作更容易,选择“视图”|“标尺”命令,从左面拖入一条垂直基线,调整元件实例的位置,如图 2-6-1(a)所示。

(6) 在“图层 2”的第 80 帧插入一关键帧,按住 Shift 键,用“←”键向左移动元件实例,如图 2-6-1(b)所示。

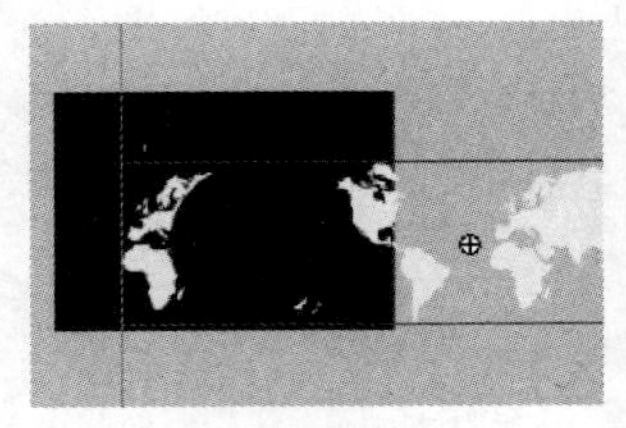
(a) 第1帧上的实例位置

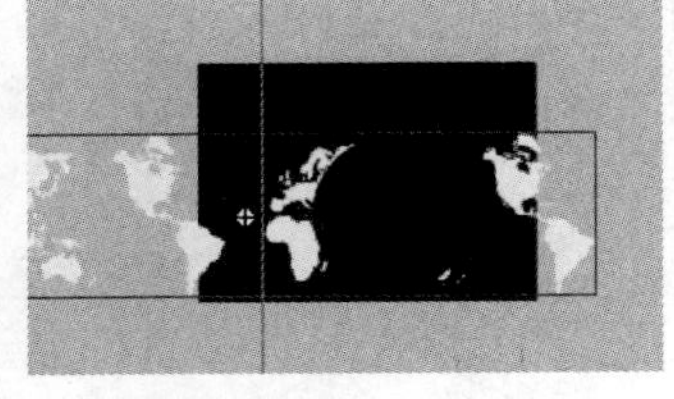
(b) 第80帧上的实例位置

图 2-6-1 earth 元件实例的位置设置

(7) 在“图层 2”的第 1 帧到第 80 帧之间创建运动补间动画。

(8) 在“图层 1”的第 80 帧插入一普通帧。

(9) 设置“图层 1”为遮罩层,“图层 2”就是“图层 1”的被遮罩层。

(10) 插入“图层 3”位于“图层 2”的下面。

(11) 复制“图层 1”的圆,在“图层 3”的第 1 帧“粘贴到当前位置”。

(12) 这时的时间轴如图 2-6-2 所示。

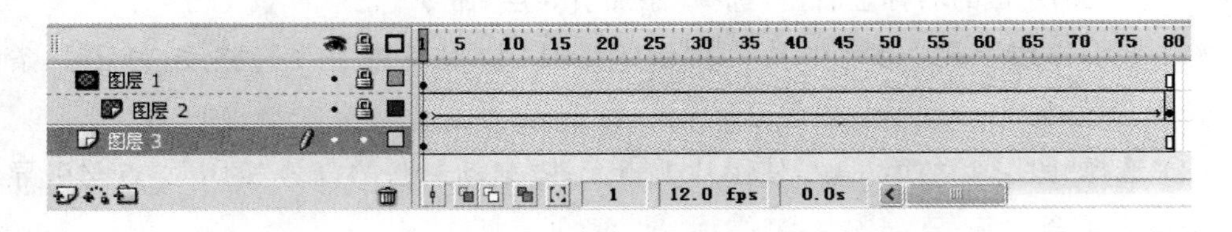

图 2-6-2 “转动的地球仪”的时间轴

(13) 保存文件,按 Ctrl+Enter 键测试动画效果。

【任务 3】 制作水波涌动的效果。

(1) 新建一个 Flash 文档,默认文档属性。

(2) 创建一个名称为“图”的图形元件,将所提供的图片“日出.jpg” 导入到“库”中,然后拖入到“图”元件的舞台上，设置宽和高分别为550、400，相对于舞台居中对齐（水平中齐，垂直中齐）。

（3）创建一个名称为“波纹”的图形元件。选择“矩形工具”，设置无笔触颜色，填充颜色任意，拖动鼠标在舞台上绘制一个宽度为550像素的矩形条，再利用“选择工具”调整矩形为弧形，高度为20像素。按住Ctrl键，选中舞台上的矩形条向下拖动，复制出1条矩形条；再选中两个矩形，按住Ctrl键，向下拖动复制出2个矩形；继续下去，直到选中所有矩形，高度为440左右即可，如图2-6-3所示。

注意：步骤(3)的操作也可以使用“插入”|“时间轴特效”|“帮助”|“复制到网格”命令来完成，具体设置可通过分析图2-6-3效果得出，这里不做介绍了。

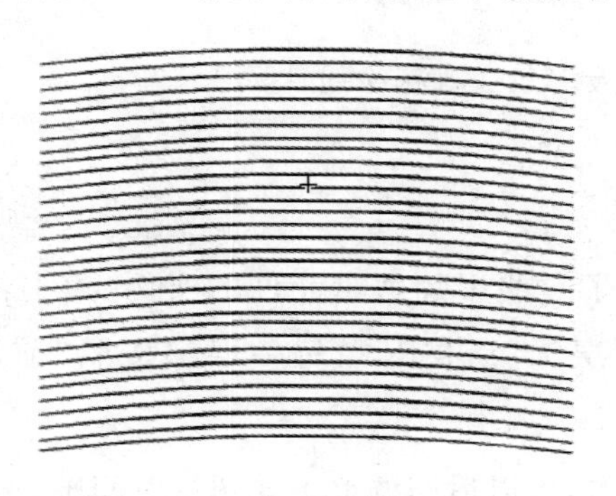

图2-6-3 用于做遮罩的矩形

（4）返回主场景——场景1，选中第1帧，将“库”中的“图”元件拖入到舞台中央（X为0，Y为0）。将“图层1”改名为“底层”。选中舞台上的“图”元件实例，执行“复制”操作。

（5）在“底层”图层上插入一新图层，命名为“被遮罩层”。执行“编辑”|“粘贴到当前位置”命令，在舞台上复制了一个新的“图”元件实例，并在“属性”面板设置Y为10，其他参数不变。

（6）在“被遮罩层”上插入一新图层，命名为“遮罩层”。在第1帧上拖入“库”中“波纹”元件，放在海面上（稍微靠下）。

（7）在“遮罩层”的第60帧上插入关键帧，选中“波纹”元件实例，按住Shift键，再按向上的光标键，将“波纹”向上移动一段距离（不要离开海面!）。在第1帧到第60帧创建运动补间动画。

（8）单击“遮罩层”图层，选择“遮罩层”命令。

（9）分别在“底层”和“被遮罩层”的第60帧插入普通帧。

（10）保存文件为“涌动的大海.fla”。

（11）按Ctrl＋Enter键测试动画效果。

二、分析与提高

1. 分析实例

“飘落的雪花.fla”(见4.5节例1)。

2. 提出问题

如何制作更精美的冬天雪景：雪花纷纷飘落？

3. 解决方法

前面只在“前层”加入了一些影片剪辑元件的实例，为了得到更细腻的效果，在“前层”的下面再依次加入“中层”、“后层”，在每一层都按照“前层”的方法添加影片剪辑实例。

为了让雪花飘得更连贯，可以适当调整不同图层时间轴，如图2-6-4所示。

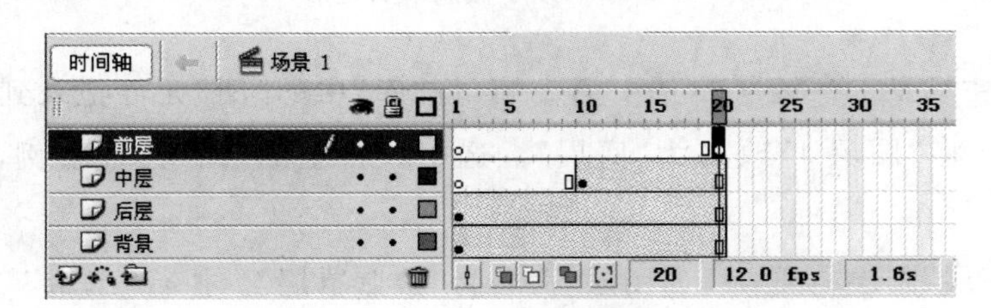

图2-6-4 “飘落的雪花”的时间轴

三、自我演练

【任务1描述】 在“蝴蝶飞舞3.fla”的基础上制作两只蝴蝶在场景中飞舞的动画，参考示例“两只蝴蝶.swf”。

【任务2描述】 制作一个以秋天为主题的场景：秋叶纷纷飘落。

【任务3描述】 制作一个水泡上升的动画。

【任务4描述】 模仿示例“卷轴效果1”，制作动画(图片可自行准备，例如自己的照片）。

【任务 5 描述】 利用提供的文档 scene1. fla，创作鱼在水中游，城堡渐渐显现，水波荡漾的动画。

要求：

(1) 实现鱼在水中游动的动画。

(2) 实现城堡逐渐显现。

(3) 实现水波荡漾的效果。

实验 7

文字特效

一、实验训练

1. 实验目的

(1) 进一步掌握引导层动画、遮罩动画的设计技巧。

(2) 利用学过的动画设计技巧制作奇妙的文字特效。

2. 实验内容及步骤

【任务 1】 设计一个写字的 Flash 动画。

(1) 打开提供的源文件“写字.fla”,打开“库”面板,可以看到“库”面板中提供了“羽毛笔”图形元件。设置舞台大小为 200 像素×150 像素,背景颜色为白色。

(2) 将“羽毛笔”图形元件从“库”面板拖入到舞台中。然后选择“任意变形工具”选项,适当缩小舞台上的元件,并将笔的中心点移动至笔尖的位置,如图 2-7-1 所示。

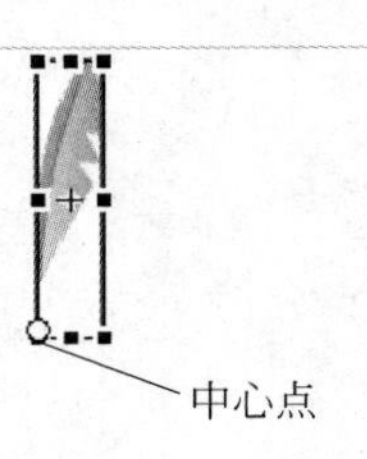

图 2-7-1 调整“羽毛笔”图形元件的中心点

(3) 将“图层 1”命名为“笔”。在“笔”图层上插入一新图层,并命名为“文字”,再将“文字”图层移动到“笔”图层的下方。

(4) 使用“文本工具”在舞台上输入：Welcome，字体为华文行楷，颜色为红色，字号为67，水平中齐且底对齐，如图2-7-2所示。

图2-7-2 “写字.fla”的舞台设置

(5) 单击“文字”图层，将“文字”图层确认为当前操作图层，然后在其第25帧插入普通帧。

(6) 单击“笔”图层，将“笔”图层确认为当前操作图层，然后在其第25帧插入关键帧。

(7) 现在添加引导层。在“笔”图层的名称上右击，在弹出的快捷菜单中选择“添加引导层”命令，此时时间轴上新增加了一个引导层。

(8) 单击引导层，将其确认为当前图层。使用“钢笔工具”或“铅笔工具”绘制一条曲线，作为笔的运动路线。

(9) 单击“笔”图层中的第1帧，使“羽毛笔”的中心点与引导线的左侧端点重合。

(10) 单击“笔”图层中的第25帧，使“羽毛笔”的中心点与引导线的右侧端点重合。

(11) 在“笔”图层中的第1帧至第25帧之间右击，在弹出的快捷菜单中选择“创建补间动画”命令，创建运动补间动画。

(12) 保存文件，按Ctrl＋Enter键测试动画效果。

下面进一步完善动画效果。

(13) 单击“文字”图层，将其确认为当前操作图层。然后单击时间轴上的“插入图层”按钮添加图层，并命名为“遮挡”。

(14) 在“遮挡”图层中，选择矩形工具绘制一个无边框的填充色为白色的矩形，其位置正好将文字遮盖上。

(15) 将“遮挡”图层的第25帧转换为关键帧。将该帧中的矩形向右移动，将所有的文字显示出来。

(16) 在“遮挡”图层中的第1帧至第25帧之间单击，然后在“属性”面板的“补间”下拉列表框中选择“动画”补间类型。

(17) 保存文件，按Ctrl＋Enter键测试动画效果。

【任务2】 利用遮罩层，制作按笔迹出现字的效果。

(1) 新建一个Flash文档。文档的各种属性默认。

(2) 首先绘制一个无边框小矩形(推荐大小：宽 21,高 21),填充颜色任意(推荐为黑色)。

(3) 利用小矩形,在舞台上按照"和"字的书写笔顺逐帧制作出"和"字。图 2-7-3 是在"绘图纸外观轮廓"状态下看到的效果以及"时间轴"面板。

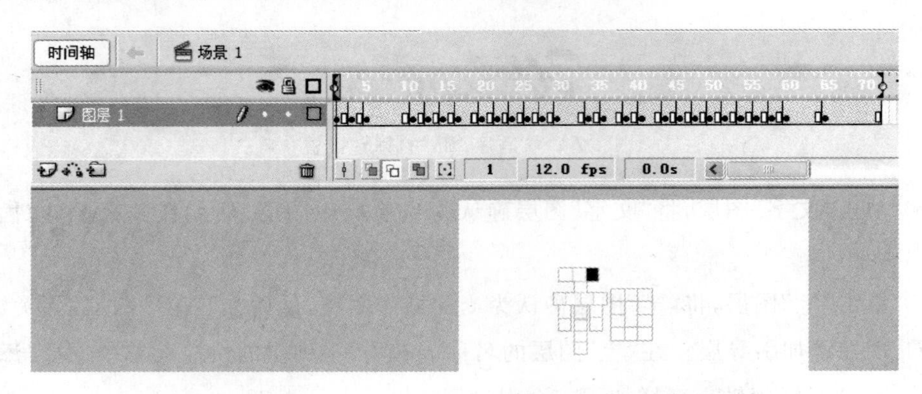

图 2-7-3　逐帧增加一个小矩形,形成"和"字

(4) 选中最后的"和"字,执行"复制"操作。

(5) 插入新图层"图层 2",并将"图层 2"拖到"图层 1"的下面。

(6) 在"图层 2"的第 1 帧上执行"粘贴到当前位置"命令,并给该"和"字填充合适的颜色(这时的颜色将显示出来)。

(7) 单击"图层 1",选择"遮罩层"命令,这时的"时间轴"面板如图 2-7-4 所示。

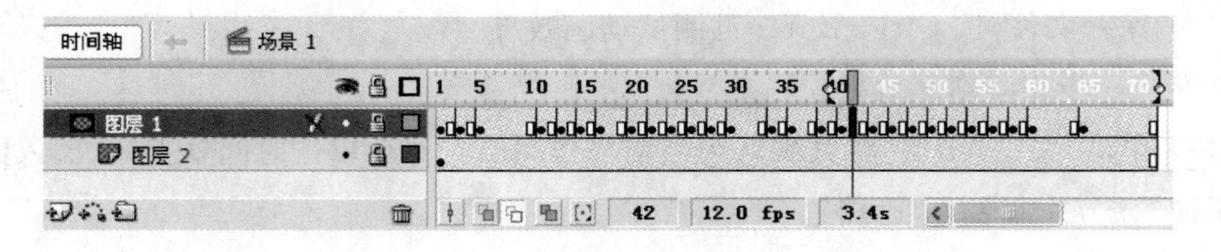

图 2-7-4　"字按笔迹出现的效果"的"时间轴"面板

(8) 保存文件为"字按笔迹出现的效果. fla"。

(9) 观看运行效果。

【任务 3】 设计一个光影划过文字的 Flash 动画。

(1) 新建一个 Flash 文档。设置舞台大小为 800 像素×200 像素,背景颜色为白色。

(2) 将所提供的图片 lijiang. jpg 导入到舞台上,并在"属性"面板上设置图片大小：宽为 800,高为 200,相对于舞台水平中齐,垂直中齐。

(3) 将"图层 1"改名为"背景",在第 60 帧插入一普通帧。

(4) 创建一个名称为"字"的影片剪辑元件。

(5) 在影片剪辑元件"字"的舞台上,使用"文本工具"输入"桂林山水"四个字:字体为华文行楷,字号为67,相对于舞台垂直中齐,水平中齐。

(6) 选中文本,按两次Ctrl+B键将文本打散。在"混色器"面板上单击"填充颜色"按钮,类型选择"放射状",左侧色标为#00CC66,右侧色标为#00FF00,为文字填充颜色,如图2-7-5所示。

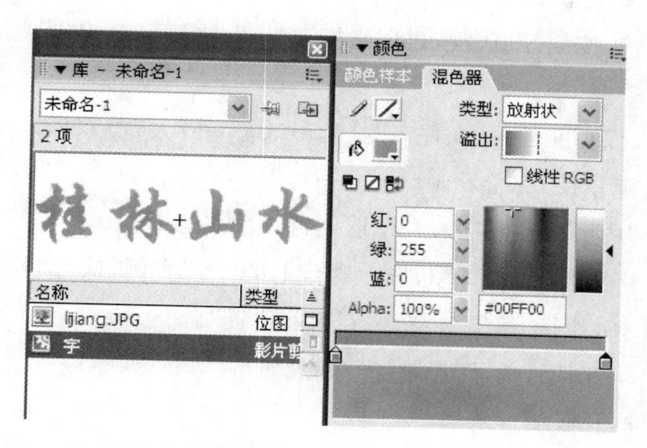

图 2-7-5 "字"的颜色设置

(7) 再创建一个名称为"光"的图形元件。

(8) 进入图形元件"光"的编辑状态。在"混色器"面板上单击"填充颜色"按钮,类型选择"线性"选项,在线性渐变色编辑栏上设置3个色标,3个色标的颜色全部为白色,左侧和右侧色标的Alpha值为0,中间色标的Alpha值为100%。使用"矩形工具"在舞台绘制一个无边框的矩形,宽度为50,高度为110,如图2-7-6所示。

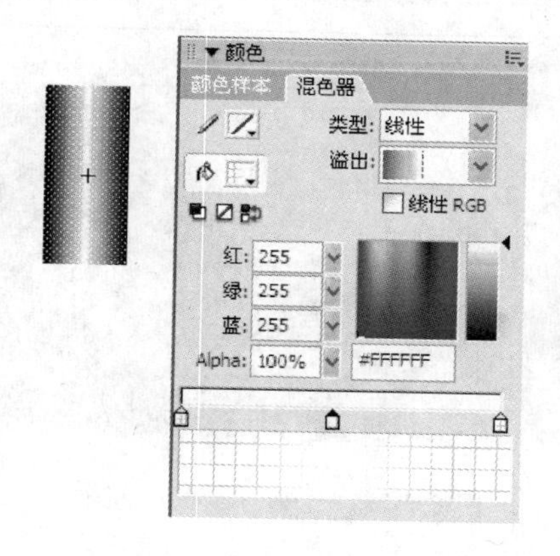

图 2-7-6 "光"的颜色设置

(9) 单击时间轴右上角的"场景1"按钮,返回到主场景。

(10) 在"背景"图层的上面插入一图层,名称改为"文字"。单击该图层的第1帧,然后将影片剪辑元件“字”从“库”中拖入到舞台的合适位置。

(11) 在“文字”图层的上面插入一图层，名称改为“光影”。单击该图层的第1帧，然后将图形元件“光”从“库”中拖入到舞台上，放在舞台上“字”实例的左端。

(12) 在“光影”图层，右击第30帧，选择“转换为关键帧”命令；右击第60帧，选择“转换为关键帧”命令。

(13) 在第30帧，按住Shift键，再用光标键“→”，将舞台上的“光”实例移到“字”实例的右端。

(14) 现在可以保存文件了，文件名为“光影.fla”，运行观看效果。

下面开始制作遮罩层，完善动画。

(15) 在“光影”图层的上面插入一图层，名称改为“遮罩”。

(16) 单击“文字”图层的第1帧，选中舞台上的“字”实例，执行“复制”操作。再单击“光影”图层的第1帧，执行“编辑”|“粘贴到当前位置”命令。

(17) 右击“遮罩”图层，选择“遮罩层”命令。

(18) 保存文件，观看运行效果。

(19) 还可以继续修饰效果。鼠标单击“文字”图层的第1帧，选中舞台上的“字”实例，添加发光滤镜效果，设置模糊X、Y为10，颜色为蓝色。

“光影.fla”的时间轴共包括4个图层，如图2-7-7所示。

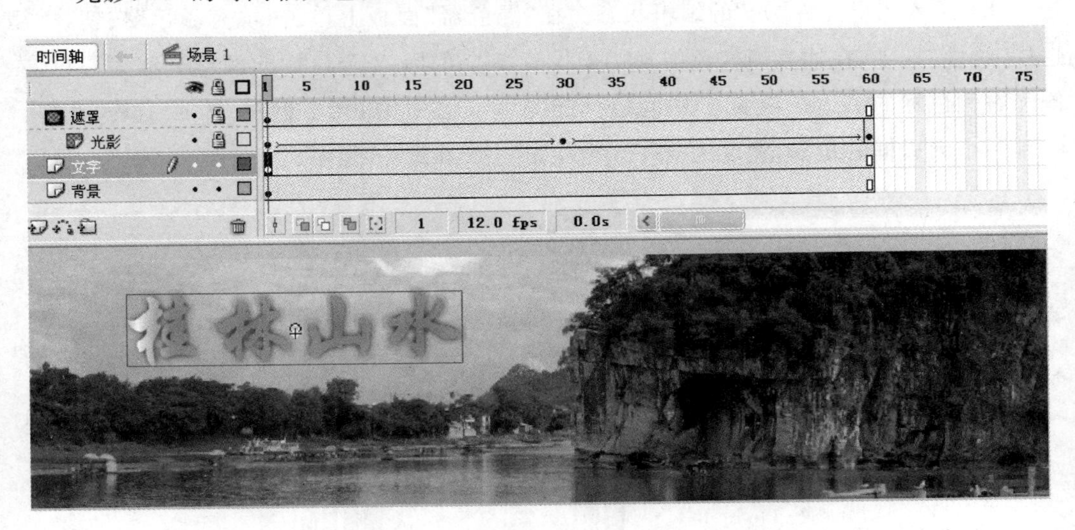

图2-7-7 “光影.fla”的时间轴

至此，一个在网页广告中常见的动画特效就做好了。在制作的过程中，可以充分发挥自己的想象力，创作出具有个性的作品。

二、分析与提高

1. 分析实例

"卷轴效果.fla"(见4.5节例3)。

2. 提出问题

在利用遮罩制作的水平展开文本效果的基础上,继续增加修饰效果,生成卷轴的效果,参见示例"卷轴效果(final).swf"。

3. 解决方法

插入一个图形元件"轴",在其中绘制一个卷轴的图形。在时间轴上插入两个新的图层"左轴"和"右轴"。在"左轴"图层拖入"轴"图形元件,使其位于纸的左端。在"右轴"图层拖入"轴"图形元件,在该图层创建运动补间动画,在补间开始帧"轴"位于纸的左端,在补间结束帧移动"轴"到纸的右端。也可在开始帧将"轴"元件的宽度稍微加大,形成卷轴慢慢展开的效果。

三、自我演练

【任务1描述】 制作一个动画,表现月亮、地球、太阳运动规律。

【任务2描述】 利用遮罩层,制作一个如示例文件"移动的字幕"的动画。

【任务3描述】 利用遮罩层,制作一个如示例文件"诗句的出现效果"的动画。

【任务4描述】 模仿示例"我要做闪客e族",制作文字特效。

【任务5描述】 根据下面的唐诗,制作Flash动画:

《江雪》

柳宗元

千山鸟飞绝,

万径人踪灭。

孤舟蓑笠翁，

独钓寒江雪。

要求：

(1) 画面中尽量包括诗句中的动画元素，如飞鸟、飘雪等。

(2) 诗句文字出现要采用动画方式。

(3) 动画流畅，动作元素丰富，且涵盖诗中所描述的所有内容。

实验 8

多媒体素材的应用

一、实验训练

1. 实验目的

(1) 掌握 Flash 中的多媒体素材的导入和压缩。

(2) 掌握动画中声音属性的设置。

(3) 掌握为影片中按钮添加声音和添加背景音乐的方法。

(4) 掌握动画中视频素材的使用方法。

2. 实验内容及步骤

【任务 1】 创建影片剪辑元件：闪烁的星星；再利用该影片剪辑制作按钮，当鼠标经过该按钮时，发出声音。

(1) 新建一个 Flash 空白文档，设置其背景色为蓝色。

(2) 制作圆形的星星：插入一个图形元件，命名为“圆形的星星”，进入该元件的编辑状态，在工作区的中央使用“椭圆工具”画一个正圆，无边框，大小为 20 像素×20 像素，然后在“混色器”面板改变其填充色为白色到透明的放射状渐变。

(3) 制作十字形的星星：

① 插入一个新图形元件，命名为“十字形的星星”，在其中画一个无边框的长方形，改变其填充为白色到透明的线性渐变，如图 2-8-1(a)所示。

② 使用“填充变形工具”调整长方形上的渐变到适当角度，如图 2-8-1(b)所示。

③ 将调整好的长方形复制 3 份，将 4 个长方形旋转摆成如图 2-8-1(c)所示的形状，选中舞台上的所有图形，选择“修改”|“转换为元件”命令，将它们转化成图形元件“星星

的一部分”。

④ 选中舞台上的“星星的一部分”元件实例，复制一份，并将复制的元件实例垂直旋转后，调整使之与原有实例形成如图 2-8-1(d)形状。

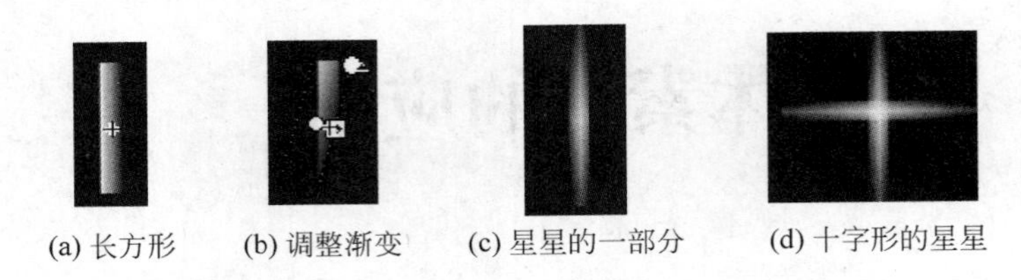

(a) 长方形　(b) 调整渐变　(c) 星星的一部分　(d) 十字形的星星

图 2-8-1　十字形星星的制作过程

(4) 新建一个影片剪辑元件“闪烁的星星”，从“库”中将“圆形的星星”元件拖入到舞台的正中央。

(5) 插入新图层“图层 2”，将“十字形的星星”元件拖入到舞台，正好位于“圆形的星星”上面。

(6) 在“图层 1”上：

① 改变第 1 帧“圆形的星星”元件的 Alpha 值为 0。

② 在第 10 帧添加关键帧，改变“圆形的星星”元件的 Alpha 值为 100。

③ 在第 20 帧添加关键帧，改变“圆形的星星”元件的 Alpha 值为 0。

④ 在第 1 帧、第 10 帧分别创建运动补间动画。

(7) 在“图层 2”上创建运动补间动画：关键帧的位置和元件的 Alpha 值的设置与步骤(6)相同。

(8) 为了延长星星的闪烁间隔，分别在“图层 1”和“图层 2”的第 40 帧插入普通帧。“闪烁的星星”的“时间轴”面板如图 2-8-2 所示。

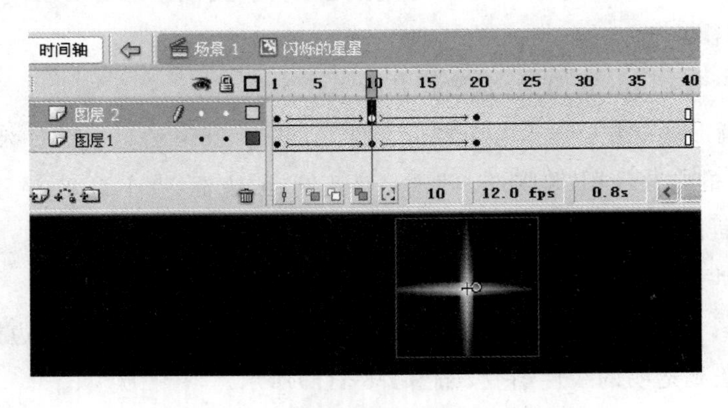

图 2-8-2　“闪烁的星星”的“时间轴”面板

下面开始设计动画作品的主场景。

(9) 返回主场景，在舞台上导入提供的图片 yekong.jpg(也可以自己找一张有气氛的夜空图片做背景)，并设置图片的大小与舞台相同，使图片正好覆盖在舞台上。

(10) 从"库"中将制作好的元件"闪烁的星星"拖入到舞台的合适位置，并可使用"任意变形工具"改变元件实例的大小和方向。

(11) 保存文件为"闪烁的星星"，先运行看一下效果。

下面制作星星按钮。

(12) 创建一个按钮元件，命名为"星星按钮"。

(13) 在"星星按钮"的编辑状态选中"弹起"帧，将"闪烁的星星"元件拖入到舞台上，位于正中央。

(14) 导入提供的声音文件 christmas.mp3。

(15) 在"指针经过"帧插入一关键帧。选中该帧，在"属性"面板的"声音"下拉列表中选择 christmas.mp3，其他属性设置如图 2-8-3 所示。

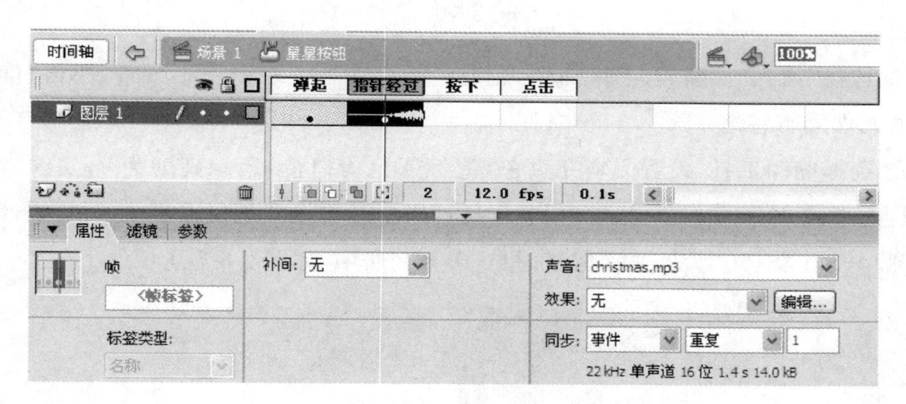

图 2-8-3 "星星按钮"的设计

(16) 返回主场景，在舞台上拖入一个"星星按钮"元件实例。

(17) 保存文件为"闪烁的星星"。

(18) 按 Ctrl+Enter 键运行后，当鼠标经过按钮实例，就会听到声音了。

【任务 2】 制作水滴的动画，并配上声效。

(1) 创建一个新的 Flash 文档，设置背景颜色为蓝色，舞台尺寸为 550 像素×160 像素。

(2) 选择"插入"|"新建元件"命令，创建一个名为"水滴"的图形元件，单击"确定"按钮，进入元件编辑状态。

(3) 选择"椭圆工具"，拖动鼠标绘制一个白色无边框的小椭圆，相对于舞台居中。

(4) 利用"选择工具"将椭圆修改为水滴状，大小为 8 像素×15 像素，如图 2-8-4 所示。

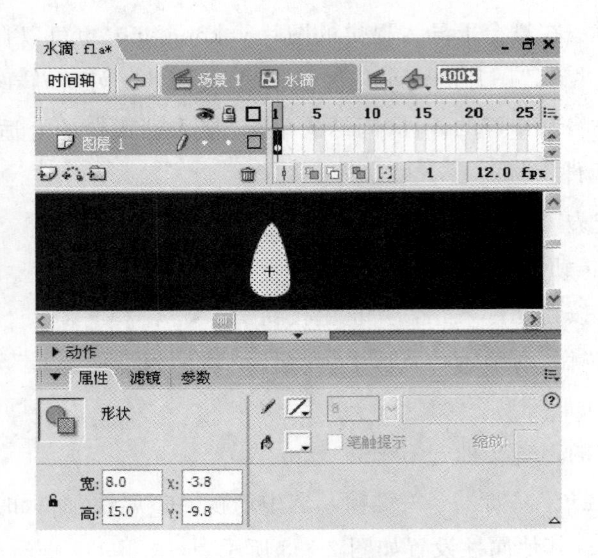

图 2-8-4 “水滴”图形元件

(5) 选择“插入”|“新建元件”命令,创建一个名为“水波”的图形元件,单击“确定”按钮,进入元件编辑状态。

(6) 选择椭圆工具,设置无填充颜色,笔触颜色为白色,笔触高度为 4,实线,绘制一个椭圆,大小为 80 像素×26 像素,相对于舞台居中。再设置笔触高度为 8,实线,绘制另一个椭圆,大小为 150 像素×49 像素,相对于舞台居中,如图 2-8-5 所示。

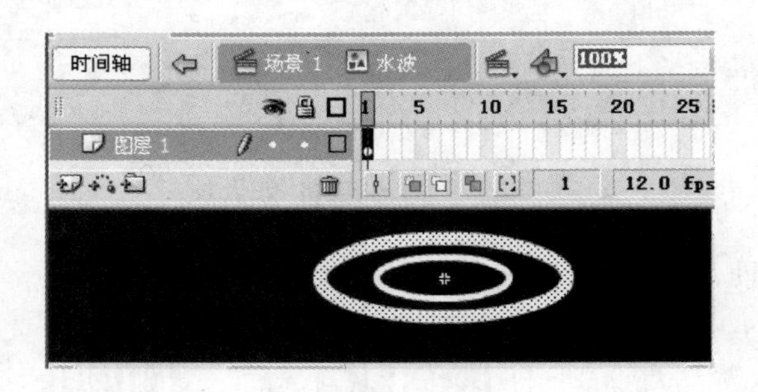

图 2-8-5 “水波”图形元件

(7) 新建影片剪辑元件“下落的水滴”,单击“确定”按钮,进入元件编辑状态。

(8) 选中“图层 1”的第 1 帧,从库中将“水滴”元件拖入到舞台的上部中间位置。

(9) 在第 15 帧处插入一关键帧,选中水滴,按键盘上的方向键将其垂直向下移动一段位置。

(10) 返回第一帧,创建动画补间动画。在第 16 帧处插入一空白关键帧,锁定图层 1。

(11) 在“图层 1”上插入一图层“图层 2”,在第 15 帧处插入空白关键帧,将“水波”元件从库中拖入到舞台，利用“变形”面板将其缩小到14%，并使得水滴正好位于水波的中间。

(12) 在第35帧处插入关键帧，选中“水波”元件实例，将其恢复至60%，并设置其Alpha值为0%，返回第15帧，创建动画补间动画。

(13) 在第100帧插入一普通帧。

以下操作添加水滴的声音效果。

(14) 插入新图层，位于最上面，命名为“水滴声”，在该图层的第15帧插入一关键帧。

(15) 导入提供的waterdrop.mp3声音文件。

(16) 选择“声音”图层的第15帧，在“属性”面板的“声音”下拉列表中选择waterdrop.mp3，其他属性设置如图2-8-6所示。

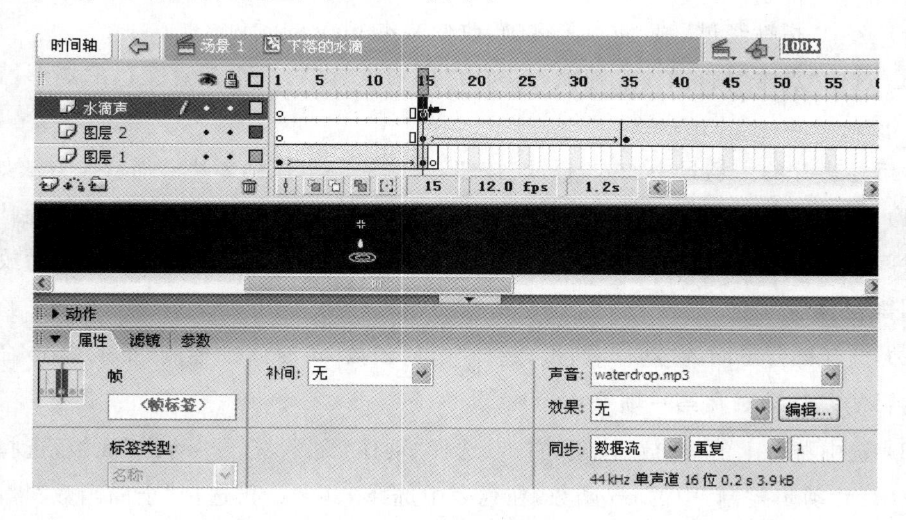

图 2-8-6　“下落的水滴”影片剪辑元件

(17) 返回主场景，并将影片剪辑元件“下落的水滴”，拖入到舞台上方(可放在舞台外)。

(18) 保存文件为“水滴”，按Ctrl+Enter键测试动画效果。

如果觉得水滴大，对水滴的修改可以到“水滴”元件中：选中水滴，利用“变形”面板将其缩小到合适大小。

二、分析与提高

1. 分析实例

“两只蝴蝶.fla”(见5.4节例2)。

2. 提出问题

用按钮控制动画的播放。动画一开始不播放，单击“播放”按钮才进行播放，播放完后动画停止，单击“播放”按钮再从头播放。

3. 解决方法

在影片中添加播放按钮。播放按钮的制作方法如下：

(1) 新建一个按钮元件，命名为“播放”按钮。

(2) 进入按钮编辑区

(3) 在“弹起”帧中，使用“文本工具”在工作区中央输入文字 play，文字的样式自定。

(4) 选中“指针经过”帧，插入关键帧，改变文本 play 的颜色。

(5) 选中“点击”帧，插入关键帧，并利用“矩形工具”画一个任意颜色的矩形，正好覆盖文本 play。

然后在影片的主场景中加入“播放”按钮，并添加脚本控制影片的播放。方法如下：

(1) 主场景——“场景 1”中，在“音乐”图层上插入新图层，命名为“影片控制”，单击该层时间轴上的第 1 帧，在舞台上输入文本“两只蝴蝶”，并从“库”中将按钮“播放按钮”拖入到舞台合适位置。

(2) 打开舞台下面的“动作”面板，选择“全局函数”|“时间轴控制”下的 stop 命令，该设置的目的是让动画在第一帧停止。

(3) 选中舞台上的“播放”按钮，右击，选择“动作”命令，打开“动作”面板，选择“全局函数”|“影片剪辑控制”中的 on 函数，在列表中选择 release，再选择“全局函数”|“时间轴控制”中的 play 函数。动作面板如图 2-8-7 所示。

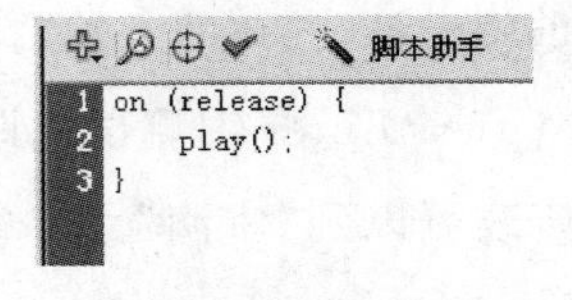

图 2-8-7 在“播放按钮”的“动作”面板中加入的脚本

(4) 在“影片控制”图层的第 2 帧插入空白关键帧。

(5) 在“影片控制”图层的最后一帧插入空白关键帧，单击鼠标右键，选择“动作”选项，在“动作”面板中加入命令：

```
gotoAndPlay(1);
```

该设置的目的是让动画重新返回到第 1 帧。

三、自我演练

【任务1描述】 继续修改"闪烁的星星"动画文件:

(1) 加入圣诞夜的图片作为背景。

(2) 在"星星按钮"的"指针经过"帧中加入"Happy Christmas!"的文本,这样不仅可以听到声音,还可以在鼠标按下时看到祝福的话,再加工后就可以制作成一个简单的圣诞贺卡了。

【任务2描述】 在前面"水滴"动画的基础上,为动画增加合适的背景,并在动画中添加更多下落的水滴,形成错落的效果。

【任务3描述】 为前面制作的"喜羊羊"动画配上背景音乐。

【任务4描述】 从网上下载wmv格式的搞笑视频,并将它们导入到Flash中,再加入一些Flash的设计,制作一个包含视频的短片。

【任务5描述】 根据南宋诗人杨万里的《宿新市徐公店》,制作一段不短于20秒的Flash动画。

《宿新市徐公店》

杨万里

篱落疏疏一径深,

树头花落未成阴。

儿童急走追黄蝶,

飞入菜花无处寻。

要求:

(1) 画面内容尽量采用鼠绘矢量图的方法。

(2) 镜头中有与之对应诗句文字出现,诗句出现可采用形变等动画方法。

(3) 动画流畅,场景转换自然,动作元素丰富,且涵盖诗中所描述的所有内容。

(4) 为影片配上合适的背景音乐、诗朗诵。

实验 9

动作脚本

一、实验训练

1. 实验目的

(1) 掌握 ActionScript 的添加方法。

(2) 掌握常用的 ActionScript 语句。

2. 实验内容及步骤

【任务 1】 图片浏览,效果如图 2-9-1 所示。

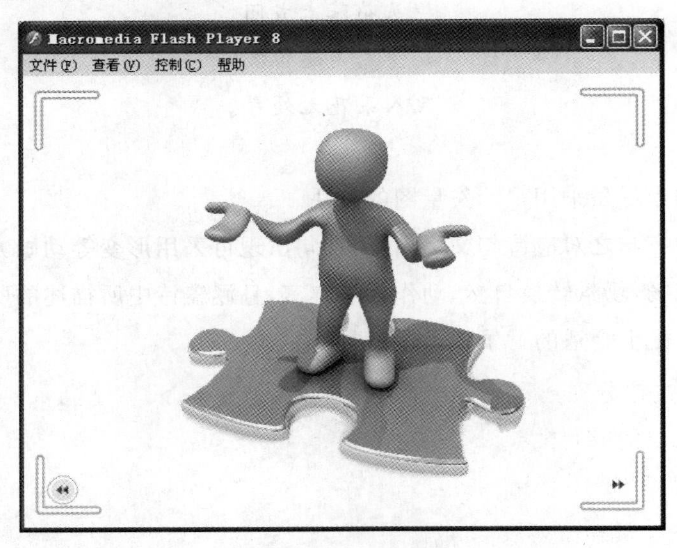

图 2-9-1 “图片浏览”效果图

案例思路：本案例在按钮元件上添加帧跳转动作，使影片在按下对应的按钮时能实现图片前翻后翻的效果。本案例，动作是加在按钮元件上。

制作步骤如下：

(1) 新建文档。

(2) 将“图层 1”改名为 PIC。

(3) 在第 1 帧将素材中的 01.JPG 导入到舞台。

(4) 在第 2～10 帧建 9 个空白关键帧(按 F7 键)，分别将 02.JPG～10.JPG 导入至舞台。调整图片的大小为 500 像素×350 像素，位置为 25,25。

PIC 图层的时间轴如图 2-9-2 所示。

图 2-9-2　PIC 图层和帧

(5) 选择第 1 帧，打开“动作”面板(按 F9 键)，输入动作代码：

```
stop();
//停止播放
```

(6) 新建图层 BTNS。

(7) 单击“窗口”|“公用库”|“按钮”命令，找一个向前的按钮和一个向后的按钮，选中 BTNS 图层，将按钮分别拖到舞台上左下角和右下角。

“BTNS”图层的时间轴如图 2-9-3 所示。

(8) 新建图层 CORNERS。

(9) 用线条工具绘制两段交叉线段组成的直角，颜色为＃666666，粗细为 3。选中直角，单击“修改”|“形状”|“将线条转换为填充”|“修改”|“形状”|“柔化填充边缘”命令，设

图 2-9-3　BTNS 图层和帧

置距离和步骤数为 5，方向为扩展。删除此时图形中间的填充。然后将此直角复制，调整角度和位置，放置在舞台的 4 个角上，如图 2-9-4 所示。

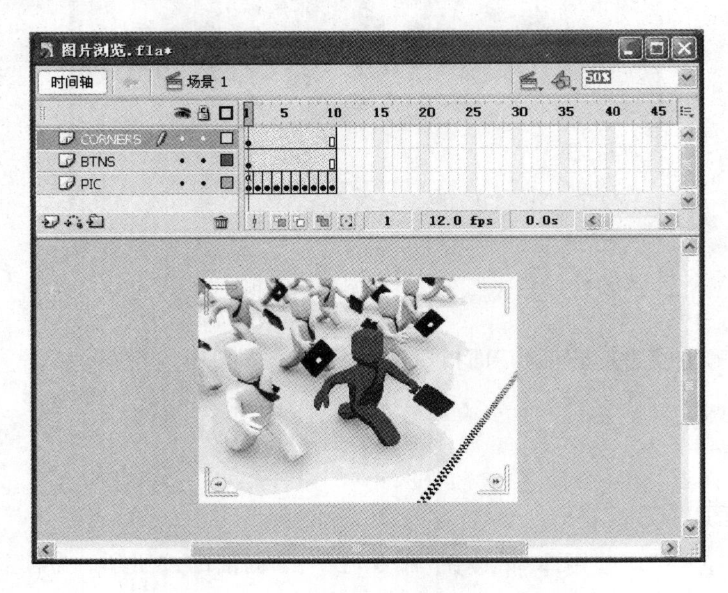

图 2-9-4　边框制作

(10) 选择向前的按钮，打开“动作”面板，为其添加代码：

```
on (press) {
    //按下鼠标时
    prevFrame();
```

```
    //影片跳转至上一帧
}
```

（11）为向后的按钮添加代码：

```
on (press) {
    //按下鼠标时
    nextFrame();
    //影片跳转至下一帧
}
```

（12）保存文件为“图片浏览.fla”，按 Ctrl+Enter 键运行测试影片。

【任务 2】 衣服变色，效果如图 2-9-5 所示。

图 2-9-5 “衣服变色”效果图

案例思路：将女孩的衣服和裤子分别转成元件，改变元件的颜色需要构造一个 Color 对象，然后用“对象.setRGB()”来改变对象的颜色。

制作步骤如下：

（1）素材准备。在网上下载一张女孩图片。

（2）新建文档，将女孩图片导入到舞台，并将文档大小设置与女孩图片大小一致。将图层 1 锁定。

（3）新建一图层，在该图层上用钢笔工具勾出女孩衣服的轮廓，并将该图形转成影片剪辑元件 yf，如图 2-9-6 所示。设置其实例名为 yf，Alpha 值为 50%（这样后面变色后可以看到一些背景的纹路，衣服比较有立体感)。

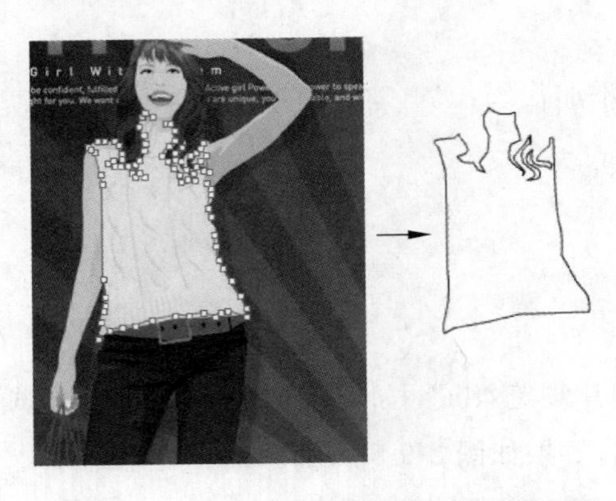

图 2-9-6　用“钢笔工具”勾边，再转换为元件

(4) 再新建一图层，对裤子部分做同样处理，实例名为 kz。

(5) 然后制作一个钻石形的按钮，只需要制作“弹起”帧，填充为白色。

(6) 在主场景中拖入 8 个按钮，放置在衣服和裤子的旁边。修改“属性”面板中颜色的色调值，分别设成红、蓝、绿、黄，色彩数量为 65%，如图 2-9-7 所示。

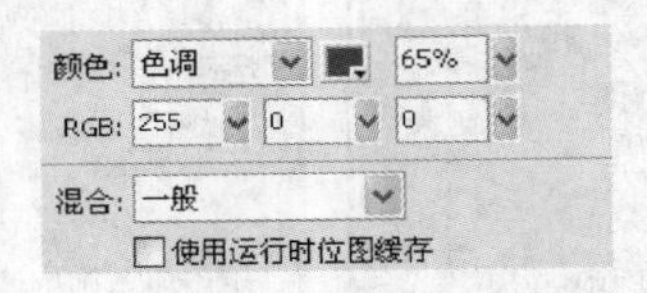

图 2-9-7　设置按钮实例的颜色

(7) 为第 1 个按钮添加代码：

```
on (release) {
    yfcolor = new Color(yf);              //建立一个以实例名称 yf 为目标的颜色对象
    yfcolor.setRGB(0xff0000);             //设置这个对象的颜色为红色
}
```

(8) 为其他按钮添加类似代码，对应颜色分别为 0x0000ff、0x00ff00 和 0xffff00。

(9) 保存文件为“衣服变色.fla”，按 Ctrl+Enter 键运行测试影片。

二、分析与提高

1. 分析实例

“缩略图相册 2.fla”(见 6.4 节例 2)。

2. 提出问题

如何实现在按下该小图后，跳转到对应的大图所在的帧；单击大图能回到缩略图的画面？

3. 解决方法

将小图作为按钮，为其添加帧跳转命令 gotoAndPlay，在按下该小图后，跳转到对应的大图所在的帧；对大图制作隐形按钮，使单击大图能回到小图的画面。

制作步骤如下：

(1) 在原来“缩略图相册.fla”的基础上，删除“翻页按钮”图层。

(2) 新建图层隐形按钮。在该层绘制一个和大图一样大小的白色无框矩形，转换为按钮元件 HiddenBtn。双击该按钮元件，在点击帧添加一个关键帧，删除其他帧中的内容。这样，就制作了一个隐形按钮，如图 2-9-8 所示。

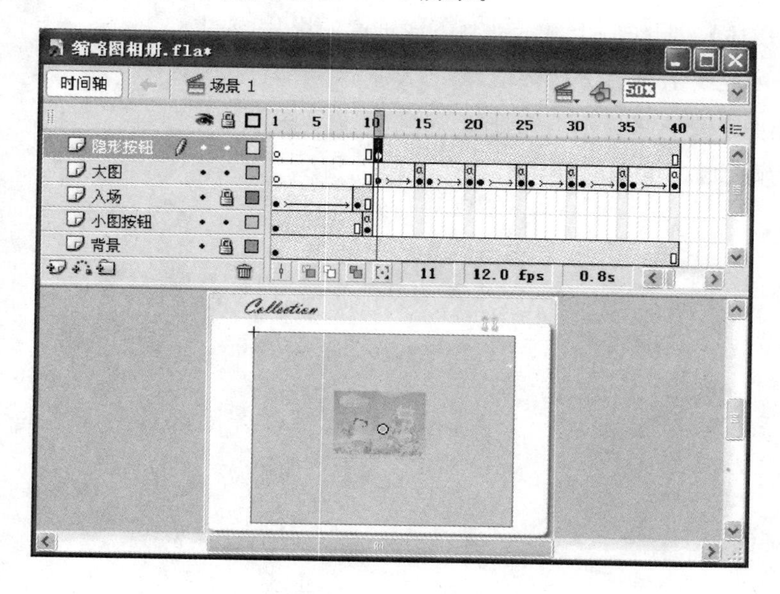

图 2-9-8　隐形按钮

(3) 回到“小图按钮”图层第 10 帧，选中第 1 个小图按钮 Btn1，添加代码如下：

```
on (release) {
//释放鼠标后
gotoAndPlay(11);
//跳转到第 11 帧播放
}
```

(4) 为 Btn2～Btn6 分别添加代码，分别跳转到第 16、21、26、31、36 帧进行播放。

(5) 在"隐形按钮"图层选择隐形按钮 HiddenBtn，为其添加如下脚本代码：

```
on (release) {
gotoAndPlay(10);
}
```

(6) 保存文件，运行测试影片。

三、自我演练

【任务1描述】 用自己的照片制作一个相册，可以实现前后翻页。在每一页中增加自己的留言，在翻页时增加特效（如百叶窗，淡入，水波等）。

【任务2描述】 利用前面制作的"喜羊羊"动画，为动画增加背景音乐的声音控制功能。

【任务3描述】 制作一个显示动画下载进度的影片，要求：

(1) 能显示已下载的百分比数值。

(2) 使用图形变化来提示下载进度。

(3) 当动画加载100%时开始播放动画。

实验 10

利用ActionScript制作特效

一、实验训练

1. 实验目的

(1) 掌握烟、汽、雨、雪、水泡等常见特效的制作。
(2) 掌握鼠标特效的制作。

2. 实验内容及步骤

【任务 1】 鼠标特效,效果如图 2-10-1 所示。

图 2-10-1 鼠标特效

案例思路：本案例中编辑泡泡动画元件，并在该元件上添加鼠标跟随代码。使鼠标移过水族箱，有泡泡跟随的效果。

制作步骤如下：

(1) 新建文档。

(2) 将图层改名为背景，导入素材中的水族箱背景，调整大小和位置。

(3) 从前面的“冒泡泡的水族馆.fla”中复制来影片剪辑元件“泡”和“泡泡”。

(4) 新建影片剪辑元件“泡泡动画”，拖入“泡泡”，并设置实例名为 bubble。

(5) 回到主场景，将“泡泡动画”拖入舞台，为其添加如下脚本代码：

```
onClipEvent (load) {
size = 20;
num = 20;
ds = 20;
dx = 0;
dy = 0;
for(i = 1;i<= num;i ++ ){
    duplicateMovieClip(bubble,"bubbles" + i,i);
    with(eval("bubbles" + i)){
        _xscale = size + (i * ds);
        _yscale = size + (i * ds);
        _alpha = 100 - i * 5;
        }
    }
bubble._visible = false;
}
onClipEvent (enterFrame) {
    bubbles1._x = _xmouse;
    bubbles1._y = _ymouse;
    for(i = 2;i<= num;i ++ ){
        b1 = eval("bubbles" + i);
        b2 = eval("bubbles" + (i - 1));
        dx = (b2._x - b1._x)/3
        dy = (b2._y - b1._y)/3
        b1._x += dx;
        b1._y += dy;
        }
}
```

(6) 保存文件为“跟随鼠标的泡泡.fla”，运行测试影片。

【任务 2】 制作闪电效果，效果如图 2-10-2 所示。

案例思路：下雨的效果仿照水泡的原理，先制作一滴雨下落，再用 ActionScript 生成满天大雨的样子，再配上声音效果。

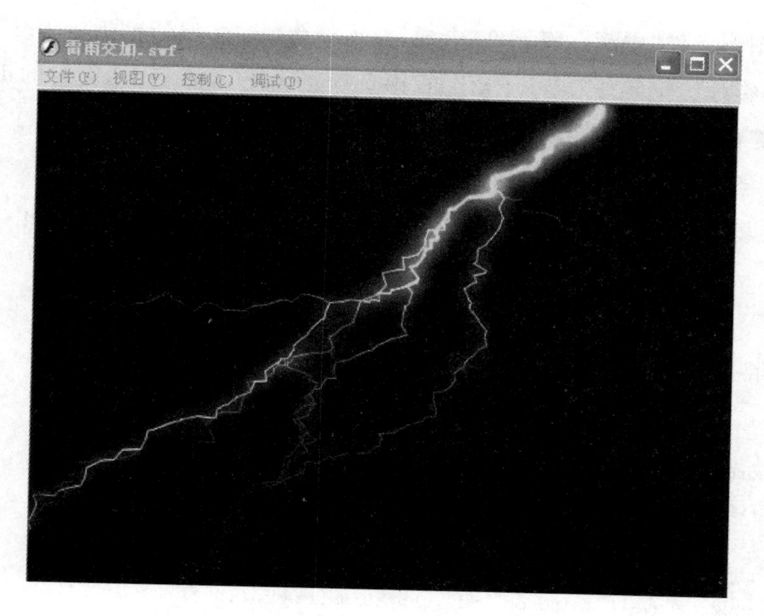

图 2-10-2 “雷雨交加”效果图

闪电效果是通过绘图软件绘制黑夜闪电的样子，然后用 Alpha 的变化和中间插入空白关键帧的方法来实现闪电明暗变化和忽然闪现的效果。

制作步骤如下：

(1) 打开 leiyustart.fla(素材文件已导入库中)，将背景设为黑色。

(2) 为了便于管理，在库中建 3 个文件夹，分别是“雨”、“闪电”和“音效”，把雨声和雷声拖入音效文件夹，把 3 张 jpg 的闪电位图拖入“闪电”文件夹。

(3) 下面制作雨滴，雨滴是白色的线条，为了更生动些，将雨滴画成中间亮，两侧暗。

① 新建图形元件“内”，绘制如图 2-10-3(a)所示形状。

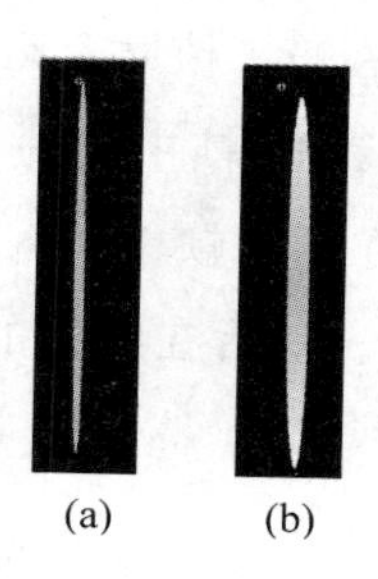

图 2-10-3 雨滴的制作

② 新建图形元件“外”，绘制如图 2-10-3(b)所示形状。

③ 新建图形元件“合成”，新增一个图层，在下层放置元件“外”，在上层放置元件“内”。

④ 新建图形元件“雨滴”，将元件“合成”拖入舞台，设置 Alpha 值为 30%。

(4) 新建影片剪辑元件“雨滴下落”，在第 1 帧将元件“雨滴”拖入舞台的正上方，在第 11 帧插入关键帧，将雨滴移至舞台的下方，设置 Alpha 值为 1%，然后在第 1～11 帧中创建动作补间。至此，一滴雨下落的过程制作完成。将对应的元件放到文件夹“雨”中。

(5) 在主场景的第 1 帧中加入元件“雨滴下落”，设置实例名为 raindrop，为第 1 帧加入声音“雨声. wav”，同步设为“开始”、“循环”。然后在第 1 帧上添加代码：

```
i = 1;
//rain()函数产生一个雨点,并随机设置其位置,透明度和角度属性
function rain()
{
    raindrop.duplicateMovieClip("raindrop" + i,i * 2);
    setProperty(eval("raindrop" + i),_x,random(550));
    setProperty(eval("raindrop" + i),_y,random(350));
    setProperty(eval("raindrop" + i),_alpha,40 + random(50));
    setProperty(eval("raindrop" + i),_rotation,random(10));
    i ++ ;
    if(i>100)      //当产生 100 个雨点后便重新开始循环,覆盖以前的雨点,以减小内存使用
    {
        i = 1;
    }
    updateAfterEvent();
}
setInterval(rain,10);                    //每隔 10 毫秒产生一个雨点
```

这样，“雨”就一直下了。

(6) 下面制作闪电的影片剪辑元件。

① 将 1.jpg 拖入场景中，并将之转换成图形元件“元件 1”。

② 新建影片剪辑元件“闪电 1”，在第 1 帧插入元件“元件 1”，在第 5 帧、第 7 帧、第 15 帧分别插入关键帧，设置第 1 帧中和第 15 帧中元件 1 实例的 Alpha 值为 0%。在 1～5 帧、7～15 帧间创建动画补间。然后在第 6 帧中插入空白关键帧，这是点睛之笔，有了这个空白关键帧，才有闪电“闪”的效果。最后在所有的关键帧上都加上同一种雷声音效，如“滚雷. wav”。

③ 在第 1 帧上添加代码：

```
this.load = function()
{
    this.expire = 1000;
    this.birthtime = getTimer();
    this.deadtime = this.birthtime + this.expire
}
```

```
this.enterFrame = function()
{
    if(getTimer()>= this.deadtime)
    this.removeMovieClip();
}
```

④ 在第15帧上添加代码：

```
stop();
```

“闪电1”的“时间轴”面板如图2-10-4所示。

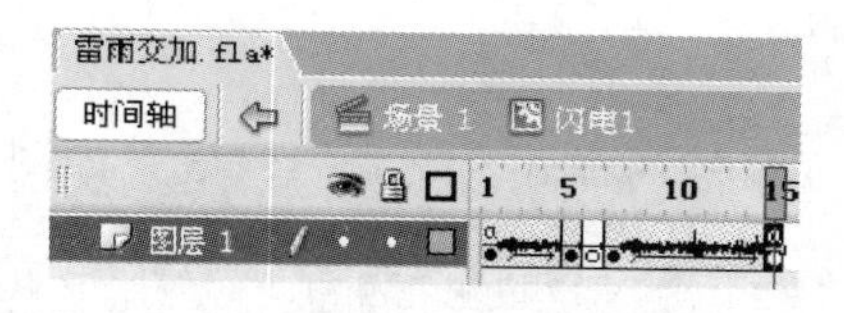

图2-10-4 “闪电1”的“时间轴”面板

(7) 用同样的方法再制作“闪电2”和“闪电3”两个影片剪辑元件，注意选用不同的音效。

(8) 完成后将它们在库中的链接名分别设为lightning1、lightning2和lightning3，以备主场景中调用。以“闪电1”为例，可右击库中的元件，选择“链接属性”选项，打开“链接属性”对话框，如图2-10-5所示，在“标识符”文本框中输入lightning1。

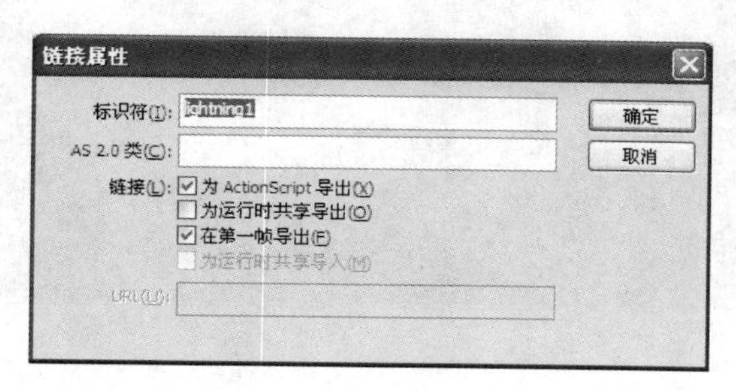

图2-10-5 “链接属性”对话框

(9) 然后整理一下库里的文件，把相关元件拖入到“闪电”文件夹。

(10) 在主场景中新增一个图层，在第1帧中加入代码：

```
thunder = setInterval(function(){
attachMovie("lightning" + Math.round(1 + random(3)),"lightning",1);},5000);
stop();
//每隔一定的时间,随机的生成一道闪电
}
```

(11) 保存文件为“雷雨交加.fla”，运行测试影片。

二、分析与提高

1. 分析实例

“跟随鼠标的泡泡.fla”(见实验 10 中【任务 1】)。

2. 提出问题

如何隐藏鼠标,并且改变鼠标的样式为魔术棒?效果如图 2-10-6 所示。

图 2-10-6 改变鼠标样式

3. 解决方法

在原脚本中添加隐藏鼠标和拖动魔术棒的代码就可以了。

制作步骤如下:

(1) 制作“魔术棒”影片剪辑元件。

(2) 将“魔术棒”影片剪辑元件拖入到舞台上,该实例名为 magic。

(3) 在原脚本中加入如下代码:

```
onClipEvent (load) {
Mouse.hide();                              //隐藏鼠标
```

```
startDrag("_root.magic",true);        //改变鼠标样式
…
```

三、自我演练

【任务1描述】 制作一个圣诞卡片，雪花漫天，圣诞音乐响起，鼠标点击不同物品有不同的礼物或祝福等。

【任务2描述】 模仿示例"鼠标跟随"，制作一个跟着鼠标移动一串星星。

【任务3描述】 以"春"为主题，制作一个电子贺卡。

需满足以下要求：

(1) 在画面中需要有春的动画元素，如飞的小鸟、开放的花朵、雨滴、飞花等，可以使用你所熟悉的任何方法。

(2) 打开贺卡时，动画不播放，设置一个"播放"按钮，待用户单击该按钮，开始播放动画，且按钮消失，动画播放完，回到开始界面，"播放"按钮出现。

(3) 对画面具体内容，可以任意发挥自己的创意。

(4) 整体效果应该充分表现贺卡的主题和氛围。

实验 11

组件

一、实验训练

1. 实验目的

(1) 了解组件的概念。
(2) 掌握组件的使用。

2. 实验内容及步骤

【任务 1】 西湖十景,效果如图 2-11-1 所示。

图 2-11-1 “西湖十景”效果图

案例思路:本案例中用到的组件有 ScrollPane、ComboBox、TextArea。通过选择下拉列表中的景点,可以看到景点相关的图片和文字介绍。

制作步骤如下：

(1) 素材准备。从网上搜集西湖十景的图片，将图片分别更名为0.jpg～9.jpg；搜集关于西湖十景的介绍，把各景点的介绍内容放在10个txt文件中，文件名分别为0.txt～9.txt，注意文本文件保存为UTF-8的编码格式，否则中文会出现乱码。

(2) 新建Flash文档，保存为“西湖十景.fla”，注意与素材文件放在同一个文件夹下。

(3) 参照图2-11-2在主场景中设计舞台布局，从组件面板中拖入ScrollPane、ComboBox和TextArea三个组件，调整大小和位置。在上方布置2个静态文本。

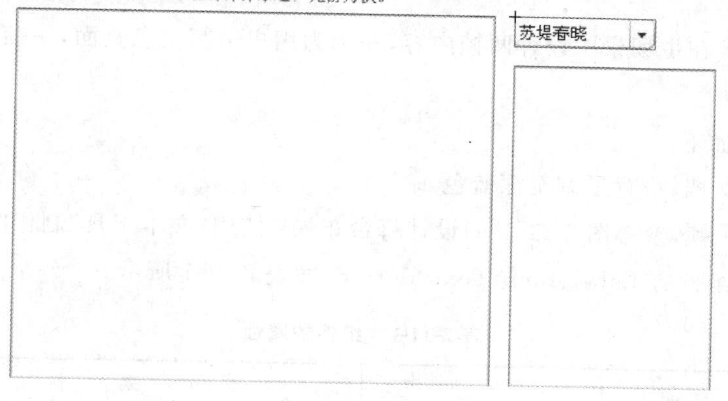

图2-11-2　“西湖十景”的舞台布局

(4) 设置组合框的参数，使下拉列表一共呈现10项，分别是西湖十景名。

(5) 为组合框添加如下代码：

```
on (change) {
    _parent.SP.contentPath = String(_parent.xhsj.selectedIndex) + ".jpg";
    var my_lv:LoadVars = new LoadVars();
    my_lv.onData = function(src:String) {
    if (src == undefined) {
        trace("Error loading content.");
        return;
    }
    _parent.TA.text = src;
};
my_lv.load(String(_parent.xhsj.selectedIndex) + ".txt", my_lv, "GET");
}
```

(6) 保存文件，运行测试影片。

【任务2】 制作网站中“与我联系”页，要求用户填写一些信息后，反馈给用户提交结果，效果如图 2-11-3 所示。

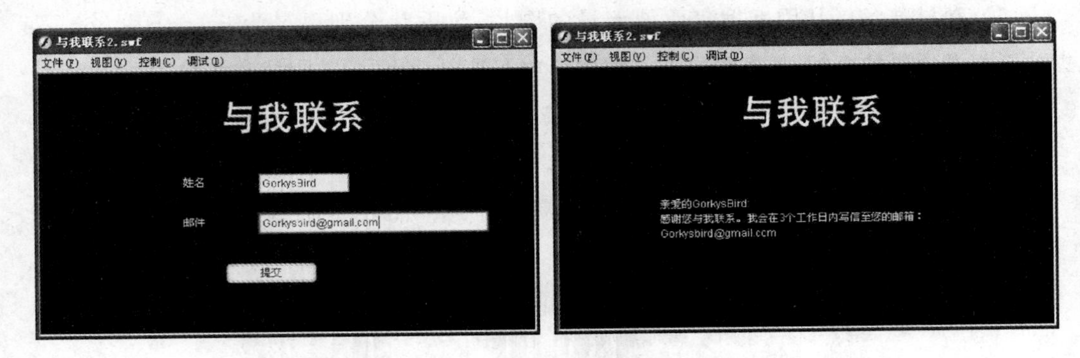

图 2-11-3 “与我联系”效果图

案例思路：在主场景中设计两帧内容，一帧为用户填写信息页面，一帧为反馈用户信息页面。

制作步骤如下：

(1) 新建文档，将背景调至深蓝色。

(2) 在第 1 帧，参考图 2-11-4(a)设计舞台布局：使用“文本工具”制作“与我联系”，其他需要用到的组件有 Label、InputText、Button，如表 2-11-1 所示。

表 2-11-1 组件的属性

组　件	属　性
Label	实例名：Lblname Text：姓名
Label	实例名：Lblmail Text：邮件
InputText	实例名：txtname
InputText	实例名：txtmail
Button	Label：提交

(3) 在第 2 帧，参考图 2-11-4(b)设计舞台布局：这里显示反馈信息用标签 Label，实例名为 lblmsg。

(4) 如何在第 2 帧的 Label 中显示第 1 帧中 InputText 的内容呢？有很多办法。例如，可以用一些时间轴的变量来记录 InputText 的 Text 属性值，在反馈时显示这些变量的值。又例如，用控制组件是否可见的办法，可以把所有的内容都放在 1 帧中，然后在按钮上添加代码。又例如，可以将第 1 帧的内容延续到第 2 帧，然后在第 2 帧里让指定的 Label 和 InputText 不可见，虽然不可见，但内容等属性值仍可以读到，所以在第 2 帧的 Label 里就可以显示相关内容了。接下来分别介绍第 1 种 、第 2 种方法的实现过程。

第 1 种方法：为第 1 帧、第 2 帧和 Button 分别添加如下代码：

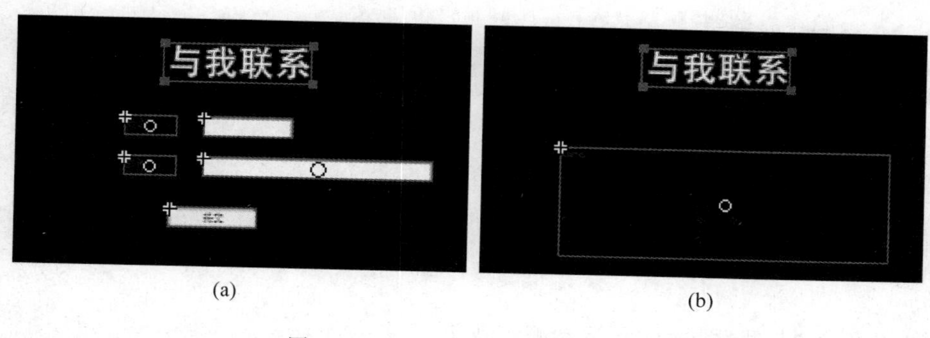

(a)　　(b)

图 2-11-4　“与我联系”的舞台布局

第 1 帧：

```
stop();
lblname.color = 0xffffff;
lblmail.color = 0xffffff;
```

第 2 帧：

```
stop();
lblmsg.color = 0xffffff;
lblmsg.text = "亲爱的" + na + ":" + chr(13) + "感谢您与我联系。我会在3个工作日内写信至您的邮箱：" + chr(13) + ma;
```

BtnOK：

```
on (click) {
_root.na = _parent.txtname.text;
_root.ma = _parent.txtmail.text;
_root.gotoAndStop(2);
}
```

第 2 种方法，为第 1 帧、第 2 帧和 Button 分别添加如下代码：

第 1 帧：

```
stop();
lblname.color = 0xffffff;
lblmail.color = 0xffffff;
```

第 2 帧：

```
stop();
lblname.visible = false;
lblmail.visible = false;
txtname.visible = false;
txtmail.visible = false;
btnOK.visible = false;
```

```
lblmsg.color = 0xffffff;
lblmsg.text = "亲爱的" + txtname.text + ":" + chr(13) + "感谢您与我联系。我会在3个工作日内写信至您的邮箱:" + chr(13) + txtmail.text;
```

BtnOK:

```
on (click) {
_root.gotoAndStop(2);
}
```

(5) 保存为“与我联系.fla”,运行测试效果。

二、分析与提高

1. 分析实例

运行时,在舞台上创建一个按钮组件,如图2-11-5所示。单击此按钮,链接到指定网页。

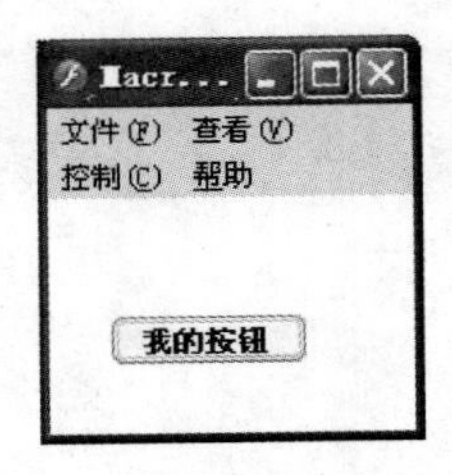

图2-11-5 动态生成的按钮

2. 提出问题

如何在运行时在舞台上新建一个组件?

3. 解决方法

(1) 新建Flash文档。

(2) 打开“组件”面板,双击Button组件,然后在场景中把Button组件删除,这样在库中就有一个Button组件了,如图2-11-6所示,供以后用ActionScript从库中调用。

(3) 在第一帧上单击,然后在脚本窗口中输入以下脚本代码:

```
_root.createObject("Button", "button1", 1);
//建一个 button 组件,Button1 为 Button 组件的实例名
```

图 2-11-6 库中出现 Button 组件

```
button1.setSize(80,20);                          //设置大小
button1.label = "我的按钮";                       //按钮上的文字
button1.setStyle("fontWeight", "bold");          //加粗
button1._x = 275;
button1._y = 200;                                //按钮的位置
button1.onPress = function(){
  getURL("http://ecs.zstu.edu.cn");              //为按钮加入链接
}
```

(4) 保存为"在舞台上新建一个按钮.fla",测试效果。

三、自我演练

【任务 1 描述】 制作一份心理测试问卷,根据用户选择的答案给出最后的测试结果。

【任务 2 描述】 在"组件"中找到 DateChooser,把该组件加入到自己的作品中。

【任务 3 描述】 利用组件制作一个自己的影集。

实验12

Flash动画的发布与应用

一、实验训练

1. 实验目的

(1) 掌握动画发布的基本设置和方法。

(2) 通过 Flash 动画的发布,了解 Flash 动画的特点和应用。

2. 实验内容及步骤

【任务 1】 加法练习,效果如图 2-12-1 所示。

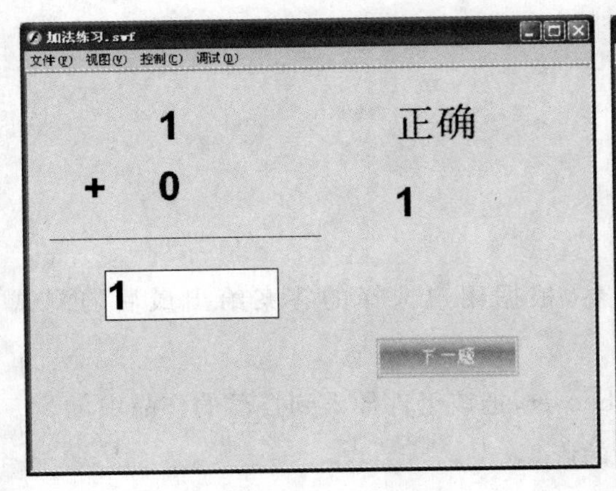

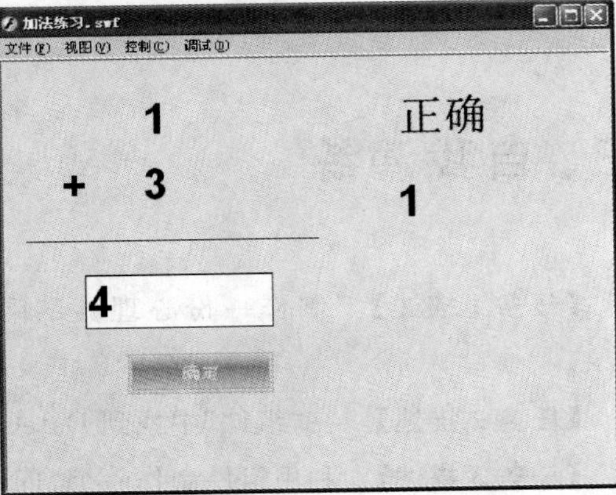

图 2-12-1 “加法练习”效果图

案例思路:这个“加法练习”的动画能自动出题,用户填写答案后单击“确定”按钮,系统给出是否正确的评语并对得分作处理,然后单击“下一题”按钮后系统自动出新的一题。一共有 10 题,10 题后按钮不可见。

在这个案例中,可用动态文本显示 2 个参加加法运算的个位数,随机数用 random()函数来生成,用户填写答案用输入文本。显示的评语和得分也是动态文本。

在这个动画的基础上再做修改,可以开发出更生动、更丰富的学习系统,如小学生四则运算系统、解方程练习等。

制作步骤如下:

(1) 新建文档,将背景设为淡蓝色。

(2) 按图 2-12-2 设置舞台布局。其中,两个加数为动态文本,在"属性"面板中设置变量分别为 a 和 b,评语、得分的动态文本变量设为 py 和 df,填写答案的输入文本变量设为 c。动态文本的属性可参考图 2-12-3。设置"确定"按钮的实例名为 btnOK,"下一题"按钮的实例名为 btnNext。

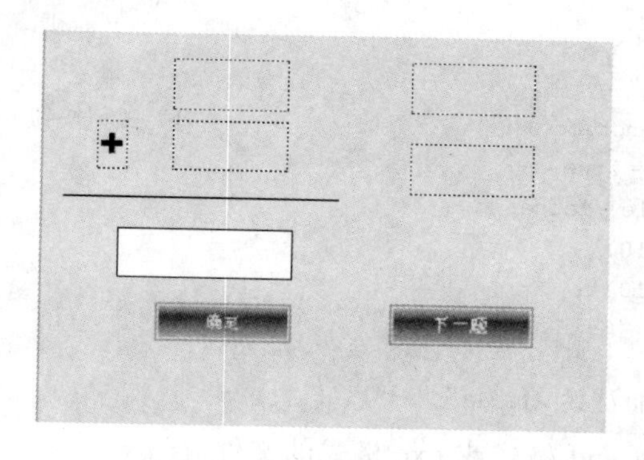

图 2-12-2 舞台布局

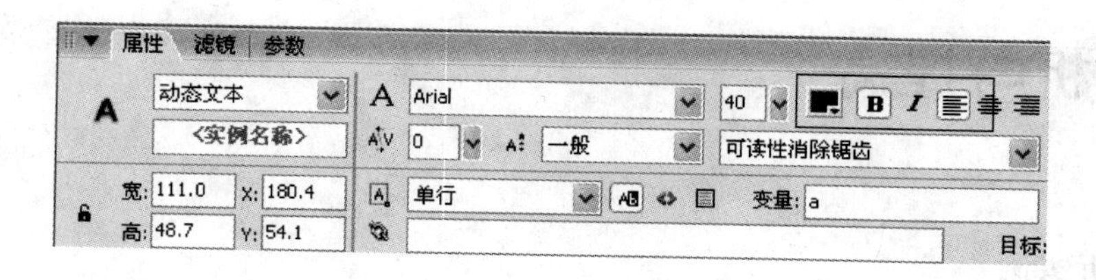

图 2-12-3 动态文本的属性设置

(3) 在第 1 帧里添加如下代码:

```
df = 0;                                    //得分
ts = 0;                                    //题数
a = int(random(10));
b = int(random(10));
//随机产生两个数
btnOK._visible = true;
btnNext._visible = false;
//以上为初始第一题的状态
```

```
btnOK.onPress = function(){                         //"确定"按钮
    ts ++ ;                                         //题数
    if(ts == 10) {trace(ts);                        //10 题后结束
        btnOK._visible = false;
        btnNext._visible = false;
        }
    else{
      btnOK._visible = false;
      btnNext._visible = true;
      //按下"确定"按钮后"确定"按钮不可见,"下一题"按钮可见
      if (Number(c) == Number(a) + Number(b))       //如果答案正确
        {py = "正确";                               //在评语栏里给出评语
        df ++ ;                                     //在得分栏里给出得分
      }
    else
      py = "错误";
      }
}
btnNext.onPress = function(){                       //"下一题"按钮
    btnOK._visible = true;
    btnNext._visible = false;
    a = int(random(10));
    b = int(random(10));
}
```

(4) 保存文件为"加法练习.fla"。

(5) 发布该游戏为.swf 格式或 exe 格式的文件。

二、分析与提高

1. 分析实例

"加法练习.fla"(见实验 12 中【任务 1】)。

2. 提出问题

问题 1：按"下一题"按钮后出现新的一题,如何清空上一题目的答案?

问题 2：如何将"加法练习.fla"改为"减法练习.fla"(10 以内的)?

3. 解决方法

(1) 对于问题 1,改起来比较简单,只需在代码中的 btnNext.onPress=function( )事

件中最后加入下面代码：

```
c = "";
```

(2) 对于问题2，可做下面的修改：首先将舞台上的"＋"改为"－"；代码修改如下：

```
df = 0;                                          //得分
ts = 0;                                          //题数
do
{
a = int(random(10));
b = int(random(10));
}while(a<b);
//随机产生两个数，而且保证 a> = b
    ……
       if (Number(c) == Number(a) - Number(b))   //如果答案正确
    ……
btnNext.onPress = function(){                   //下一题按钮
     btnOK._visible = true;
     btnNext._visible = false;
     do
     {
       a = int(random(10));
       b = int(random(10));
     }while(a<b);
     c = "";
}
```

三、自我演练

【任务1描述】 在QQ上经常看到一些比较好玩、好笑的表情或其他动画，设计一个类似的动画，并发布为GIF文件。

【任务2描述】 在未来的某年，某公司生产了一种照一次可以让人变得年轻的镜子，请为该产品制作一个小的可用于网页的广告（可以是只有动画效果的广告词）。

【任务3描述】 模仿示例"Banner"，制作一个网站的Banner。

【任务4描述】 大家到现在已经完成了不少Flash作品，你一定想做一个作品集吧。制作一个作品展示的网站，把自己最满意的作品都放置其中，写下制作的心得与体会。当然，网站少不了Banner和导航，请为自己的网站设计一个Banner或导航。

实验13

命题动画创作

一、实验训练

1. 实验目的

尝试创作命题动画。

2. 实验内容及步骤

【任务1】 制作一张圣诞贺卡。

命题创作是一个非常好的实践环节。在创作中开发新思路、发现新问题是培养综合能力、创新能力的必经之路。在命题创作中大家可以大胆想象，开创自己的表现风格，锻炼自己的原创能力。经过大量的命题创作，一定会在艺术创作力和技术能力上产生质的飞跃。

剧本编写：

镜头1：一片绿草地，左边有个鸡窝；

镜头2：1只母鸡，摆着翅膀，从屏幕右边出场，"咯咯咯"地走到屏幕左边的鸡窝边；

镜头3：母鸡蹲在鸡窝里，开始下蛋；

镜头4：4个蛋一个一个跳出鸡窝，跳到屏幕的中间，在每个蛋上分别出现"生"、"蛋"、"快"、"乐"，随后变成"圣"、"诞"、"快"、"乐"；

镜头5：动画停在此画面，屏幕右下方出现Replay按钮，单击重新开始播放。

制作步骤如下：

(1) 新建文档，绘制背景层。

(2) 制作影片剪辑元件"母鸡"，翅膀、眼睛、脚等会动的元素分别做成影片剪辑元件。完成后"母鸡"能在原地走动。

(3) 在主场景，让母鸡从右往左走，走到鸡窝处，配上“咯咯咯”的声音。

(4) 母鸡蹲在鸡窝里，这里需要另外制作一个影片剪辑“母鸡蹲”，把母鸡的脚去掉。

(5) 鸡窝边开始出现很多鸡蛋，需要制作“鸡蛋”元件。

(6) 制作4个鸡蛋先后从鸡窝里跳出来的引导线动画，在每个鸡蛋跳出的末帧加入文字。

(7) 新建一层，在最末帧插入空白关键帧。为帧添加脚本代码：

```
stop();
```

(8) 制作Replay按钮，在最末的空白关键帧中放置Replay按钮，为该按钮添加脚本代码：

```
on (release) {
    gotoAndPlay(1);
}
```

(9) 测试并发布动画。

二、自我演练

【任务1描述】 利用给定的素材，做一个化学实验过程的课件。

【任务2描述】 模仿示例“情人节贺卡”，做一张情人节贺卡：上面有问题“你爱我吗?”和两个答案“爱”和“不爱”，按钮移到“不爱”上，字就变换位置，永远躲着你的鼠标，移到“爱”上单击，出现“我爱你，情人节快乐!”。

【任务3描述】 在前面制作的喜羊羊动画的基础上，制作一个以喜羊羊为主题的不少于20秒的较为完整的Flash动画作品。

【任务4描述】 散文情景动画。

下面的文字节选自老舍先生的名作《济南的冬天》：

最妙的是下点小雪呀。看吧，山上的矮松越发的青黑，树尖上顶着一髻儿白花，好像日本看护妇。山尖全白了，给蓝天镶上一道银边。山坡上，有的地方雪厚点，有的地方草色还露着；这样，一道儿白，一道儿暗黄，给山们穿上一件带水纹的花衣；看着看着，这件花衣好像被风儿吹动，叫你希望看见一点更美的山的肌肤。等到快回落的时候，微黄的阳光斜射在山腰上，那点薄雪好像忽然害了羞，微微露出点粉色。就是下小雪吧，济南是受不住大雪的，那些小山太秀气!

古老的济南，城里那么狭窄，城外又那么宽敞，山坡上卧着些小村庄，小村庄的房顶上卧着点雪，对，这是张小水墨画，也许是唐代的名手画的吧。

那水呢，不但不结冰，倒反在绿萍上冒着点热气，水藻真绿，把终年储蓄的绿色全拿出来了。天儿越晴，水藻越绿，就凭这些绿的精神，水也不忍得冻上，况且那些长枝的垂柳还要在水里照个影儿呢！看吧，由澄清的河水慢慢往上看吧，空中，半空中，天上，自上而下全是那么清亮，那么蓝汪汪的，整个的是块空灵的蓝水晶。这块水晶里，包着红屋顶，黄草山，像地毯上的小团花的小灰色树影；这就是冬天的济南。

请制作一段动画短片，要求内容与文字有较好的一致性，但不必将文中描述的所有元素包含在动画中；要求能够体现出和文章作者一致的意境。短片内容循环播放，并可以控制暂停和继续播放。

【任务5描述】 图2-13-1所示的是初中二年级物理课"大气压强"一章中关于抽水机工作原理的教学演示挂图。请为该节课程制作一个动画教学课件，清晰地演示出抽水机工作的动态过程。

相关原理介绍：

一个完整的抽水过程由"吸水"、"提水"和"出水"三个步骤完成，分别对应于图2-13-1(a)、(b)和(c)。

图2-13-1(a)中，活塞向上运动，上面的单向阀关闭，下面的单向阀打开，水进入水箱下部。

图2-13-1(b)中，活塞向下运动，上面的单向阀打开，下面的单向阀关闭，水进入水箱上部。

图2-13-1(c)中，活塞向上运动，上面的单向阀关闭，下面的单向阀打开，水箱上部的水排出，水箱下部同时吸水。

然后又回到图2-13-1(b)的过程，如此往复运动。

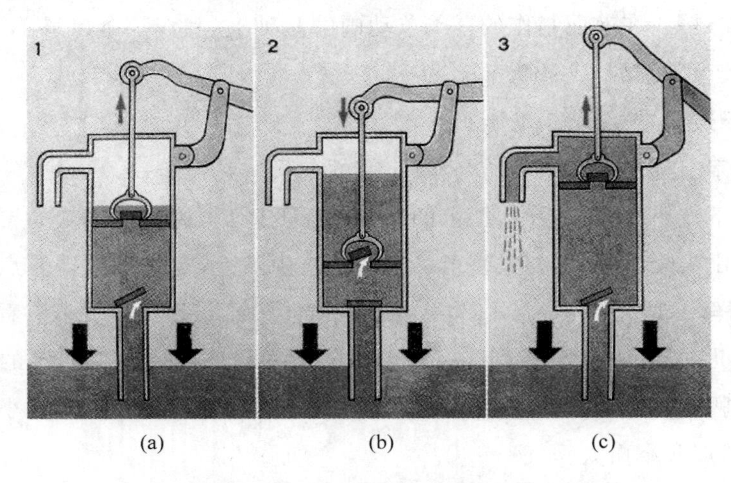

图2-13-1　抽水机工作原理教学演示挂图

附录A

Flash 8.0的常用快捷键

	快捷键	功能		快捷键	功能
文件操作	Ctrl+N	新建一个影片	帧操作	F5	插入普通帧
	Ctrl+O	打开一个影片		Shift+F5	删除帧
	Ctrl+S	保存影片文件		F6	插入关键帧
	Ctrl+Shift+S	影片文件另存为		F7	插入空白关键帧
	Ctrl+W	关闭影片文件		Shift+F6	删除关键帧
测试	Enter	播放影片	元件	F8	转换为组件
	Ctrl+Enter	测试影片		Ctrl+F8	新建组件
	Ctrl+Alt+Enter	测试场景	图形	Ctrl+G	组合
面板	Ctrl+L	打开库面板		Ctrl+Shift+G	取消组合
	F9	打开动作面板		Ctrl+B	分离(打散)
	Ctrl+F3	打开属性面板			

Windows环境中常用的快捷键也可以继续使用，如Ctrl+C(复制)、Ctrl+V(粘贴)等。

附录B

Flash 8.0的滤镜

选项说明	参　数	设　置
投影滤镜：设置投影效果	模糊	可以设定投影的模糊程度，可分别对X轴和Y轴两个方向设定。取值范围为0～100。可单击“模糊X”和“模糊Y”后的锁定按钮，解除X和Y方向的比例锁定
	强度	设定投影的强烈程度，取值范围为0%～1000%，数值越大，投影的显示越清晰、强烈
	品质	设定投影的品质高低，可以选择“高”、“中”、“低”3个参数，品质越高，投影越清晰
	颜色	设定投影的颜色
	角度	设定投影的角度，取值范围为0°～360°
	距离	设定投影的距离大小，取值范围为-32～32
	挖空	将投影作为背景，挖空原对象的显示，效果如下图 我和你
	内侧阴影	设置阴影的生成方向指向对象内侧，效果如下： 我和你
	隐藏对象	只显示投影而不显示原对象
投影滤镜：设置模糊效果，效果如下图 我和你	模糊	设定模糊程度，可分别对X轴和Y轴两个方向设定。取值范围为0～100。可单击“模糊X”和“模糊Y”后的锁定按钮，解除X和Y方向的比例锁定
	品质	设定模糊的品质高低。可以选择“高”、“中”、“低”3个参数，品质越高，模糊效果越好
发光滤镜：设置发光效果	模糊	可以设定发光的模糊程度，可分别对X轴和Y轴两个方向设定。取值范围为0～100。单击“模糊X”和“模糊Y”后的锁定按钮，可选择是否解除X和Y方向的比例锁定
	强度	设定发光的强烈程度，取值范围为0%～1000%，数值越大，发光的显示越清晰、强烈
	品质	设定发光的品质高低，可以选择“高”、“中”、“低”3个参数，品质越高，投影越清晰

续表

选项说明	参　　数	设　　置
发光滤镜：设置发光效果	颜色	设定发光的颜色
	挖空	将发光作为背景，挖空原对象的显示，效果如下： 我和你
	内侧发光	设置发光的生成方向指向对象内侧，效果如下： 我和你
斜角滤镜：利用该选项可制作浮雕效果，效果如下图 我和你	模糊	可以设定斜角的模糊程度，可分别对 X 轴和 Y 轴两个方向设定。取值范围为 0～100。可单击“模糊 X”和“模糊 Y”后的锁定按钮，解除 X 和 Y 方向的比例锁定
	强度	设定斜角的强烈程度，取值范围为 0%～1000%，数值越大，斜角的效果越明显
	品质	设定斜角的品质高低，可以选择“高”、“中”、“低”3 个参数，品质越高，斜角效果越明显
	阴影	设定斜角的阴影颜色
	加亮	设定斜角的高光加亮颜色
	角度	设定斜角的角度，取值范围为 0°～360°
	距离	设定斜角距离对象的大小，取值范围为 －32～32
	挖空	将斜角作为背景，挖空原对象的显示
	类型	设置斜角的生成方向，有内侧、外侧和整个三个选项
渐变发光滤镜：与发光滤镜的效果基本一样，但可设置发光为渐变颜色。效果如下图 我和你	模糊	设定渐变发光的模糊程度
	强度	设定渐变发光的强烈程度
	品质	设定渐变发光的品质高低
	角度	设定渐变发光的角度
	距离	设定渐变发光的距离
	挖空	将渐变发光作为背景，挖空原对象的显示
	类型	设置渐变发光的生成方向，有内侧、外侧和整个三个选项
	渐变色编辑栏	设置渐变颜色，默认情况下为白色到黑色的渐变
渐变斜角滤镜：与斜角滤镜基本相同，但可设置斜角的渐变颜色	模糊	可以设定渐变斜角的模糊程度
	强度	设定渐变斜角的强烈程度
	品质	设定渐变斜角的品质高低
	角度	设定渐变斜角的角度
	距离	设定渐变斜角距离的大小
	挖空	将渐变斜角作为背景，挖空原对象的显示
	类型	设置渐变斜角的生成方向
	渐变色编辑栏	设置渐变颜色，默认情况下为白色到黑色的渐变
调整颜色：对影片剪辑、文本或按钮进行颜色调整	亮度	调整对象的亮度，由左至右亮度逐渐增强，取值范围为 －100～100
	对比度	调整对象的对比度，取值范围为 －100～100
	饱和度	调整色彩的饱和程度，取值范围为 －100～100
	色相	调整对象中各种颜色色相的浓度。取值范围为 －180～180

参 考 文 献

[1] 胡崧. Flash 8 标准教程. 北京：中国青年出版社，2006.

[2] 张希玲. 新概念 Flash 8 教程. 5 版. 北京：兵器工业出版社，2007.

[3] http://www. itatedu. com/itatCompete/compete5/index. htm.

[4] (美)Brian Underdahl 著. Flash MX 完全手册. 杨小平等译. 北京：电子工业出版社，2002.

[5] 孙素华. 最新 Flash 实例标准教程. 北京：中国青年出版社，2006.

[6] 何凡. 电脑动画概论. 北京：人民美术出版社，2008.

[7] 田易新. 动画艺术家：传统动画片与 Flash 实战. 北京：兵器工业出版社，北京希望电子出版社，2004.

[8] 闪客帝国. http://www. flashempire. com

[9] 闪吧. http://www. flash8. net

[10] 闪兔吧. http://www. flashto8. com/

[11] 天极网. http://design. yesky. com

相关课程教材推荐

ISBN	书　　名	作　者
9787302184287	Java 课程设计(第二版)	耿祥义
9787302131755	Java 2 实用教程(第三版)	耿祥义
9787302135517	Java 2 实用教程(第三版)实验指导与习题解答	耿祥义
9787302184232	信息技术基础(IT Fundamentals)双语教程	江　红
9787302177852	计算机操作系统	郁红英
9787302178934	计算机操作系统实验指导	郁红英
9787302179498	计算机英语实用教程(第二版)	张强华
9787302180128	多媒体技术与应用教程	杨　青
9787302177081	计算机硬件技术基础(第二版)	曹岳辉
9787302176398	计算机硬件技术基础(第二版)实验与实践指导	曹岳辉
9787302143673	数据库技术与应用——SQL Server	刘卫国
9787302164654	图形图像处理应用教程(第二版)	张思民
9787302174622	嵌入式系统设计与应用	张思民
9787302148371	ASP. NET Web 程序设计	蒋　培
9787302180784	C++程序设计实用教程	李　青
9787302172574	计算机网络管理技术	王　群
9787302177784	计算机网络安全技术	王　群
9787302176404	单片机实践应用与技术	马长林

以上教材样书可以免费赠送给授课教师，如果需要，请发电子邮件与我们联系。

教学资源支持

敬爱的教师：

感谢您一直以来对清华版计算机教材的支持和爱护。为了配合本课程的教学需要，本教材配有配套的电子教案(素材)，有需求的教师可以与我们联系，我们将向使用本教材进行教学的教师免费赠送电子教案(素材)，希望有助于教学活动的开展。

相关信息请拨打电话 010-62776969 或发送电子邮件至 weijj@tup. tsinghua. edu. cn 咨询，也可以到清华大学出版社主页(http://www. tup. com. cn 或 http://www. tup. tsinghua. edu. cn)上查询和下载。

如果您在使用本教材的过程中遇到了什么问题，或者有相关教材出版计划，也请您发邮件或来信告诉我们，以便我们更好为您服务。

地址：北京市海淀区双清路学研大厦 A 座 708　　计算机与信息分社魏江江　收
邮编：100084　　电子邮件：weijj@tup. tsinghua. edu. cn
电话：010-62770175-4604　　邮购电话：010-62786544